明日科技·编著

零基础学

C 语言

·升级版·

LINGJICHUXUE

电子工业出版社·

Publishing House of Electronics Industry

北京·BEIJING

U0281389

内 容 简 介

《零基础学 C 语言》（升级版）从初学者角度出发，通过通俗易懂的语言、有趣的实例，详细介绍了使用 C 语言进行程序开发需要掌握的知识和技术。全书共分 16 章，内容涉及 C 语言概述、算法、C 语言基础、运算符与表达式、常用的数据输入 / 输出函数、选择结构程序设计、循环控制、数组、函数、指针、结构体与链表等。书中所有的知识都结合具体实例进行讲解，设计的程序代码给出了详细注释，可以使读者轻松领会 C 语言程序开发的精髓，快速提高开发技能。

本书通过大量实例及一个完整的项目案例，帮助读者更好地巩固所学知识，提升能力；随书附赠的《小白实战手册》（电子版）中给出了 3 个实用案例的详细开发流程，力求让学习者能学以致用，真正获得开发经验；附赠的资源包中包含视频讲解、PPT 课件、实例及项目源码等，方便读者学习；书中设置了 200 多个二维码，用手机扫描二维码可观看视频讲解，方便解决疑难问题。

图书在版编目（CIP）数据

零基础学 C 语言：升级版 / 明日科技编著 . —北京：电子工业出版社，2024.1
ISBN 978-7-121-47213-8

Ⅰ . ①零… Ⅱ . ①明… Ⅲ . ① C 语言－程序设计Ⅳ . ① TP312.8

中国国家版本馆 CIP 数据核字（2024）第 015089 号

责任编辑：张彦红
文字编辑：李利健
印　　刷：中国电影出版社印刷厂
装　　订：三河市良远印务有限公司
出版发行：电子工业出版社
　　　　　北京市海淀区万寿路 173 信箱　　邮编：100036
开　　本：880×1230　1/16　　印张：19.75　　　　字数：616 千字
版　　次：2024 年 1 月第 1 版
印　　次：2024 年 1 月第 1 次印刷
定　　价：99.00 元

前　言

　　"零基础学"系列图书于 2017 年 8 月首次面世，该系列图书是国内全彩印刷的软件开发类图书的先行者，书中的代码颜色及程序效果与开发环境基本保持一致，真正做到让读者在看书学习与实际编码间无缝切换；而且因编写细致、易学实用及配备海量学习资源，在软件开发类图书市场上产生了很大反响。自出版以来，系列图书迄今已加印百余次，累计销量达 50 多万册，不仅深受广大程序员的喜爱，还被百余所高校选为计算机、软件等相关专业的教学参考用书。

　　"零基础学"系列图书升级版在继承前一版优点的基础上，将开发环境和工具更新为目前最新版本，并结合当今的市场需要，进一步对图书品种进行了增补，对相关内容进行了更新、优化，更适合读者学习。同时，为了方便教学使用，本系列图书全部提供配套教学 PPT 课件。另外，针对 AI 技术在软件开发领域，特别是在自动化测试、代码生成和优化等方面的应用，我们专门为本系列图书开发了一个微视频课程——"AI 辅助编程"，以帮助读者更好地学习编程。

　　升级版包括 10 本书：《零基础学 Python》（升级版）、《零基础学 C 语言》（升级版）、《零基础学 Java》（升级版）、《零基础学 C++》（升级版）、《零基础学 C#》（升级版）、《零基础学 Python 数据分析》（升级版）、《零基础学 Python GUI 设计：PyQt》（升级版）、《零基础学 Python GUI 设计：tkinter》（升级版）、《零基础学 SQL》（升级版）、《零基础学 Python 网络爬虫》（升级版）。

　　C 语言是一门基础且通用的计算机程序设计语言，兼具高级语言和汇编语言的特性。C 语言可以广泛应用于不同的操作系统，如 UNIX、MS-DOS、Microsoft Windows 及 Linux 等，还应用于很多硬件开发，例如嵌入式系统的开发。由于 C 语言是一门相对简单易学且比较基础的程序设计语言，因此一直受到广大编程人员的青睐，是编程初学者首选的一门程序设计语言。

本书内容

　　本书从初学者角度出发，提供了从入门到成为程序开发高手所需要掌握的各方面知识和技术，知识体系如下图所示。

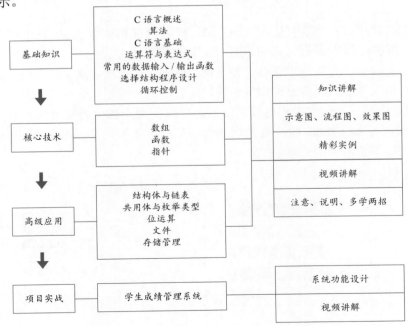

本书特色（如何使用本书）

☑ 书网合———扫描书中的二维码，学习线上视频课程及拓展内容

（1）视频讲解

（2）e 学码拓展学习

☑ 源码提供——配套资源包中提供书中实例源码（扫描封底"读者服务"二维码获取）

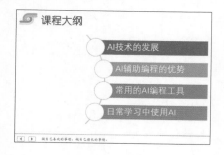

☑ 作者答疑——每本书均配有"读者服务"微信群，作者会在群中解答读者的问题
☑ AI 辅助编程——提供微视频课程，助你利用 AI 辅助编程

近几年，AI 技术已经被广泛应用于软件开发领域，特别是在自动化测试、代码生成和优化等方面。例如，AI 可以通过分析大量的代码库来识别常见的模式和结构，并根据这些模式和结构生成新的代码。此外，AI 还可以通过学习程序员的编程习惯和风格，提供更加个性化的建议和推荐。尽管 AI 尚不能完全取代程序员，但利用 AI 辅助编程，可以帮助程序员提高工作效率。本系列图书配套的"AI 辅助编程"微视频课程可以给读者一些启发。

☑**全彩印刷——还原真实开发环境，让编程学习更轻松**

☑**海量资源——配有 C 语言技巧干货、PPT 课件、C 语言编程专属魔卡等，即查即练，方便拓展学习**

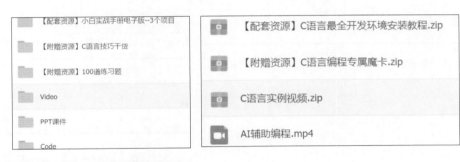

如何获得答疑支持和配套资源包

 微信扫码回复：47213
- 加入读者交流群，获得作者答疑支持；
- 获得本书配套海量资源包。

读者对象

- 零基础的编程自学者
- 相关培训机构的老师和学生
- 编程爱好者
- 大中专院校的老师和学生
- 参加毕业设计的学生
- 初、中级程序开发人员

　　在编写本书的过程中，编者本着科学、严谨的态度，力求精益求精，但疏漏之处在所难免，敬请广大读者批评、指正。

　　感谢您阅读本书，希望本书能成为您编程路上的领航者。

编　　者
2024 年 1 月

目 录
Content

第 2 篇　核心技术

第 1 章

C 语言概述

（ ▶ 视频讲解：28 分）

本章概览

对于计算机相关专业的同学来说，C 语言是一门必不可少的学习课程，但是真正能灵活掌握的不多。为使读者灵活驾驭 C 语言，本章提供了丰富的学习内容。首先简单介绍 C 语言的发展、特点和强大应用；然后详细介绍开发工具 Dev C++ 的安装与配置，并分别提供了 Windows 7 和 Windows 10 系统下开发环境搭建的视频课程；最后通过一个简单的程序和完整的程序带领大家体验 C 语言的编程过程，了解程序的基本组成，并通过"发现"栏目探索 C 语言编程的神奇之处和多样性。

"千里之行，始于足下！"赶快开始你的 C 语言编程之旅吧！

知识框架

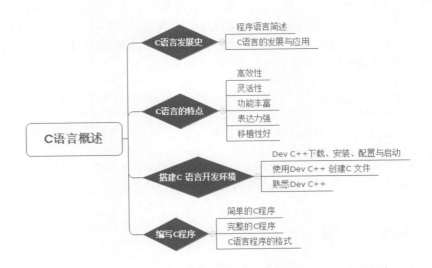

1.1 C 语言发展史

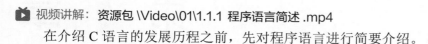

1.1.1 程序语言简述

▶️ 视频讲解：资源包 \Video\01\1.1.1 程序语言简述 .mp4

在介绍 C 语言的发展历程之前，先对程序语言进行简要介绍。

1. 机器语言

机器语言是低级语言，是机器指令的集合。计算机使用由二进制数组成的一串指令来控制计算机的操作，二进制数由数字 0 和 1 构成，如图 1.1 所示。机器语言的特点是，计算机可以直接识别和解读，不需要进行任何翻译。

2. 汇编语言

由于机器语言的二进制代码使用起来太费劲，于是在机器语言基础上发展出了汇编语言，汇编语言是面向机器的程序设计语言。在汇编语言中，用助记符代替机器指令的操作码，用地址符号或标号代替指令或操作数的地址。在不同的设备中，汇编语言对应着不同的机器语言指令集，通过汇编过程转换成机器指令，如图 1.2 所示。

图 1.1　机器语言　　　　　　　　图 1.2　汇编语言转换成机器指令示意图

3. 高级语言

由于汇编语言依赖于硬件体系，并且该语言中的助记符号数量比较多，所以其运用起来仍然不够方便。为了使程序语言能更贴近人类的自然语言，同时又不依赖于计算机硬件，于是产生了高级语言，其语法形式类似于英文，并且因为远离对硬件的直接操作，而易于理解与使用。其中影响较大、使用普遍的高级语言有 Fortran、ALGOL、Basic、COBOL、LISP、Pascal、PROLOG、C、C++、VC、VB、Delphi、Java 等。C 语言程序通过编译转换成机器指令，如图 1.3 所示。

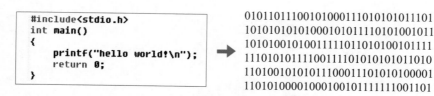

图 1.3　C 语言程序转换成机器指令示意图

1.1.2 C 语言的发展与应用

▶️ 视频讲解：资源包 \Video\01\1.1.2 C 语言的发展与应用 .mp4

从程序语言的发展过程可以看到，以前的操作系统等系统软件主要是用汇编语言编写的。但由于汇编语言依赖于计算机硬件，程序的可读性和可移植性都不是很好，为了提高可读性和可移植性，人们开始寻找一种语言，这种语言应该既具有高级语言的特性，又不失低级语言的优点。于是，C 语言产生了。

C 语言是由 UNIX 的研制者 Dennis Ritchie（丹尼斯·里奇，图 1.4 居左）和 Ken Thompson（肯·汤普逊，图 1.4 居右）于 1970 年在 BCPL 语言（简称 B 语言）的基础上发展和完善起来的。20 世纪 70 年代初期，AT&T Bell 实验室的程序员丹尼斯·里奇第一次把 B 语言改为 C 语言。

图 1.4　丹尼斯·里奇（左）和肯·汤普逊（右）

最初，C 语言运行于 AT&T 的多用户、多任务的 UNIX 操作系统上。后来，丹尼斯·里奇用 C 语言改写了 UNIX C 的编译程序，UNIX 操作系统的开发者肯·汤普逊又用 C 语言成功地改写了 UNIX，从此开创了编程史上的新篇章。UNIX 成为第一个不用汇编语言编写的主流操作系统。

C 语言是一种面向过程的语言，同时具有高级语言和汇编语言的优点。C 语言被广泛应用于不同的操作系统，如 UNIX、MS-DOS、Microsoft Windows 及 Linux 等，如图 1.5 所示。

图 1.5　C 语言在操作系统方面的应用

常用的编程语言如 Java、C#、MySQL、PHP 等也主要是用 C 语言开发的。美国"阿波罗 -11"号航天飞船登陆月球的软件系统、波音飞机的飞行系统、世界上第一个 3D PS 游戏雷神之锤（Quake）等也主要由 C 语言实现的，如图 1.6 所示。当然，C 语言的强项是底层编程，例如，编译器、驱动系统、操作系统内核、JVM、各种嵌入式软件、各类插件等系统软件也都由 C 语言开发。

图 1.6　C 语言的重要应用

1.2 C 语言的特点

视频讲解

📹 视频讲解：资源包 \Video\01\1.2 C 语言的特点 .mp4

C 语言是一种通用的程序设计语言，主要用来进行系统程序设计，具有如下特点。

1. 高效性

从 C 语言的发展历史也可以看到，它继承了低级语言的优点，产生了高效的代码，并具有友好的可读性和编写性。一般情况下，C 语言生成的目标代码的执行效率只比汇编程序低 10% ～ 20%。

2．灵活性

C 语言中的语法不拘一格，可在原有语法的基础上进行创造、复合，从而给程序员更多的想象和发挥的空间。

3．功能丰富

除了 C 语言中所具有的类型，还可以通过丰富的运算符和自定义的结构类型，来表达任何复杂的数据类型，完成所需要的功能。

4．表达力强

C 语言的特点体现在它的语法形式与人们所使用的语言形式相似，书写形式自由，结构规范，并且只需简单的控制语句，即可轻松控制程序流程，完成烦琐的程序要求。

5．移植性好

由于 C 语言具有良好的移植性，从而使得 C 程序在不同的操作系统下，只需要简单的修改或者不用修改，即可进行跨平台的程序开发操作。

1.3 搭建 C 语言开发环境

视频讲解

📹 视频讲解：资源包 \Video\01\1.3 搭建 C 语言开发环境 .mp4

"工欲善其事，必先利其器"，学好 C 语言编程，需要先了解并熟练使用开发工具。本节将会详细介绍学习 C 语言程序开发的常用工具：Dev C++。

Dev C++ 是 Windows 环境下的 C/C++ 开发环境，包括多页面窗口、工程编辑器、调试器等。在工程编辑器中集合了编辑器、编译器、链接程序和执行程序，提供高亮语法显示，适合初学者与编程高手的不同需求，是开发 C/C++ 程序时经常使用的一款工具。

1.3.1 Dev C++ 的下载

Dev C++ 是一个免费的软件，其下载页面如图 1.7 所示，单击 "Download" 按钮，即可下载 Dev C++ 的安装文件。

下载完成的 Dev C++ 安装文件如图 1.8 所示。

图 1.7　Dev C++ 下载页面　　　　图 1.8　下载的 Dev C++ 安装文件

1.3.2　Dev C++ 的安装

Dev C++ 的具体安装步骤如下。

（1）双下载的 Dev C++ 安装文件，打开选择语言对话框，如图 1.9 所示。在该对话框中，默认选择的是英文版本，直接单击"OK"按钮即可。

（2）进入许可协议对话框，该对话框中显示 Dev C++ 的使用许可协议，直接单击"I Agree"按钮，如图 1.10 所示。

图 1.9　选择语言对话框　　　　图 1.10　许可协议对话框

（3）进入选择安装组件对话框，该对话框中默认选择为"Full"，即全部安装，这里保持默认选择即可，直接单击"Next"按钮，如图 1.9 所示。

（4）进入选择安装路径对话框，该对话框中可以单击"Browser"按钮选择一个 Dev C++ 的安装位置后，单击"Install"按钮进行安装，如图 1.12 所示。

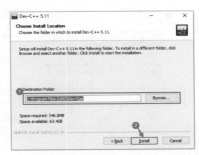

图 1.11　选择安装组件对话框　　　　图 1.12　选择安装路径对话框

（5）进入正在安装对话框，该对话框中显示 Dev C++ 的安装进度，如图 1.13 所示。

（6）所有的组件安装完成后，进入安装完成对话框中，单击"Finish"按钮，即可完成 Dev C++ 的安装，如图 1.14 所示。

图 1.13　正在安装对话框　　　　图 1.14　安装完成对话框

1.3.3 配置并启动 Dev C++

Dev C++ 安装完成后，就可以配置并启动它了，下面介绍其具体步骤。

（1）在安装完成对话框中单击"Finish"按钮，或者在系统的"开始"菜单中单击"Dev-C++"菜单，由于是第一次打开 Dev C++，因此首先会进入配置向导对话框，如图 1.15 所示，这里为了后期操作方便，我们将其配置为中文。因此，选择"简体中文 /Chinese"，单击"Next"按钮。

（2）进入主题配置对话框，这里采用默认设置，直接单击"Next"按钮，如图 1.16 所示。

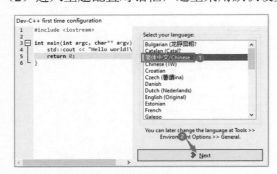
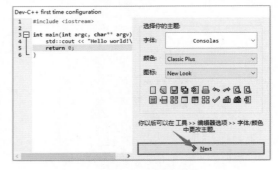

图 1.15　配置向导对话框　　　　　　　　　　图 1.16　主题配置对话框

（3）进入配置完成对话框，直接单击"OK"按钮，如图 1.17 所示。

（4）这时会自动进入 Dev C++ 的主界面中，如图 1.18 所示。

图 1.17　配置完成对话框　　　　　　　　　　图 1.18　Dev C++ 的主界面

1.3.4 使用 Dev C++ 创建 C 文件

安装完之后就可以使用 Dev C++ 了，使用 Dev C++ 创建 C 文件的步骤如下。

（1）在 Dev C++ 主界面的"文件"菜单中，选择"新建"→"源代码"菜单项，如图 1.19 所示。

图 1.19　选择"新建"→"源代码"菜单项

（2）在 Dev C++ 主界面的右侧区域会打开一个文本编辑器，首先在其中输出 C 语言代码，然后按 <Ctrl+S> 快捷键保存，弹出"保存为"对话框，在该对话框中选择保存位置及保存文件的类型，最后输入保存的文件名，单击"保存"按钮，即可创建一个 C 语言代码文件，如图 1.20 所示。

图 1.20　使用 Dev C++ 创建 C 语言文件的步骤

（3）C 语言代码编写完成后，就可以编译并运行了。首先单击工具栏中的编译图标，对编写的 C 语言代码进行编译，如图 1.21 所示；然后单击工具栏中的运行图标，即可运行编写的 C 语言代码，如图 1.21 所示。

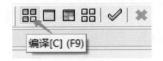

图 1.21　编译程序　　　　　　　　图 1.22　运行程序

1.3.5　熟悉 Dev C++

Dev C++ 的主界面由菜单栏、工具栏、项目资源管理器视图、源程序编辑区、编译调试区和状态栏组成，如图 1.23 所示。

图 1.23　Dev C++ 的主界面

在 Dev C++ 中，常用的操作都是通过其工具栏的相应图标按钮完成的，它们各自的用途如图 1.24 所示。

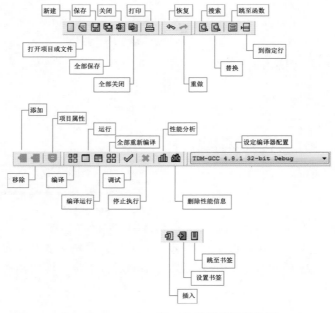

图 1.24　Dev C++ 的工具栏图标及其作用

1.4 一个简单的 C 程序

📹 视频讲解：资源包 \Video\01\1.4 一个简单的 C 程序 .mp4

先通过一个简单的程序来了解 C 语言的编写特点。

| 实例 01　输出 "Hello,world! I'm coming!" | 实例位置：资源包 \Code\SL\01\01 |
| | 视频位置：资源包 \Video\01\ |

本实例程序实现的功能是输出一条信息 "Hello,world！I'm coming!"。这个简单的 C 程序虽然只有 7 行，但充分说明了 C 程序是由什么位置开始、什么位置结束的。具体代码如下：

```
01   #include <stdio.h>                          /*包含头文件*/
02
03   int main()                                  /*main()主函数*/
04   {
05       printf("Hello,world! I'm coming!\n");    /*输出要显示的字符串*/
06       return 0;                               /*程序返回0*/
07   }
```

运行程序（快捷键 <Ctrl+F5>），结果如图 1.25 所示。

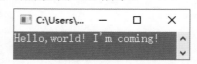

图 1.25　简单程序运行结果

编程之美
源于发现

做完上面这个程序后，是不是感觉太简单，不过瘾？扫描上面右侧的"发现"二维码，一起走进 C 语言编程的深度探险之旅。开动脑筋，寻找灵感，激活根植于你内心的发现基因，不断突破 C 语言编程的种种局限和不可能，创造和分享 C 语言编写的各种成果。只有想不到，没有做不到，如图 1.26 所示，就是利用输出语句实现的各种字符画。

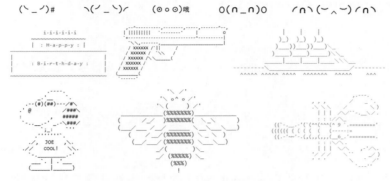

图 1.26　形形色色的字符画

从实例 01 的实现代码中可以看出，一个简单的 C 程序是由以下几部分内容组成的。

1. #include 指令

实例 01 实现代码中的第 1 行代码如下：

```
#include<stdio.h>
```

这个语句的功能是进行有关的预处理操作。其中"#"表示预处理命令，#include 是使用头文件的指令；而 stdio.h 是一个函数库，它被称为头部文件或首文件。

2. 空行和空格

实例 01 实现代码中的第 2 行是一个空行。目的是让代码之间层次更清晰。

由于 C 语言是一门较灵活的语言，因此格式并不是固定不变、拘于一格的。也就是说，加空行或空格一般不会影响程序。合理、恰当地使用空行和空格，可以使编写出来的程序更加规范，更便于日后的阅读和整理。

注意

不是所有的空格都是可有可无的，如在两个关键字之间必须用空格隔开（例如 else if），在这种情况下，如果将空格去掉，程序就不能通过编译。

3. main() 主函数声明

实例 01 实现代码中的第 3 行如下：

```
int main()
```

这行代码的作用是声明 main() 主函数，其返回值为整型数据。其中的"int"称为关键字，代表数据类型是整型。

在函数中，这一部分被称为函数头部分。在每一个程序中都会有一个 main() 主函数，main() 主函数就是一个程序的入口部分。也就是说，程序都是从 main() 主函数头开始执行的，然后进入 main() 主函数中，执行 main() 主函数中的内容。

4. 函数体

在介绍 main() 主函数时，提到了一个名词——函数头。一个函数可分为两个部分：一部分是函数头，另一部分是函数体。

实例 01 实现代码中的第 4 行和第 7 行代码的两个大括号就构成了函数体，代码如下：

```
04  {
05      printf("Hello,world! I'm coming!\n");        /*输出要显示的字符串*/
06      return 0;                                     /*程序返回0*/
07  }
```

函数体也可以称为函数的语句块。在函数体中，第 5 行和第 6 行就是函数体中要执行的内容。

5. 执行语句

实例 01 实现代码的第 5 行代码就是函数体中的执行语句，代码如下：

```
printf("Hello,world! I'm coming!\n");                /*输出要显示的字符串*/
```

执行语句就是函数体中要执行的内容。printf() 函数是产生格式化输出的函数，可以简单地理解为向控制台输出文字或符号。括号中的内容被称为函数的参数，在括号内可以看到输出的字符串 "Hello, world! I'm coming!"，其中 "\n" 称为转义字符。转义字符的内容将会在本书第 3 章中进行介绍。

6. return 语句

实例 01 实现代码中的第 6 行代码同样也是函数体中的执行语句，代码如下：

```
return 0;                                             /*程序返回0*/
```

这行语句的作用是使 main() 主函数终止运行，并向操作系统返回一个整型常量 0。在介绍 main() 主函数时，说过返回一个整型返回值，此时 0 就是要返回的整型值。在此处可以将 return 理解成 main() 主函数的结束标志。

7. 代码的注释

在程序的第 5 行和第 6 行后面都可以看到一段关于该行代码的文字描述，语句如下：

```
printf("Hello,world! I'm coming!\n");                /*输出要显示的字符串*/
return 0;                                             /*程序返回0*/
```

这两行对代码的解释内容被称为代码的注释。代码注释的作用就是对代码进行解释说明，便于以后自己阅读或者他人阅读源程序时，容易理解程序代码的含义和设计思想。

C 语言中主要有两种常见的注释形式，即单行注释和多行注释。单行注释符号使用 "//"，作用范围就是从符号 "//" 开始到本行结束；多行注释符号使用 "/* */"，作用范围是 "/*" 与 "*/" 之间的内容。语法如下：

```
//这里是单行注释
/*这里是多行注释*/
```

注释的原则是有助于对程序的阅读理解，注释不宜太多，也不能太少，太多会对阅读产生干扰，太少则不利于对代码的理解。因此只在必要的地方才加注释，而且注释要准确、易懂、尽可能简洁。

说明

虽然没有强行规定程序中一定要写注释，但是为便于以后查看代码，或者如果程序交给别人看，他人便可以快速地掌握程序的基本信息（如版权说明、生成日期、内容、功能等）与代码作用。因此，编写良好的代码格式规范和添加适当的注释，是一个优秀程序员应该具备的好习惯。

 训练一　试着在控制台输出"Welcome to MingRi"。（资源包 \Code\Try\01\01）

1.5 一个完整的 C 程序

视频讲解

▶ 视频讲解：资源包 \Video\01\1.5 一个完整的 C 程序 .mp4

本节将根据 1.4 节的实例，对程序内容进行扩充，使读者对 C 程序有一个更完整的认识。

实例 02 根据父母的身高预测儿子的身高	实例位置：资源包 \Code\SL\01\02 视频位置：资源包 \Video\01\

本实例要实现的功能是根据父母的身高预测儿子的身高。在本实例中定义了一个常量 0.54，根据输入的父亲和母亲的身高，通过计算公式：儿子身高 =（父亲身高 + 母亲身高）×0.54，预测出儿子的身高，具体代码如下：

```
01  #include<stdio.h>                                /*包含头文件*/
02  #define HEG 0.54                                 /*定义常量*/
03  float height(float father, float mother);        /*函数声明*/
04
05  int main()                                       /*main()主函数*/
06  {
07      float father;                                /*定义浮点型变量，表示父亲的身高*/
08      float mother;                                /*定义浮点型变量，表示母亲的身高*/
09      float son;                                   /*定义浮点型变量，表示儿子的身高*/
10
11      printf("请输入父亲的身高: \n");              /*显示提示*/
12      scanf("%f",&father);                         /*输入父亲的身高*/
13
14      printf("请输入母亲身高: \n");                /*显示提示*/
15      scanf("%f",&mother);                         /*输入母亲的身高*/
16
17      son=height(father,mother);                   /*调用函数，计算儿子的身高*/
18      printf("预测儿子身高: ");                    /*显示提示*/
19      printf("%.2f\n",son);                        /*输出儿子身高*/
20      return 0;                                    /*返回整型0*/
21  }
22
23  float height(float father, float mother)         /*定义计算儿子身高的函数*/
24  {
25      float son =(father+mother)*HEG;              /*具体计算儿子的身高*/
26      return son;                                  /*返回儿子的身高*/
27  }
```

运行程序，假如输入的父亲身高为 1.8，母亲身高为 1.68，运行结果如图 1.27 所示。

在具体讲解这个程序的执行过程之前，先展示该程序的过程图，便于对程序有一个更清晰的认识，如图 1.28 所示。

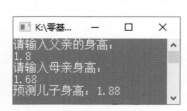

图 1.27　预测儿子身高运行结果

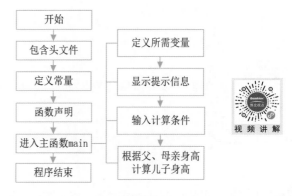

图 1.28　程序过程分析

从图 1.28 中可以看出整个程序运行的过程。前面已经介绍过关于程序中一些相同的内容，这里不再进行有关的说明。下面介绍程序中新出现的一些内容。

1. 定义常量

实例 02 代码中的第 2 行代码如下：

```
#define HEG 0.54                                         /*定义常量*/
```

在 C 语言中，使用 #define 定义一个常量。#define 在这里的功能是设定这个常量为 HEG，并且指定该常量代表的数值为 0.54。这样，在程序中只要是使用 HEG 这个标识符，就代表 0.54 这个数值。

说明　常量名通常使用大写字母，以便与变量进行区分。

2. 函数声明

实例 02 代码中的第 3 行代码如下：

```
float height(float father, float mother);               /*函数声明*/
```

这一行代码的作用是对一个函数进行声明。为什么要进行函数声明呢？就像父母在新生儿出生后将新生儿的姓名、出生日期等信息到公安局户籍部门登记，以便孩子在未来上学、就业或出国等活动中使用。自定义的函数也一样，需要先通过声明让编译器知道函数的名称、参数等信息，以便在程序执行时能准确调用函数，并执行相应的功能。

3. 定义变量

实例 02 代码中的第 7 ～ 9 行代码如下：

```
07  float father;                                        /*定义浮点型变量，表示父亲的身高*/
08  float mother;                                        /*定义浮点型变量，表示母亲的身高*/
09  float son;                                           /*定义浮点型变量，表示儿子的身高*/
```

这三行语句的作用都是定义变量。在 C 语言中要使用变量，必须在使用变量之前对其进行定义。定义变量就是要告诉编译器这个变量的数据类型，之后编译器会根据变量的类型为变量分配内存空间。变量的作用就是存储数值，用变量进行计算。

中 1 章   C 语言概述

说明　在定义变量时，变量名尽量取与实际意义相关的名称。

4. 输入语句

实例 02 代码中的第 12 行代码如下：

```
scanf("%f",&father);                          /*输入父亲的身高*/
```

在实例 01 中曾经介绍过显示输出函数 printf()，既然有输出，就一定会有输入。在 C 语言中，scanf() 函数就用来接收键盘输入的内容，并将输入的内容保存在相应的变量中。可以看到，在 scanf() 函数的参数中，father 就是之前定义的浮点型变量，它的作用是存储输入的信息内容。其中的 "&" 符号是取地址运算符，"&" 运算符的具体内容将会在本书第 10 章中进行介绍。

5. 数学运算语句

实例 02 代码中的第 25 行代码如下：

```
float son =(father+mother)*HEG;               /*计算儿子的身高*/
```

这行代码在 height() 函数体内，其功能是将变量 father 加上 mother，再乘以 HEG，得到的结果保存在 son 变量中。其中的符号 "*" 代表乘法运算符。

训练二　已知一个长方体的高，通过输入长方体的长和宽，计算出长方体的体积。（资源包 \Code\Try\01\02）

1.6 C 语言程序的格式

视频讲解

视频讲解：资源包 \Video\01\1.6 C 语言程序的格式 .mp4

通过上面两个实例的介绍可以看出，C 语言程序的编写具有以下格式特点。

1. main() 主函数

一个 C 程序都是从 main() 主函数开始执行的。

2. C 程序整体是由函数构成的

在程序中，main() 主函数就是其中的主函数，当然在程序中是可以定义其他函数的。在这些定义函数中进行特殊的操作，使得函数完成特定的功能。虽然将所有的执行代码全部放入 main() 主函数也是可行的，但如果将其分成一块一块的，每一块使用一个函数表示，那么整个程序看起来就具有结构性，并且易于观察和修改。

3. 函数体的内容在大括号中

每一个函数都要执行特定的功能，如何才能看出一个函数具体操作的范围呢？在程序中寻找 "{" 和 "}" 这两个大括号。C 语言使用一对 "{}" 来表示程序的结构层次，需要注意的就是左右大括号要对应使用。

多学两招　在编写程序时，为了防止遗漏对应的大括号，每次都可以先将两个对应的大括号写出来，再向括号中添加代码。

4. 每一个执行语句都以分号结尾

观察前面的两个实例就会发现，在每一个执行语句后面都会有一个英文分号 ";" 作为语句结束的标志。

注意

在 for、if 等语句后面没有分号。

5. 英文字符大小写不通用

字母大小写不同，则可能代表不同的含义，所以要注意区分字母大小写，关键字和标准库函数名必须用小写。

6. 空格和空行的使用

讲解实例 01 的代码时对空行已经进行阐述，其作用就是增加程序的可读性，使得程序代码的位置安排合理、美观。例如，以下代码就非常不利于阅读和理解：

```
01   int Add(int Num1, int Num2)          /*定义计算加法函数*/
02   {                                    /*将两个数相加的结果保存在result中*/
03   int result =Num1+Num2;
04   return result;                       /*返回计算的结果*/
05   }
```

如果将其中的执行语句在函数中进行缩进，使得函数体内代码开头与函数头的代码不在一列，就会有层次感，例如：

```
01   int Add(int Num1, int Num2)          /*定义计算加法函数*/
02   {
03       int result =Num1+Num2;           /*将两个数相加的结果保存在result中*/
04       return result;                   /*返回计算的结果*/
05   }
```

多学两招

可以使用键盘中的 <Tab> 键实现代码的缩进，按一次 <Tab> 键可以缩进 4 个字符。

1.7 小结

本章首先讲解了关于 C 语言的发展历史，可以看出 C 语言的重要性及其重要地位。然后讲解了 C 语言的特点，通过这些特点进一步验证了 C 语言的重要地位。通过实例的创建，对集成开发环境 Dev C++ 进行了详细的说明，最后通过一个简单的 C 语言程序和一个完整的 C 语言程序，将 C 语言的概貌呈现给读者，使读者对 C 语言编程有一个总体的认识。

本章 e 学码：关键知识点拓展阅读

scanf	结构类型	嵌入式软件	运算符
UNIX	库函数	声明	助记符
编译器	面向过程	预处理	二进制
常量			

e 学码

第**2**章

算法

（ ▶ 视频讲解：18分）

本章概览

通常，一个程序包含算法、数据结构、程序设计方法及语言工具和环境这几个方面，其中算法是核心，即解决某一问题的方法和步骤。通俗地说，算法就是解决"做什么"和"如何做"的问题。正是因为算法如此重要，所以本书单独列出一章来介绍算法的基础知识。

知识框架

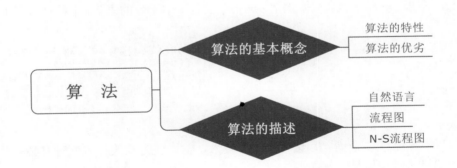

2.1 算法的基本概念

算法与程序设计以及数据结构密切相关，它是解决一个问题的完整步骤的描述，是解决问题的策略、规则和方法。正如著名计算机科学家 Nkiklaus Wirth（尼克劳斯·沃斯）提出的公式：

数据结构 + 算法 = 程序

如果把程序比作一个人，那么数据结构就是人的躯体，而算法就是人的灵魂。所以说，算法是程序不可缺少的部分。算法的描述形式有很多种，例如，传统流程图、结构化流程图及计算机程序语言等。下面具体介绍算法的几个特性，并分析一个好的算法应该具备哪些特点。

2.1.1 算法的特性

视频讲解

📹 视频讲解：资源包 \Video\02\2.1.1 算法的特性 .mp4

算法是为解决某一特定类型的问题而设计的一个实现过程，它具有下列特性。

（1）有穷性

一个算法必须在执行有穷步之后结束，并且每一步都在有穷时间内完成，不能无限地执行下去。就像图 2.1 所示的数学中的线段一样，有起点，也有终点，不能无限地延长。

例如，要编写一个由小到大的整数累加的程序，这时要注意一定要设一个整数的上限，若没有这个上限，那么程序将无终止地运行下去，也就是常说的"死循环"。

（2）确定性

算法的每一个步骤都应当是有确切定义的，对于每一个过程都不能有二义性，对将要执行的每个动作必须做出严格而清楚的规定。

（3）可行性

算法中的每一步都应当能有效地运行，也就是说，算法是可执行的，并要求最终得到正确的结果。例如，如图 2.2 所示的这段程序，代码中的"z=x/y;"就是一个无效的语句，因为 0 是不可以做分母的。

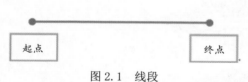

图 2.1　线段

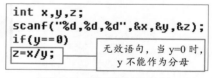

图 2.2　不可执行的代码

（4）有输入

一个算法可以有一个或多个输入，也可以没有输入，输入就是在执行算法时有必要从外界获取的，如算法所需的初始量等一些信息。例如：

```
01  int a,b,c;
02  scanf("%d,%d,%d",&a,&b,&c);          //有多个输入
```

（5）有输出

一个算法有一个或多个输出，输出就是算法最终所求的结果。编写程序的目的就是要得到一个结果。例如，在控制台输出"MingRi"，如图 2.3 所示。

图 2.3　在控制台上输出的结果

如果一个程序运行下来没有任何结果，那么这个程序本身也就失去了意义。

2.1.2　算法的优劣

视频讲解：资源包 \Video\02\2.1.2 算法的优劣 .mp4

衡量一个算法的好坏，通常要从以下几个方面来分析。

（1）正确性，即所写的算法能满足具体问题的要求，即对任何合法的输入，算法都会得出正确的结果。

（2）可读性，是指算法被写好之后，该算法被理解的难易程度。一个算法可读性的好坏十分重要，如果一个算法比较抽象，难于理解，那么这个算法就不易被交流和推广使用，对于修改、扩展及维护都十分不方便。因此在写一个算法时，要尽量将该算法写得简明易懂。例如，汉字的繁体字和简体字，繁体字书写麻烦，笔画太多，而且难记，但简体字书写简单，可读性好。

（3）健壮性，是指当输入的数据非法时，算法也会做出相应判断，而不会因为输入错误造成程序"瘫痪"。

（4）时间复杂度与空间复杂度。简单地说，时间复杂度就是算法运行所需要的时间。不同的算法具有不同的时间复杂度，当一个程序较简单时，可能感觉不到时间复杂度的重要性；当一个程序特别复杂时，便会察觉到时间复杂度实际上是十分重要的。因此，写出更高效的算法一直是改进的目标。空间复杂度是指算法运行所需的存储空间的多少。

2.2　算法的描述

算法包含算法设计和算法分析两方面内容。算法设计主要研究怎样针对某一特定类型的问题设计出求解步骤，算法分析则要讨论所设计出来的算法步骤的正确性和复杂性。

对于一些问题的求解步骤，需要一种表达方式，即算法描述。其他人可以通过这些算法描述来了解设计者的思路。就像人的思想和行动，只有描述出来，别人才能够明白你的想法和举动，了解你在想什么，要做什么。

表示一个算法可以用不同的方法，常用的有自然语言、流程图、N-S 流程图等。下面分别介绍这3 种方法。

2.2.1　自然语言

视频讲解：资源包 \Video\02\2.2.1 自然语言 .mp4

自然语言是指人们日常生活中使用的语言，这种表达方式通俗易懂，下面通过实例具体介绍。

实例 01　把大象装进冰箱里

把大象装进冰箱里需要分几步？答案描述如下：

（1）把冰箱门打开；

（2）把大象放进冰箱里；

（3）把冰箱门关上。

实例 02　农夫、羊、狼及白菜过河

问题描述：一名农夫要将一只狼、一只羊和一袋白菜运到河对岸，但农夫的船很小，每次只能载下农夫本人和狼或羊，或者农夫与白菜，他又不能把羊和白菜留在岸边，因为羊会把白菜吃掉，也不能把狼和羊留在岸边，因为狼会吃掉羊。农夫怎样将这 3 样东西安然无恙地送过河呢？

该实例的实现方案如下：

（1）先把羊运过去；

（2）回来运狼；

（3）把狼运到对岸后，把羊装上船运回来；

（4）把羊放到开始的地方，把白菜运过去；

（5）再把羊运过去。

以上介绍的实例 01 和实例 02 的实现过程就是采用自然语言来描述的。从这两个实例的描述中会发现，用自然语言描述的好处是易懂，但是采用自然语言进行描述也有很大的弊端，就是容易产生歧义。因此，一般情况下不采用自然语言来描述。

2.2.2 流程图

视频讲解

📹 视频讲解：资源包 \Video\02\2.2.2 流程图 .mp4

流程图是算法的图形化表示法，它是用一些图框来代表各种不同性质的操作，用流程线来指示算法的执行方向。由于它形象直观、易于理解，所以应用比较广泛。

1. 流程图符号

流程图是使用一些图框来表示各种操作的。在表 2.1 中列出了一些常见的流程图符号，其中，起止框用来标识算法的开始或结束；判断框的作用是对一个给定的条件进行判断，根据给定的条件是否成立来决定如何执行后续操作；连接点的作用是将画在不同地方的流程线连接起来。

表 2.1　流程图符号

程　序　框	名　　称	功　　能
⬭	起止框	表示算法的开始或结束
▱	输入 / 输出框	表示算法中的输入或输出
◇	判断框	表示算法的判断
▭	处理框	表示算法中变量的计算或赋值
↓ 或 →	流程线	表示算法的流向
├─▭	注释框	表示算法的注释
◯	连接点	表示算法流向出口或入口的连接点

下面通过实例来介绍这些流程图符号如何使用。

实例 03　用流程图表示把大象装进冰箱

下面用流程符号表示把大象装进冰箱的实现过程，效果如图 2.4 所示。

实例 04　按名次输出成绩

通过键盘输入 3 名同学的成绩，并分别赋给 g1、g2、g3，按名次输出 3 名同学的成绩，本实例的实现流程图如图 2.5 所示。

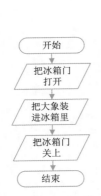

图 2.4 把大象装进冰箱的流程图

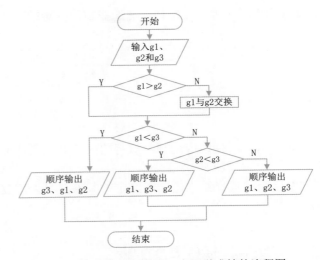

图 2.5 由高到低输出 3 名同学成绩的流程图

2．3 种基本结构

1966 年，计算机科学家 Bohm 和 Jacopini 为了提高算法的质量，经过研究提出了 3 种基本结构，即顺序结构、选择结构和循环结构，因为任何一个算法都可由这 3 种基本结构组成。这 3 种基本结构之间可以并列，可以相互包含，但不允许交叉，不允许从一个结构直接转到另一个结构的内部。

整个算法都是由 3 种基本结构组成的，所以只要规定好 3 种基本结构的流程图的画法，就可以画出任何算法的流程图。

（1）顺序结构

顺序结构是简单的线性结构，在顺序结构的程序中，各操作是按照它们出现的先后顺序执行的，如图 2.6 所示。

在执行完 A 所指定的操作后，接着执行 B 所指定的操作，这个结构中只有一个入口点 A 和一个出口点 B。

实例 05 用流程图表示农夫、羊、狼及白菜过河

本实例可以采用顺序结构来实现，流程图如图 2.7 所示。

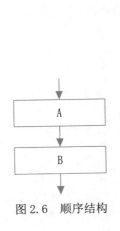

图 2.6 顺序结构

图 2.7 农夫、羊、狼和白菜过河的顺序结构流程图

19

（2）选择结构

选择结构也被称为分支结构，在选择结构中必须包含一个判断框，如图 2.8 和图 2.9 所示。

图 2.8　选择结构 1　　　　　　　图 2.9　选择结构 2

图 2.8 所示的选择结构是判断给定的条件 P 是否成立，如果条件成立，则执行 A 语句，否则执行 B 语句。

图 2.9 所示的选择结构是判断给定的条件 P 是否成立，如果条件成立，则执行 A 语句，否则什么也不做。

实例 06　判断输入的数字是否为偶数

本实例要实现的是输入一个数字后，判断该数字是否为偶数。该实例采用选择结构来实现，流程图如图 2.10 所示。

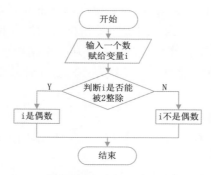

图 2.10　判断一个数是否为偶数

（3）循环结构

在循环结构中，反复执行一系列操作，直到条件不成立时才终止循环。按照判断条件出现的位置，可将循环结构分为当型循环结构和直到型循环结构。

当型循环如图 2.11 所示。当型循环是先判断条件 P 是否成立，如果成立，则执行 A 语句；执行完 A 语句后，再判断条件 P 是否成立，如果成立，接着再执行 A 语句；如此反复，直到条件 P 不成立为止，此时不执行 A 语句，跳出循环。直到型循环如图 2.12 所示。直到型循环是先执行 A 语句，然后判断条件 P 是否成立，如果条件 P 成立，则再执行 A 语句；然后判断条件 P 是否成立，如果成立，接着再执行 A 语句；如此反复，直到条件 P 不成立，此时不执行 A 语句，跳出循环。

图 2.11　当型循环　　　　　　　图 2.12　直到型循环

实例 07　用不同循环结构求和

本实例要实现的是求 1 和 100 之间（包括 1 和 100）所有整数的和。本实例可以用当型循环结构来表示，流程图如图 2.13 所示；也可以用直到型循环结构来表示，流程图如图 2.14 所示。

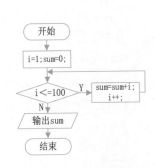

图 2.13　当型循环结构求和

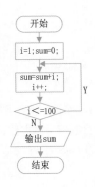

图 2.14　直到型循环结构求和

2.2.3 N-S 流程图

📹 视频讲解：资源包 \Video\02\2.2.3 N-S 流程图 .mp4

　　N-S 流程图是另一种算法表示法，是由美国人 I.Nassi（I. 纳斯）和 B.Shneiderman（B. 施内德曼）共同提出的，其根据是：既然任何算法都是由顺序结构、选择结构或者循环结构这 3 种结构组成的，则各基本结构之间的流程线就是多余的，因此去掉了所有的流程线，将全部的算法写在一个矩形框内。N-S 图也是算法的一种结构化描述方法，同样也有 3 种基本结构，下面分别进行介绍。

1. 顺序结构

　　顺序结构的 N-S 流程图如图 2.15 所示。例如，把大象装进冰箱用 N-S 流程图表示的效果如图 2.16 所示。

图 2.15　顺序结构的 N-S 流程图

图 2.16　把大象装进冰箱的 N-S 流程图

2. 选择结构

　　选择结构的 N-S 流程图如图 2.17 所示。例如，判断输入的数字是否是偶数，用 N-S 流程图表示的效果如图 2.18 所示。

图 2.17　选择结构的 N-S 流程图

图 2.18　判断是否是偶数的 N-S 流程图

3. 循环结构

　　（1）当型循环的 N-S 流程图如图 2.19 所示。例如，求 1 和 100 之间（包括 1 和 100）所有整数的和，用当型循环求和的 N-S 流程图表示的效果如图 2.20 所示。

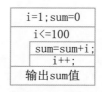

图 2.19　当型循环的 N-S 流程图　　　　　图 2.20　当型循环求和的 N-S 流程图

（2）直到型循环的 N-S 流程图如图 2.21 所示。例如，求 1 和 100 之间（包括 1 和 100）所有整数的和，用直到型循环的 N-S 流程图表示的效果如图 2.22 所示。

图 2.21　直到型循环的 N-S 流程图　　　　图 2.22　直到型循环求和的 N-S 流程图

说明　这 3 种基本结构都只有一个入口和一个出口，结构内的每一部分都有可能被执行，且不会出现无终止循环的情况。

实例 08　求 n！的不同流程图

本实例要实现的是：通过键盘输入一个数 n，然后求 n！的值。本实例的流程图如图 2.23 所示，N-S 流程图如图 2.24 所示。

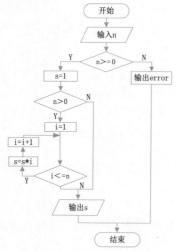

图 2.23　求 n！的流程图

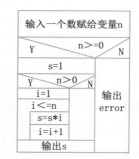

图 2.24　求 n！的 N-S 流程图

2.3　小结

本章主要介绍了算法的基本概念及算法描述两方面的内容。算法的特征包括有穷性、确定性、可行性、输入和输出 5 方面的内容，评价一个算法的优劣可从正确性、可读性、健壮性，以及时间复杂度与空间复杂度这几方面来考虑。在算法的描述部分介绍了自然语言、流程图和 N-S 流程图 3 种方法，其中要重点掌握顺序结构、选择结构和循环结构这 3 种基本结构的画法。

第 **3** 章

C 语言基础

（ ▶ 视频讲解：1 小时）

本章概览

　　想要熟练掌握一门编程语言，最好的方法就是掌握基础知识，并亲自体验。本章对 C 语言程序中的关键字、标识符、数据类型、变量、常量等基础内容进行了详细讲解。在讲解的过程中，用丰富多样的实例让读者体验知识点的运用，带领读者逐步走进 C 语言编程世界。

知识框架

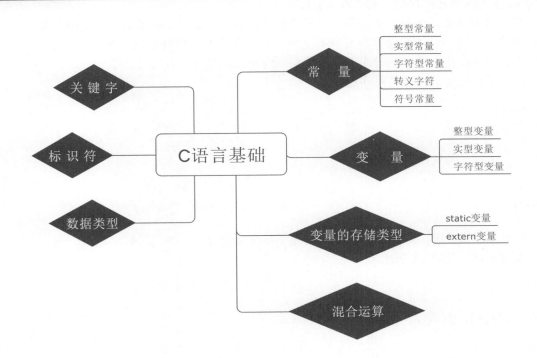

3.1 关键字

视频讲解

📹 视频讲解：资源包 \Video\03\3.1 关键字 .mp4

在 C 语言程序中，关键字是指被赋予特定意义的一些单词，不可以把这些单词作为标识符来使用。C 语言共有 32 个关键字，如表 3.1 所示。今后的学习中将会逐渐接触到这些关键字的具体使用方法。

表 3.1　C 语言中的关键字

auto	double	int	struct
break	else	long	switch
case	enum	register	typedef
char	extern	union	return
const	float	short	unsigned
continue	for	signed	void
default	goto	sizeof	volatile
do	while	static	if

3.2 标识符

视频讲解

📹 视频讲解：资源包 \Video\03\3.2 标识符 .mp4

标识符可以简单地理解为一个名字，用来标识变量名、常量名、函数名以及数组名等。

在 C 语言中，标识符可以设定容易理解的名字，但要遵循一定的规则，具体规则如下。

（1）所有的标识符必须以字母或下画线开头，而不能以数字或者符号开头。

例如，以下这两种写法都是错误的：

```
int !number;                /*错误，标识符第一个字符不能为符号*/
int 2hao;                   /*错误，标识符第一个字符不能为数字*/
```

例如，以下这两种写法都是正确的：

```
int number;                 /*正确，标识符第一个字符为字母*/
int _hao;                   /*正确，标识符第一个字符为下画线*/
```

（2）在设定标识符时，除开头外，其他位置都可以由字母、下画线或数字组成。

☑ 在标识符中，有下画线的情况：

```
int good_way;               /*正确，标识符中可以有下画线*/
```

☑ 在标识符中，有数字的情况：

```
int bus7;                   /*正确，标识符中可以有数字*/
int car6V;                  /*正确*/
```

（3）英文字母的大小写代表不同的标识符。也就是说，在 C 语言中是区分大小写字母的。下面是一些正确的标识符：

```
int mingri;          /*全部是小写字母*/
int MINGRI;          /*全部是大写字母*/
int MingRi;          /*大小写字母混合*/
```

从上面列出的标识符中可以看出，只要标识符中的字符有一项是不同的，它们所代表的就是不同的名称。

（4）标识符不能是关键字。关键字是定义一种类型使用的特殊字符，不能使用关键字作为标识符。例如：

```
int float;           /*错误，float是关键字，不能作为标识符*/
int Float;           /*正确，改变标识符中字母的大小写，Float不再是关键字，可以作为标识符*/
```

上述代码使用 int 关键字进行定义，但定义的标识符不能使用关键字 float，将其中标识符的字母改成 Float，就可以通过编译。

（5）标识符的命名最好具有相关的含义。将标识符设定成有一定含义的名称，这样可以方便程序的编写，并且以后回顾时，或者他人阅读时，具有含义的标识符能使程序便于理解和阅读。例如，在定义一个长方体的长、宽和高时，可以简单地进行定义，代码如下：

```
int a;               /*代表长度*/
int b;               /*代表宽度*/
int c;               /*代表高度*/
```

或定义成如下代码：

```
int iLong;
int iWidth;
int iHeight;
```

从上面列举出的标识符可以看出，如果标识符的设定不具有一定含义，若没有后面的注释，就使人很难理解它代表的意义是什么。如果将标识符的名称设定成具有相关含义的话，通过查看就可以直观地了解到具体的意义。

（6）ANSI 标准规定，标识符可以为任意长度，但外部名必须至少能由前 6 个字符唯一地区分，并且不区分大小写。这是因为某些编译程序（如 IBM PC 的 MS C）仅能识别前 6 个字符。

常见错误　（1）标识符大小写书写错误，在写标识符时要注意字母大小写的区分；（2）标点符号中英文状态忘记切换，在书写代码时应该采用英文半角输入法输入。

3.3 数据类型

视 频 讲 解

▶ 视频讲解：**资源包 \Video\03\3.3 数据类型 .mp4**

程序在运行时要做的事情就是处理数据。不同的数据都是以其本身的一种特定形式存在的（如整型、实型以及字符型等），不同数据类型的数据占用不等的存储空间。C 语言中有多种不同的数据类型，其中包括基本类型、构造类型、指针类型和空类型等。这里先通过图 3.1 看一下数据类型组织结构，再对每一种类型进行相应的了解。

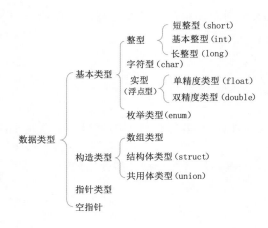

图3.1　数据类型

1. 基本类型

基本类型也就是 C 语言中的基础类型，其中包括整型、字符型、实型（浮点型）和枚举类型。例如：

```
int number;                                      /*整型变量*/
float fFloat;                                     /*浮点型变量*/
char cChar;                                       /*字符型变量*/
enum Fruits(Watermelon,Mango,Grape,Orange,Apple); /*枚举变量*/
```

2. 构造类型

构造类型就是使用基本类型的数据，或者使用已经构造好的数据类型，通过组合、设计构造出新的数据类型，使设计的新构造类型满足待解决问题所需要的数据类型。

通过构造类型的说明可以看出，它并不像基本类型那样简单，而是由多种类型组合而成的新类型，其中每一个组成部分称为构造类型的成员。构造类型包括数组类型、结构体类型和共用体类型 3 种形式。例如：

```
int array[5];                                    /*数组*/
struct Student student;                          /*结构体*/
union season s;                                  /*共用体*/
```

3. 指针类型

指针类型不同于其他类型，其特殊性在于指针的值表示的是某个内存地址。例如：

```
int *p;                                          /*指针类型*/
```

4. 空类型

空类型的关键字是 void，主要作用包括以下两点：

（1）对函数返回的限定。

（2）对函数参数的限定。

一般一个函数具有一个返回值，将其值返回调用者。这个返回值应该具有特定的类型，如整型 int。当函数不必返回一个值时，就可以使用空类型设定返回值的类型。例如：

```
void input()                              /*自定义无返回值函数*/
{
语句;
}
```

3.4 常量

在介绍常量之前,先来了解一下什么是常量。常量就是其值在程序运行过程中不可以改变的量。例如,我们每个人的身份证号码,这串数字就是一个常量,是不能被更改的。

所有常量可以分为以下 3 大类:

☑ 数值型常量:包括整型常量和实型常量。

☑ 字符型常量。

☑ 符号常量。

下面将对有关的常量进行详细介绍。

3.4.1 整型常量

📹 视频讲解: 资源包 \Video\03\3.4.1 整型常量 .mp4

整型常量就是指直接使用的整型常数,例如 0、100、-200 等,都是整型常数。

整型常量可以是长整型、短整型、符号整型和无符号整型。如表 3.2 所示,这几种整数类型如同容积大小不同的烧杯,虽然用法一样,但在不同场景要用不同容量的烧杯。

表 3.2　整型常量数据类型

数 据 类 型	长　　度	取 值 范 围
unsigned short	16 位	0 ～ 65535
［signed］ short	16 位	-32768 ～ 32767
unsigned int	32 位	0 ～ 4294967295
［signed］ int	32 位	-2147483648 ～ 2147483647
［signed］ long	64 位	-9223372036854775808~9223372036854775807

说明　根据不同的编译器,整型的取值范围是不一样的。例如,在 16 位的计算机中整型就为 16 位,在 32 位的计算机中整型就为 32 位。

在编写整型常量时,可以在常量的后面加上符号 L 或者 U 进行修饰。L 表示该常量是长整型,U 表示该常量为无符号整型,例如:

```
LongNum= 1000L;                           /*L表示长整型*/
UnsignLongNum=500U;                       /*U表示无符号整型*/
```

表示长整型和无符号整型的后缀字母 L 和 U 可以使用大写，也可以使用小写。

所有的整型常量类型也可以通过 3 种形式进行表达，分别为八进制形式、十进制形式和十六进制形式。下面分别进行介绍。

1. 八进制整数

使用的数据表达形式是八进制，需要在常数前加上 0 进行修饰。八进制数所包含的数字是 0 ～ 7。例如：

```
OctalNumber1=0520;                      /*在常数前面加上一个0来代表八进制数*/
```

以下是八进制数的错误写法：

```
OctalNumber3=520;                       /*没有前缀0*/
OctalNumber4=0296;                      /*包含了非八进制数9*/
```

2. 十六进制整数

常量前面使用 0x 作为前缀（注意：0x 中的 0 是数字 0，而不是字母 O），表示该常量是用十六进制数表示的。十六进制数中包含数字 0 ～ 9、字母 A ～ F 或 a ～ f。例如：

```
HexNumber1=0x460;                       /*加上前缀0x表示常量为十六进制数*/
HexNumber2=0x3ba4;
```

 其中字母 A ～ F 可以使用大写形式，也可以使用 a ～ f 小写形式。

3. 十进制整数

十进制数是不需要在常量前面添加前缀的。十进制数中所包含的数字为 0 ～ 9。例如：

```
AlgorismNumber1=569;
AlgorismNumber2=385;
```

整型数据都是以二进制形式存放在计算机的内存中的，其数值以补码的形式表示。正数的补码与其原码的形式相同，负数的补码是将该数绝对值的二进制形式按位取反再加 1。例如，一个十进制数 11 在内存中的表现形式如图 3.2 所示。

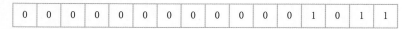

图 3.2　十进制数 11 在内存中的表现形式

如果是 -11，那么在内存中又是怎样的呢？因为是以补码形式表示的，所以负数要先将其绝对值求出，如图 3.2 所示；然后进行取反操作，如图 3.3 所示，得到取反后的结果。

图 3.3　进行取反操作

取反之后还要进行加 1 操作，这样就得到最终的结果。例如，-11 在计算机内存中存储的情况如图 3.4 所示。

1	1	1	1	1	1	1	1	1	1	1	1	0	1	0	1

图 3.4　加 1 操作

说明 对于有符号整数，保存在内存中的数据左起第一位为符号位，如果该位为 0，则说明该数为正；若为 1，则说明该数为负。

3.4.2 实型常量

视频讲解

📹 视频讲解：资源包 \Video\03\3.4.2 实型常量 .mp4

实型也称为浮点型，是由整数部分和小数部分组成的，其中用十进制数的小数点进行分隔。例如图 3.5 所示的超市小票中的应收金额就是实型数据。

图 3.5　实型常量数据

在 C 语言中表示实型数据的方式有以下两种。

1. 小数表示方式

小数表示方式就是使用十进制数的小数形式描述实型，例如：

```
SciNum1=123.45;
SciNum2=0.5458;
```

2. 指数方式（科学记数法）

有时实型常量非常大或者非常小，这样使用小数表示方式是不利于观察的，这时可以使用指数方法显示实型常量。其中，使用字母 e 或者 E 进行指数显示，如 514e2 表示的就是 51400，而 514e-2 表示的就是 5.14。如上面的 SciNum1 和 SciNum2 代表的实型常量，使用指数方式显示这两个实型常量，如下所示：

```
SciNum1=1.2345e2;          /*指数方式显示*/
SciNum2=5.458e-1;          /*指数方式显示*/
```

在编写实型常量时，可以在常量的后面加上符号 F。F 表示该常量是 float 单精度类型，例如：

```
FloatNum=5.193e2F;         /*单精度类型*/
```

注意 如果不在后面加上后缀，在默认状态下，实型常量为 double 双精度类型；在常量后面添加的后缀不分大小写，大小写是通用的。

3.4.3 字符型常量

▶ 视频讲解：资源包 \Video\03\3.4.3 字符型常量 .mp4

字符型常量与之前介绍的常量有所不同，即要对其使用指定的定界符进行限制。字符型常量可以分成两种：一种是字符常量，另一种是字符串常量。下面分别对这两种字符型常量进行介绍。

1. 字符常量

使用一对英文单引号引起来的一个字符，这种形式就是字符常量。例如 'A'、'#'、'b'、'1' 等都是正确的字符常量。

实例 01　输出字符笑脸 ^_^	实例位置：资源包 \Code\SL\03\01
	视频位置：资源包 \Video\03\

在本实例中，使用 putchar() 函数将单个字符常量进行输出，使得输出的字符常量形成一个笑脸 ^_^ 显示在控制台中。具体代码如下：

```
01  #include <stdio.h>          /*包含头文件*/
02  int main()                  /*main()主函数*/
03  {
04      putchar('^');           /*输出字符^*/
05      putchar('_');           /*输出字符_*/
06      putchar('^');           /*输出字符^*/
07      putchar('\n');          /*输出转义字符换行*/
08      return 0;               /*程序结束*/
09  }
```

运行程序，程序的运行结果如图 3.6 所示。

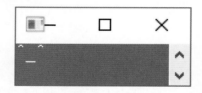

图 3.6　输出笑脸

使用字符常量，在控制台输出"Fine Day!"。（资源包 \Code\Try\03\01）

注意

（1）字符常量中只能包括一个字符，不是字符串。例如，'A' 是正确的，但是用 'AB' 来表示字符常量就是错误的。

（2）字符常量是区分大小写的。例如，'A' 字符和 'a' 字符是不一样的，这两个字符代表着不同的字符常量。

（3）这对单引号代表定界符，不属于字符常量中的一部分。

常见错误

给 char 型赋值时不可以使用 3 个单引号，因为这样写编译器会不知道哪个字符是要赋的值。例如，编译如下代码：

```
char cChar='A";                                    /*使用三个单引号为字符型赋值*/
```

会出现"error C2001 : newline in constant"错误。

2. 字符串常量

字符串常量是用一组双引号引起来的若干字符序列，例如 "ABC"、"abc"、"1314"、" 您好 " 等都是正确的字符串常量。

如果在字符串中一个字符都没有，将其称作空字符串，此时字符串的长度为 0。例如 ""。

在 C 语言中存储字符串常量时，系统会在字符串的末尾自动加一个 "\0" 作为字符串的结束标志。例如，字符串"welcome"在内存中的存储形式如图 3.7 所示。

w	e	l	c	o	m	e	\0

图 3.7　结束标志 "\0" 为系统自动添加

注意　在程序中编写字符串常量时，不必在一个字符串的结尾处加上 "\0" 结束字符，系统会自动添加结束字符。

实例 02　输出中英文版"一切皆有可能！"　　实例位置：资源包 \Code\SL\03\01
　　视频位置：资源包 \Video\03\

在本实例中，使用 printf() 函数输出"一切皆有可能！"和"Nothing is impossible!"。代码如下：

```
01  #include<stdio.h>                          /*包含头文件*/
02
03  int main()                                 /*main()主函数*/
04  {
05      printf("一切皆有可能！\n"); /*输出字符串，此处\n是转义字符，表示回车换行的意思*/
06      printf("Nothing is impossible!\n");    /*输出字符串*/
07      return 0;                              /*程序结束*/
08  }
```

运行程序，程序的运行结果如图 3.8 所示。

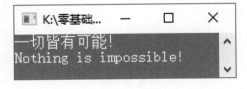

图 3.8　输出格言

训练二　使用 printf() 函数输出唐诗《静夜思》的诗句。（资源包 \Code\Try\03\02）

前面介绍了有关字符常量和字符串常量的内容，它们之间有什么区别呢？具体体现在以下几方面：

（1）定界符的使用不同。字符常量使用的是单引号，而字符串常量使用的是双引号。

（2）长度不同。上面提到过字符常量只能有一个字符，也就是说，字符常量的长度就是 1。字符串常量的长度可以是 0，但是需要注意的是，即使字符串常量中的字符数量只有 1 个，长度却不是 1。例如，字符串常量 H，其长度为 2。通过图 3.9 可以看出字符串常量 H 的长度为 2 的原因。

| H | \0 | |

图 3.9 字符串 "H" 在内存中的存储方式

（3）存储的方式不同，在字符常量中存储的是字符的 ASCII 码值，如 "A" 为 65，"a" 为 97；而在字符串常量中，不仅要存储有效的字符，还要存储结尾处的结束标志 "\0"。

说明

系统会自动在字符串的尾部添加一个字符串的结束标志 "\0"，这就是 H 的长度是 2 的原因。

本章提到过有关 ASCII 码的内容，那么 ASCII 是什么呢？在 C 语言中，所使用的字符被一一映射到一个表中，这个表被称为 ASCII 码表，如表 3.3 所示。

表 3.3　十进制的 ASCII 码表

ASCII 值	缩写／字符	ASCII 值	缩写／字符	ASCII 值	缩写／字符
0	NUL 空字符	21	NAK 拒绝接收	42	* 星号
1	SOH 标题开始	22	SYN 同步空闲	43	+ 加号
2	STX 正文开始	23	ETB 结束传输块	44	，逗号
3	ETX 正文介绍	24	CAN 取消	45	减号／破折号
4	EOT 传输结束	25	EM 媒介结束	46	. 句号
5	ENQ 请求	26	SUB 代替	47	/ 斜杠
6	ACK 收到通知	27	ESC 换码（溢出）	48	数字 0
7	BEL 响铃	28	FS 文件分隔符	49	数字 1
8	BS 退格	29	GS 分组符	50	数字 2
9	HT 水平制表符	30	RS 记录分隔符	51	数字 3
10	LF 换行键	31	US 单元分隔符	52	数字 4
11	VT 垂直制表符	32	（space）空格	53	数字 5
12	FF 换页键	33	! 叹号	54	数字 6
13	CR 回车键	34	" 双引号	55	数字 7
14	SO 不用切换	35	# 井号	56	数字 8
15	SI 启用切换	36	$ 美元符	57	数字 9
16	DLE 数据链路转义	37	% 百分号	58	: 冒号
17	DC1 设备控制 1	38	& 和号	59	; 分号
18	DC2 设备控制 2	39	' 闭单引号	60	< 小于
19	DC3 设备控制 3	40	(开括号	61	= 等于
20	DC4 设备控制 4	41	) 闭括号	62	> 大于

续表

ASCII 值	缩写 / 字符	ASCII 值	缩写 / 字符	ASCII 值	缩写 / 字符
63	? 问号	85	大写字母 U	107	小写字母 k
64	@ 电子邮件符号	86	大写字母 V	108	小写字母 l
65	大写字母 A	87	大写字母 W	109	小写字母 m
66	大写字母 B	88	大写字母 X	110	小写字母 n
67	大写字母 C	89	大写字母 Y	111	小写字母 o
68	大写字母 D	90	大写字母 Z	112	小写字母 p
69	大写字母 E	91	[开方括号	113	小写字母 q
70	大写字母 F	92	\ 反斜杠	114	小写字母 r
71	大写字母 G	93	] 闭方括号	115	小写字母 s
72	大写字母 H	94	^ 脱字符	116	小写字母 t
73	大写字母 I	95	_ 下画线	117	小写字母 u
74	大写字母 J	96	` 开单引号	118	小写字母 v
75	大写字母 K	97	小写字母 a	119	小写字母 w
76	大写字母 L	98	小写字母 b	120	小写字母 x
77	大写字母 M	99	小写字母 c	121	小写字母 y
78	大写字母 N	100	小写字母 d	122	小写字母 z
79	大写字母 O	101	小写字母 e	123	{ 开花括号
80	大写字母 P	102	小写字母 f	124	| 垂线
81	大写字母 Q	103	小写字母 g	125	} 闭花括号
82	大写字母 R	104	小写字母 h	126	~ 波浪号
83	大写字母 S	105	小写字母 i	127	DEL 删除
84	大写字母 T	106	小写字母 j		

3.4.4 转义字符

视频讲解

▶ 视频讲解：资源包 \Video\03\3.4.4 转义字符 .mp4

在本章的实例 01 和实例 02 中都能看到 "\n" 符号，输出结果中却不显示该符号，只是进行了换行操作，这种符号称为转义字符。

转义字符在字符常量中是一种特殊的字符。转义字符是以反斜杠 "\" 开头的字符，后面跟一个或几个字符。常用的转义字符及其含义如表 3.4 所示。

表 3.4　常用的转义字符表

转 义 字 符	意　　义	ASCII 值	转 义 字 符	意　　义	ASCII 值
\n	回车换行	10	\\	反斜杠 "\"	47
\t	横向跳到下一制表位置	9	\'	单引号符	39
\v	竖向跳格	0x0b	\a	鸣铃	7
\b	退格	8	\ddd	1～3 位八进制数所代表的字符	
\r	回车	13	\xhh	1～2 位十六进制数所代表的字符	
\f	走纸换页	12			

3.4.5 符号常量

视频讲解：资源包 \Video\03\3.4.5 符号常量 .mp4

在第 1 章实例 02 中，程序的功能是根据父母身高预测儿子身高，其计算公式中的 0.54 是固定的，使用一个符号（HEG）代替固定的常量值为 0.54，这里使用的 HEG 被称为符号常量。使用符号常量的好处在于可以为编程和阅读带来方便。

实例 03　求圆的面积　　实例位置：资源包 \Code\SL\03\03　视频位置：资源包 \Video\03\

本实例使用符号常量来表示圆周率，在控制台显示文字提示用户输入圆半径的值，经过计算得到圆的面积并显示结果。代码如下：

```
01  #include<stdio.h>              /*包含头文件*/
02  #define PAI 3.14              /*定义符号常量*/
03
04  int main()                    /*main()主函数*/
05  {
06      double fRadius;           /*定义半径变量*/
07      double fResult=0;         /*定义结果变量*/
08      printf("请输入圆的半径:");  /*提示*/
09
10      scanf("%lf",&fRadius);    /*输入数据*/
11
12      fResult=fRadius*fRadius*PAI;  /*进行计算*/
13      printf("圆的面积为: %lf\n",fResult);  /*显示结果*/
14      return 0;                 /*程序结束*/
15  }
```

运行程序，程序的运行结果如图 3.10 所示。

图 3.10　圆的面积

注意

实例 03 代码中的 %lf 是格式说明，表示按照双精度浮点数进行输入。关于格式说明符号，将会在第 5 章介绍。

训练三

定义一个符号常量，记录一年中的总小时数（按每年 365 天计算）。用户输入一年中任意一个小时数，则可以输出已过去多少年。（资源包 \Code\Try\03\03）

3.5 变量

在前面的例子中已经多次接触过变量。变量就是在程序运行期间其值可以变化的量。每一个变量都是一种类型，每一种类型都定义了变量的格式和行为。数据各式各样，要先根据数据的需求（即类型）为它申请一块合适的空间。如果把内存比喻成一个宾馆能容纳的房客，那么房间号就相当于变量名，房间类型就相当于变量的类型，入住的客人就相当于变量值，示意图如图 3.11 所示。

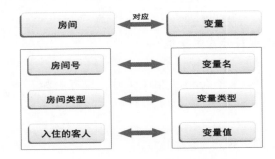

图 3.11　入住宾馆示意图

C 语言中的变量类型有整型变量、实型变量和字符型变量。接下来分别进行介绍。

视频讲解

3.5.1 整型变量

📱 视频讲解：资源包 \Video\03\3.5.1 整型变量 .mp4

整型变量是用来存储整型数值的变量。整型变量可以分为如表 3.5 所示的 6 种类型，其中基本类型的符号使用 int 关键字，在此基础上可以根据需要加上一些符号进行修饰，如关键字 short 或 long。

表 3.5　整型变量的分类

类 型 名 称	关 键 字
有符号基本整型	[signed] int
无符号基本整型	unsigned [int]
有符号短整型	[signed] short [int]
无符号短整型	unsigned short [int]
有符号长整型	[signed] long [int]
无符号长整型	unsigned long [int]

说明　　表格中的 [] 为可选部分。例如 [signed] int，表示在编写时可以省略 signed 关键字。

表 3.6 列出了表 3.5 所示类型的大小以及取值范围。

表 3.6　整型变量数据类型

数 据 类 型	长　　度	取 值 范 围
unsigned short [int]	2 字节	0 ～ 65535
[signed] short [int]	2 字节	-32768 ～ 32767
unsigned int	4 字节	0 ～ 4294967295
[signed] int	4 字节	-2147483648 ～ 2147483647
unsigned long [int]	4 字节	0 ～ 4294967295
[signed] long [int]	4 字节	-2147483648 ～ 2147483647

说明　　通常说的整型就是指有符号基本整型 int。

常见错误　　默认整数类型是 int，如果给 long 类型赋值时，没有添加 L 或 l 标识，则会按照如下方式进行赋值：

```
long number = 123456789 * 987654321;
```

正确的写法为：

```
long number = 123456789L * 987654321L;
```

注意　　在编写程序时，定义所有变量的步骤应该在变量的赋值之前，否则会产生错误。通过下面的两段代码可以理解这一点。

```
/*错误的写法：*/
int iNumber1;                    /*定义变量*/
iNumber1=6;                      /*为变量赋值*/
int iNumber2;                    /*定义变量*/
iNumber2=7;                      /*为变量赋值*/

/*正确的写法：*/
int iNumber1;
int iNumber2;                    /*先定义所有变量*/
iNumber1=6;                      /*然后对变量进行赋值*/
iNumber2=7;
```

实例 04　输出数字"1314"

实例位置：资源包 \Code\SL\03\04
视频位置：资源包 \Video\03\

本实例是对有符号基本整型变量的使用，可使读者更为直观地看到其作用。具体代码如下：

```
01   #include<stdio.h>                       /*包含头文件*/
02   int main()                              /*main()主函数*/
03   {
04       signed int iNumber;                 /*定义一个整型变量*/
05       iNumber=1314;                       /*为整型变量赋值*/
06       printf("%d\n",iNumber);             /*显示整型变量，%d表示按照整型格式进行输出*/
07       return 0;                           /*程序结束*/
08   }
```

运行程序，程序的运行结果如图 3.12 所示。

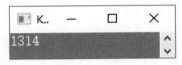

图 3.12　输出数字

注意

上面代码中的 %d 是格式说明，表示按照整型格式进行输出。关于格式说明符号，将会在第 5 章详细介绍。

训练四

整数类型的取值范围是 -2147483648~2147483647，定义两个有符号数据整型变量，一个变量值等于整数类型的最大值，另一个变量值等于整数类型的最小值。（资源包 \Code\Try\03\04）

3.5.2　实型变量

📺 视频讲解：资源包 \Video\03\3.5.2 实型变量 .mp4

　　实型变量也称浮点型变量，是指用来存储实型数值的变量，其中实型数值是由整数和小数两部分组成的。在 C 语言中实型变量根据实型的精度还可以分为单精度类型、双精度类型和长双精度类型，如表 3.7 所示。其中，长双精度类型不常用，这里重点介绍单精度类型和双精度类型。

表 3.7　实型变量的分类

类　型　名　称	关　键　字
单精度类型	float
双精度类型	double
长双精度类型	long double

1. 单精度类型

　　单精度类型使用的关键字是 float，它在内存中占 4 字节，取值范围是 $-3.4 \times 10^{-38} \sim 3.4 \times 10^{38}$。定义一个单精度类型变量的方法是在变量前使用关键字 float。例如，要定义一个变量 fFloatStyle，将其赋值为 3.14 的方法如下：

```
float fFloatStyle;                          /*定义单精度类型变量*/
fFloatStyle=3.14f;                          /*为变量赋值*/
```

在为单精度类型赋值时，需要在数值后面加 f，表示该数字的类型是单精度类型，否则默认为双精度类型。

实例 05　根据身高和体重计算 BMI 值　　　　实例位置：资源包 \Code\SL\03\05
　　　　　　　　　　　　　　　　　　　　　　　　视频位置：资源包 \Video\03\

在本实例中，定义一个单精度类型变量和一个整型变量，分别表示身高和体重，然后将其赋值为 1.72 和 70。BMI 代表身体质量指数，它的计算公式为 BMI = 体重 / 身高^2，通过计算将结果显示在控制台上。具体代码如下：

```
01  #include<stdio.h>                              /*包含头文件*/
02
03  int main()                                     /*main()主函数*/
04  {
05      float height=1.72f;                        /*定义单精度变量height表示身高,单位：米*/
06      int weight=70;                             /*定义整型变量weight表示体重,单位：千克*/
07      float res=weight / (height * height);      /*将结果赋给单精度变量res*/
08      printf("BMI=%f\n",res);                    /*输出变量的值, %f表示按照浮点型格式进行输出*/
09      return 0;                                  /*程序结束*/
10  }
```

运行程序，程序的运行结果如图 3.13 所示。

视频讲解

图 3.13　计算 BMI 值

上面代码中的 %f 是格式说明，表示按照浮点型格式进行输出。关于格式说明符号，将会在第 5 章详细介绍。

假设银行的年利率为 2.95%，如果在银行中存入 10000 元，一年后可以取出多少钱？（资源包 \Code\Try\03\05）

2. 双精度类型

双精度类型使用的关键字是 double，它在内存中占 8 字节，取值范围是 $-1.7 \times 10^{308} \sim 1.7 \times 10^{308}$。

定义一个双精度类型变量的方法是在变量前使用关键字 double。例如，要定义一个变量 dDoubleStyle，将其赋值为 5.321 的方法如下：

```
double dDoubleStyle;                /*定义双精度类型变量*/
dDoubleStyle=5.321;                 /*为变量赋值*/
```

实例 06　输出圆周率的值　　　　　　　　　　实例位置：资源包 \Code\SL\03\06
　　　　　　　　　　　　　　　　　　　　　　　　视频位置：资源包 \Video\03\

本实例定义一个双精度类型变量 PAI，表示圆周率，并为变量赋值，最后将数据输出在控制台上。具体代码如下：

```
01  #include<stdio.h>          //包含头文件
02  int main()                 //main()主函数
03  {
04      double PAI;            //定义双精度类型变量
05      PAI=3.1415;           //为变量赋值
06      printf("PAI=%f\n",PAI);//显示结果
07  }
```

运行程序，程序的运行结果如图 3.14 所示。

视频讲解

图 3.14　输出圆周率的值

训练六

一个圆柱形粮仓，底面直径为 10 米，高为 3 米，该粮仓体积为多少立方米？如果每立方米能屯粮 750 千克，该粮仓一共可存储多少千克粮食？（资源包 \Code\Try\03\06）

3.5.3 字符型变量

视频讲解

视频讲解：资源包 \Video\03\3.5.3 字符型变量 .mp4

字符型变量是用来存储字符常量的量。将一个字符常量存储到一个字符型变量中，实际上是将该字符的 ASCII 码值（无符号整数）存储到内存单元中。

字符型变量在内存中占一个字节，取值范围是 -128 ～ 127。定义一个字符型变量的方法是使用关键字 char。例如，要定义一个字符型的变量 cChar，将其赋值为 "a" 的方法如下：

```
char cChar;          /*定义字符型变量*/
cChar= 'a';          /*为变量赋值*/
```

说明

对于字符数据，在内存中存储的是字符的 ASCII 码，即一个无符号整数，其形式与整数的存储形式一样，因此 C 语言允许字符型数据与整型数据之间通用。例如：

```
char cChar1;          /*字符型变量cChar1*/
char cChar2;          /*字符型变量cChar2*/
cChar1='a';           /*为变量赋值*/
cChar2=97;

printf("%c\n",cChar1);/*显示结果为a，此处的%c是格式说明，表示按照字符型格式进行输出。*/
printf("%c\n",cChar2);/*显示结果为a*/
```

从上面的代码中可以看到，首先定义两个字符型变量，在为两个变量进行赋值时，将一个变量赋值为 "a"，而将另一个赋值为 97。最后显示结果都是字符 'a'。

实例 07 输出字符 a 的字符型和整型的值

实例位置：资源包 \Code\SL\03\07
视频位置：资源包 \Video\03\

在本实例中首先为定义的字符型变量和整型变量进行不同的赋值，然后通过输出的结果来观察整型变量和字符型变量之间的转换。具体代码如下：

```
01    #include<stdio.h>                          /*包含头文件*/
02    int main()                                 /*main()主函数*/
03    {
04        char cChar1;                           /*字符型变量cChar1*/
05        char cChar2;                           /*字符型变量cChar2*/
06        int  iInt1;                            /*整型变量iInt1*/
07        int  iInt2;                            /*整型变量iInt2*/
08
09        cChar1='a';                            /*为变量赋值*/
10        cChar2=97;
11        iInt1='a';
12        iInt2=97;
13
14        printf("%c\n",cChar1);                 /*显示结果为a*/
15        printf("%d\n",cChar2);                 /*显示结果为97*/
16        printf("%c\n",iInt1);                  /*显示结果为a*/
17        printf("%d\n",iInt2);                  /*显示结果为97*/
18        return 0;                              /*程序结束*/
19    }
```

运行程序，程序的运行结果如图 3.15 所示。

图 3.15　输出 a 的字符型和整型的值

从该实例代码和运行结果可以看出：

（1）首先定义了两个字符型变量 cChar1、cChar2，两个整型变量 iInt1、iInt2，然后为这 4 个变量赋值。

（2）用 printf() 函数将 cChar1、iInt1 以字符型 %c 输出，将 cChar2、iInt2 以整型 %d 输出，以字符型输出的都会输出 a，以整型输出的都会输出 97。

训练七　定义字符型变量，在控制台输出数字 74520（其实我爱你）。（资源包 \Code\Try\03\07）

以上就是有关整型变量、实型变量和字符型变量的相关知识，在这里对这三种类型的变量进行总体的概括，如表 3.8 所示。

表 3.8　数值型和字符型数据的字节数和数值范围

类　　型	关　键　字	字　节　数	数　值　范　围
整型	[signed] int	4	-2147483648 ～ 2147483647
无符号整型	unsigned [int]	4	0 ～ 4294967295
短整型	[signed] short [int]	2	-32768 ～ 32767
无符号短整型	unsigned short [int]	2	0 ～ 65535
长整型	[signed] long [int]	4	-2147483648 ～ 2147483647
无符号长整型	unsigned long [int]	4	0 ～ 4294967295
字符型	[signed] char	1	-128 ～ 127
无符号字符型	unsigned char	1	0 ～ 255
单精度型	float	4	-3.4×10^{-38} ～ 3.4×10^{38}
双精度型	double	8	-1.7×10^{-308} ～ 1.7×10^{308}

注意

输入和输出数据类型与所用的格式说明符要一致。例如：

```
int num=520;                    /*定义整型变量*/
printf("%d\n",num);             /*以整型%d输出*/
```

3.6 变量的存储类别

在 C 程序中可以选择变量的存储形式，通过存储形式告诉编译器要处理什么类型的变量。存储形式主要分成两大类别，即静态存储和动态存储。静态存储就是指程序运行期间分配的存储空间固定不变，而动态存储则是指在程序运行期间根据需要动态地分配存储空间，主要有自动（auto）、静态（static）、寄存器（register）和外部（extern）4 种。自动（auto）的作用是修饰一个局部变量为自动的，每次执行到定义该变量时，都会产生一个新的变量，并且对这个变量重新进行初始化；寄存器（register）的目的在于提高程序的运行速度；而静态（static）和外部（extern）在 C 语言中常会用到。下面详细介绍 static 和 extern。

3.6.1 static 变量

视频讲解：资源包 \Video\03\3.6.1 static 变量 .mp4

static 变量为静态变量，将函数的内部和外部变量声明为 static 变量的意义是不一样的。对于局部变量来说，static 变量是和 auto 变量相对而言的。尽管两者的作用域都是仅限于声明变量的函数之中，但是在语句块执行期间，static 变量将始终保持它的值，并且初始化操作只在第一次执行时起作用，在随后的运行过程中，变量将保持语句块上一次执行时的值。

实例 08 停车场还剩多少个停车位

实例位置：资源包 \Code\SL\03\08
视频位置：资源包 \Video\03\

停车场共有 30 个停车位，进入 4 辆车之后，停车场还剩多少个停车位？先创建 park() 函数，在 park() 函数中定义一个 static 型的整型变量 count，表示停车位的数量，在其中对变量进行减 1 操作，表示每次进入 1 辆车，停车位就会少 1，利用 printf() 函数输出剩余车位信息；然后在 main() 主函数中调用 4 次 park() 函数，表示进入停车场 4 辆车。代码如下：

```c
01  #include <stdio.h>                                        /*包含头文件*/
02   void park()                                              /*定义停车函数*/
03  {
04       static int count = 30;                               /*定义整型变量*/
05       count = count - 1;                                   /*车位数减1*/
06       printf("the remaining number of parking spaces:%d\n",count); /*提示停车位剩余情况*/
07  }
08
09  int main()                                                /*main()主函数*/
10  {
11       park();                                              /*进入第1辆车*/
12       park();                                              /*进入第2辆车*/
13       park();                                              /*进入第3辆车*/
14       park();                                              /*进入第4辆车*/
15  }
```

运行程序，程序的运行结果如图 3.16 所示。

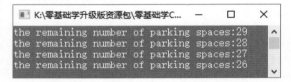

视频讲解

图 3.16　显示停车场的停车位剩余数量

训练八

创建函数 click() 用于记录用户点击量，在函数中定义 static 变量 sum=0，每次调用此方法，sum 的值都会加 1，并输出此时 sum 的值。调用 5 次 click()，查看此时点击量是多少。（资源包 \Code\Try\03\08）

3.6.2 extern 变量

视频讲解

▶ 视频讲解：资源包 \Video\03\3.6.2 extern 变量 .mp4

extern 变量被称为外部存储变量。extern 声明了程序中将要用到但尚未定义的外部变量。通常，外部存储类型用于声明在另一个转换单元中定义的变量。

一个工程是由多个 C 文件组成的。这些源代码文件被分别编译，然后链接成一个可执行模块。把这样的一个程序作为一个工程进行管理，并且生成一个工程文件来记录所包含的所有源代码文件。

例如：首先创建两个 C 源文件 Extern1.c 和 Extern2.c，在 Extern1 文件中定义一个 iExtern 变量，然后在 Extern2 文件中使用 iExtern 变量，将其变量值显示到控制台。

在 Extern1.c 文件中编写如下代码：

```
01  #include<stdio.h>
02
03  int main()
04  {
05  extern int iExtern;                    /*定义外部整型变量*/
06  printf("%d\n",iExtern);                /*显示变量值*/
07  return 0;                              /*程序结束*/
08  }
```

在 Extern2.c 文件中编写如下代码:

```
01  #include<stdio.h>
02
03   int iExtern=100;
04
```

运行程序,程序的运行结果如图 3.17 所示。

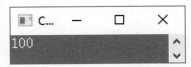

图 3.17　extern 变量的使用

3.7 混合运算

▶ 视频讲解: 资源包 \Video\03\3.7 混合运算 .mp4

不同类型的数据之间可以进行混合运算,如:10+'a'-1.5+3.2*6。

在进行这样的运算时,不同类型的数据要先转换成同一类型,再进行运算。转换的方式如图 3.18 所示。

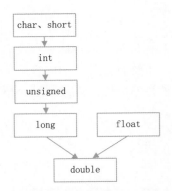

图 3.18　不同类型的转换规律

实例 09　计算不同类型变量相加的值

实例位置：资源包 \Code\SL\03\09
视频位置：资源包 \Video\03\

在本实例中，首先将 int 型变量与 char 型变量、float 型变量相加，然后将其结果存放在 double 型的 result 变量中，最后使用 printf() 函数将其输出。具体代码如下：

```
01   #include<stdio.h>                              /*包含头文件*/
02
03   int main()                                     /*main()主函数*/
04   {
05       int    iInt=1;                             /*定义整型变量*/
06       char   cChar='A';                          /*字母A对应的ASCII码值为65*/
07       float  fFloat=2.2f;                        /*定义单精度型变量*/
08
09       double result=iInt+cChar+fFloat;           /*得到相加的结果*/
10
11       printf("%f\n",result);                     /*显示变量值*/
12       return 0;                                  /*程序结束*/
13   }
```

运行程序，程序的运行结果如图 3.19 所示。

视 频 讲 解

图 3.19　混合运算计算结果

训练八

计算 (10+'a')-1.5+3.2*6 的结果。（资源包 \Code\Try\03\09）

3.8 小结

本章首先介绍了 C 语言的关键字和标识符，以及标识符命名的一些规则，然后介绍了有关常量的内容，并通过实例加深了对其的理解。了解有关常量的内容后，引出了有关变量的知识，对变量赋这些常量值，使得在程序中可以使用变量存储数值。最后通过介绍变量的存储类别，进一步说明了有关变量的具体使用方法。

本章 e 学码：关键知识点拓展阅读

存储空间	结构体类型	无符号整型
定界符	局部变量	ANSI 标准
寄存器	外部存储	

e 学码

第 **4** 章

运算符与表达式

（ ▶ 视频讲解：1 小时）

本章概览

　　了解程序中会用到的数据类型后，我们还要懂得如何操作这些数据。掌握 C 语言中各种运算符及其表达式的应用是必不可少的。

　　本章致力于使读者了解表达式的概念，掌握运算符及相关表达式的使用方法，其中包括赋值运算符、算术运算符、关系运算符、逻辑运算符、位逻辑运算符、逗号运算符和复合赋值运算符。另外，还通过实例进行相应的练习，加深印象。

知识框架

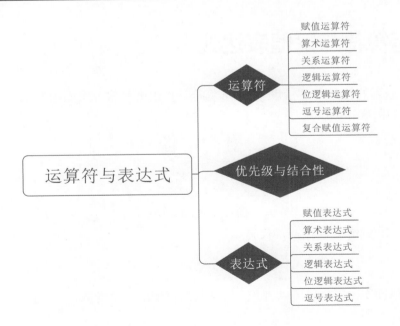

4.1 表达式

视频讲解

視频讲解：资源包 \Video\04\4.1 表达式 .mp4

很多人看到"表达式"就会不由自主地想到数学表达式。数学表达式由数字、运算符和括号等组成，如图 4.1 所示。

数学表达式在数学中是至关重要的，而表达式在 C 语言中也同样重要，它是 C 语言的主体。在 C 语言中，表达式由操作符和操作数组成。根据表达式所含操作符的个数，可以把表达式分为简单表达式和复杂表达式两种，简单表达式是只含有一个操作符的表达式，而复杂表达式是包含两个或两个以上操作符的表达式，如图 4.2 所示。

图 4.1　数学表达式

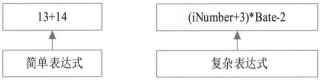

图 4.2　表达式的种类

表达式本身什么事情也不做，只是返回结果值。在程序对返回的结果值不进行任何操作的情况下，返回的结果值不起任何作用。

表达式产生的作用主要包括以下两种情况：

☑ 放在赋值语句的右侧（下面将要讲解）。

☑ 放在函数的参数中（将在 9.4 节中讲解）。

表达式返回的结果值是有类型的，其数据类型取决于组成表达式的变量和常量的类型。

说明

每个表达式的返回值都具有逻辑特性。如果返回值是非零的，那么该表达式返回真值，否则返回假值。通过这个特点，可以将表达式放在用于控制程序流程的语句中，这样就构建了条件表达式。

4.2 赋值运算符与赋值表达式

在程序中常常遇到的符号"="就是赋值运算符，作用就是将一个数值赋给一个变量。在 C 语言中赋值的一般形式如图 4.3 所示。

$$量 = 值$$

做写入操作，被　　　　做读取操作，可以
赋予等号右侧值　　　　是常量、表达式

图 4.3　赋值运算

例如，将常量 520 赋给变量 iAge，代码如下：

```
iAge=520;
```

这就是一次赋值操作，同样也可以将一个表达式的值赋给一个变量。例如：

```
iTotal=iCounter*3;
```

4.2.1 变量赋初值

▶ 视频讲解：资源包 \Video\04\4.2.1 变量赋初值 .mp4

在声明变量时，可以为其赋一个初值，就是将一个常数或者一个表达式的结果赋值给一个变量，变量中保存的内容就是这个常量或者赋值语句中表达式的值。这就是为变量赋初值。

☑ 为变量赋一个常数值的一般形式如下：

类型 变量名 = 常数；

其中的变量名也被称为变量的标识符。变量赋初值的一般形式如图 4.4 所示。

例如，下面的代码都是为变量赋初值：

```
char cChar ='A';
int iFirst=100;
float fPlace=1450.78f;
```

☑ 把一个表达式的结果值赋给一个变量。一般形式如下：

类型 变量名 = 表达式 ；

可以看到，其一般形式与常数赋值的一般形式是相似的，如图 4.5 所示。

图 4.4　为变量赋常数值　　　　　图 4.5　为变量赋一个表达式值

在图 4.5 中，得到赋值的变量 fPrice 称为左值，因为它出现的位置在赋值语句的左侧。产生值的表达式称为右值，因为它出现的位置在表达式的右侧。

注意

这是一个重要的区别，并不是所有的表达式都可以作为左值，如常数只可以作为右值。

在声明变量时，直接为其赋值，称为赋初值，也就是变量的初始化。如果先声明变量，再进行变量的赋值操作也是可以的。例如：

```
int iMonth;                        /*声明变量*/
iMonth=12;                         /*为变量赋值*/
```

实例 01　模拟钟点工的计费情况　　　　实例位置：资源包 \Code\SL\04\01
　　　　　　　　　　　　　　　　　　　　视频位置：资源包 \Video\04\

为变量赋初值的操作是编程时常见的操作。在本实例中，模拟钟点工的计费情况，使用赋值语句和表达式得出钟点工工作 8 个小时后所得的薪水。具体代码如下：

```
01  #include<stdio.h>                      /*包含头文件*/
02  int main()                             /*main()主函数*/
03  {
04      int iHoursWorded=8;                /*声明变量，并为变量赋初值，表示工作时间*/
05      int iHourlyRate;                   /*声明变量，表示一个小时的薪水*/
06      int iGrossPay;                     /*声明变量，表示得到的薪水*/
```

```
07
08        iHourlyRate=13;                                    /*为变量赋值*/
09        iGrossPay=iHoursWorded*iHourlyRate;                /*将表达式的结果赋值给变量*/
10
11        printf("The HoursWorded is: %d\n",iHoursWorded);   /*显示工作时间变量*/
12        printf("The HourlyRate is: %d\n",iHourlyRate);     /*显示一个小时的薪水*/
13        printf("The GrossPay is: %d\n",iGrossPay);         /*显示工作所得的薪水*/
14
15        return 0;                                          /*程序结束*/
16    }
```

运行程序，程序的运行结果如图 4.6 所示。

图 4.6　计费结果

从该实例代码和运行结果可以看出：

（1）钟点工的薪水 = 一个小时的薪水 × 工作的小时数。因此在程序中需要定义 3 个变量来表示钟点工薪水的计算过程。iHoursWorded 表示工作的时间，一般的工作时间都是固定的，在这里为其赋初值为 8，表示 8 个小时。iHourlyRate 表示一个小时的薪水。iGrossPay 表示钟点工工作 8 个小时后，应该得到的薪水。

（2）薪水是可以变化的，声明 iHourlyRate 变量之后，为其设定薪水，设定为 13 元 / 小时。根据步骤（1）中计算钟点工薪水的公式，得到总薪水的表达式，将表达式的结果保存在 iGrossPay 变量中。

（3）通过输出函数将变量的值和计算的结果在屏幕上进行显示。

训练一　如果出租车收费标准按 3 元 / 千米计算，李女士要去一个距离目的地 10 千米的地方，后来发现走错了，又坐出租车返回 3 千米，计算她到达目的地共花费多少费用。（资源包 \Code\Try\04\01）

4.2.2　自动类型转换

📺 视频讲解：资源包 \Video\04\4.2.2 自动类型转换 .mp4

数值类型有很多种，如字符型、整型、长整型和实型等，因为这些类型的变量、长度和符号特性都不同，所以取值范围也不同。

在 C 语言中，如果把比较短的数值类型变量的值赋给比较长的数值类型变量，那么比较短的数值类型变量中的值会升级表示为比较长的数值类型，数据信息不会丢失。就像倒水，如图 4.7 所示，小杯的水倒进大杯，水不会流失。但是，如果大杯的水向小杯里倒，如图 4.8 所示，那么水就会溢出来。数据也是一样的，较长的数据就像大杯里的水，较小的数据就像小杯里的水，如果把较长的数值类型变量的值赋给比较短的数值类型变量，那么数据就会降低级别表示，当数据大小超过比较短的数值类型的可表示范围时，就会发生数据截断，如同溢出的水。

图 4.7　自动转换　　　　　　　图 4.8　强制转换

例如，将 float 类型变量的值赋给 int 类型变量，代码如下：

```
float i=10.1f;
int j=i;
```

遇到这种情况时，编译器就会发出警告信息，如图 4.9 所示。

```
warning C4244: 'initializing' : conversion from 'float ' to 'int ', possible loss of data
```

图 4.9　程序警告

4.2.3　强制类型转换

▶ 视频讲解：资源包 \Video\04\4.2.3 强制类型转换 .mp4

如果遇到图 4.9 所示的警告时使用强制类型转换告知编译器，就不会出现警告。强制类型转换的一般形式为：

```
(类型名)(表达式)
```

例如，在对不同的变量类型进行转换时使用强制类型转换的方法，代码如下：

```
float i=10.1f;
int j= (int)i;                    /*进行强制类型转换*/
```

从上面的代码中可以看出：在变量前使用包含要转换类型的括号，就可以对变量进行强制类型转换。

常见错误

如果某个表达式要进行强制类型转换，需要将表达式用括号括起来，否则只会对第一个变量或常量进行强制转换。例如：

```
float x=2.5f,y=4.7f;              /*定义2个float型变量x和y并赋值*/
int z=(int)(x+y);                 /*将表达式x+y的结果强制转换为整型*/
```

实例 02　将数字转换成字符	实例位置：资源包 \Code\SL\04\02
	视频位置：资源包 \Video\04\

在本实例中，通过不同类型变量之间的赋值，将赋值操作后的结果进行输出，观察类型转换后的结果。具体代码如下：

```
01  #include <stdio.h>                                      /*包含头文件*/
02  int main()                                              /*main()主函数*/
03  {
04      int num1=65,num2=66,num3=67,num4=68,num5=69,num6=70,num7=71;/*定义变量，为变量赋初值65～71*/
05      char c1,c2,c3,c4,c5,c6,c7;                           /*定义char型变量*/
06      c1=(char)num1;                                       /*强制转换赋值*/
```

```
07       c2=(char)num2;
08       c3=(char)num3;
09       c4=(char)num4;
10       c5=(char)num5;
11       c6=(char)num6;
12       c7=(char)num7;
13       printf("%c %c %c %c %c %c %c\n",c1,c2,c3,c4,c5,c6,c7);  /*输出字符变量值*/
14       return 0;                                                 /*程序结束*/
15   }
```

运行程序，程序的运行结果如图 4.10 所示。

从该实例代码和运行结果可以看出：首先定义了整型变量，然后通过强制类型转换将其赋给字符类型的变量。因为是由高的级别向低的级别转换，所以可能会出现数据的丢失。在使用强制类型转换时要注意此问题。

图 4.10　将数字转换成字符

训练二　一辆货车运输箱子，载货区宽 2 米，长 4 米，一个箱子宽 1.5 米，长 1.5 米。请问载货区一层可以放多少个箱子？（提示：箱子数量是一个整数，不存在半个箱子）。（资源包 \Code\Try\04\02）

4.3 算术运算符与算术表达式

在 C 语言中有两个单目算术运算符、5 个双目算术运算符。在双目运算符中，乘法、除法和取模运算符比加法和减法运算符的优先级高。单目运算符的优先级最高。下面详细介绍。

4.3.1 算术运算符

📹 视频讲解：资源包 \Video\04\4.3.1 算术运算符 .mp4

生活中常常会遇到各种各样的计算，例如，某超市老板每天需要计算当日的销售金额，他会将每种产品的销售额相加来计算当日的总销售额，而此处的"相加"即数学运算符的"+"。"+"在 C 语言中被称为算术运算符。

算术运算符包括两个单目运算符（正和负）和 5 个双目运算符（即乘法、除法、取模、加法和减法）。具体符号和对应的功能如表 4.1 所示。

表 4.1　算术运算符

符　　号	功　　能
+	加法或正值
−	减法或负值
*	乘法

续表

符 号	功 能
/	除法
%	取模

在表 4.1 中，取模运算符"%"用于计算两个整数相除得到的余数，并且取模运算符的两侧均为整数，如 7%4 的结果是 3。

算术运算符中的单目正运算符是冗余的，它是为了与单目负运算符构成一对而存在的。单目正运算符不会改变任何数值，例如，不会将一个负值表达式改为正的。

运算符"−"可作为减法运算符，此时为双目运算，如 5−3。"−"也可作为负值运算符，此时为单目运算，如 −5。

4.3.2 算术表达式

▶ 视频讲解：资源包 \Video\04\4.3.2 算术表达式 .mp4

如果在表达式中使用的是算术运算符，则将表达式称为算术表达式。下面是一些算术表达式的例子，其中使用的运算符就是表 4.1 中所列出的算术运算符，代码如下：

```
01  Number=(3+5)/Rate;
02  Height=Top-Bottom+1;
03  Area=Height * Width;
```

需要说明的是，两个整数相除的结果为整数，如 7/4 的结果为 1，舍去的是小数部分。但是，如果其中一个数是负数会出现什么情况呢？此时 C 语言会采取"向零取整"的方法，即为 -1，取整后向 0 靠拢。

如果用 +、−、*、/ 运算的两个数中有一个为实数，那么结果是 double 型，这是因为所有的实数都按 double 型进行运算。

实例 03 将华氏温度转为摄氏温度	实例位置：资源包 \Code\SL\04\03 视频位置：资源包 \Video\04\

在本实例中，通过在表达式中使用上面介绍的算术运算符，完成摄氏温度的计算，即把华氏温度换算为摄氏温度，转换公式为"摄氏温度值 =5×（华氏温度值 -32）/9"，然后显示出来。具体代码如下：

```
01  #include<stdio.h>                          /*包含头文件*/
02  int main()                                 /*main()主函数*/
03  {
04      int iCelsius,iFahrenheit;              /*声明两个变量*/
05      printf("Please enter temperature :\n");  /*显示提示信息*/
06      scanf("%d",&iFahrenheit);              /*在键盘上输入华氏温度*/
07      iCelsius=5*(iFahrenheit-32)/9;         /*通过算术表达式进行计算并将结果赋值*/
08
09      printf("Temperature is :");            /*显示提示信息*/
```

```
10      printf("%d",iCelsius);              /*显示摄氏温度*/
11      printf(" degrees Celsius\n");        /*显示提示信息*/
12      return 0;                            /*程序结束*/
13   }
```

运行程序，程序的运行结果如图 4.11 所示。

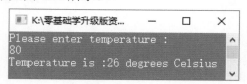

图 4.11   使用算术表达式计算摄氏温度的结果

从该实例代码和运行结果可以看出：

（1）在 main() 主函数中声明两个整型变量，iCelsius 表示摄氏温度值，iFahrenheit 表示华氏温度值。使用 printf() 函数显示提示信息。

（2）使用 scanf() 函数获得在键盘上输入的数据，其中 %d 是格式字符，用来表示输入的是有符号的十进制整数，这里输入 80。利用算术表达式，将获得的华氏温度值转换成摄氏温度值。

（3）将转换的结果输出，可以看到 80 是用户输入的华氏温度值，而 26 是计算后输出的摄氏温度值。

 平均加速度，即速度的变化量除以这个变化所用的时间。现有一辆轿车用了 8.7 秒从静止状态加速到每小时 100 千米，计算并输出这辆轿车的平均加速度。（资源包 \Code\Try\04\03）

训练三

4.3.3 优先级与结合性

▶ 视频讲解：资源包 \Video\04\4.3.3 优先级与结合性 .mp4

在 C 语言中，规定了各种运算符的优先级和结合性，首先来看一下有关算术运算符的优先级。

1. 算术运算符的优先级

在用表达式求值时，先按照运算符的优先级由高到低执行，算术运算符中 *、/、% 的优先级高于 +、- 的。如果在表达式中同时出现 * 和 +，那么先运算乘法，例如：

```
R = x + y * z;
```

在表达式中，因为 * 比 + 的优先级高，所以会先进行 y*z 的运算，再加上 x。

 在表达式中常会出现这样的情况，要先计算 a+b，再将结果与 c 相乘，此时可以使用括号 "( )" 将加法运算的级别提高，因为括号在运算符中的优先级是最高的。表达式可以写成 (a+b)*c。

说明

2. 算术运算符的结合性

当算术运算符的优先级相同时，结合方向为"自左向右"。例如：

```
a - b + c
```

因为减法和加法的优先级是相同的，所以 b 先与减号相结合，执行 a-b 的操作，然后执行加 c 的操作。这样的操作过程就称为"自左向右的结合性"。

实例 04　根据算术运算符的优先级进行计算	实例位置：资源包 \Code\SL\04\04
	视频位置：资源包 \Video\04\

在本实例中，通过不同运算符的优先级和结合性计算 5+6-9，5+6*9，(5+6)*9 这 3 个表达式的结果，使用 printf() 函数显示最终的计算结果，根据结果体会优先级和结合性的概念。具体代码如下：

```
01   #include<stdio.h>                                  /*包含头文件*/
02   int main()                                         /*main()主函数*/
03   {
04       int iNumber1,iNumber2,iNumber3,iResult=0;      /*声明整型变量*/
05       iNumber1=5;                                    /*为变量赋值*/
06       iNumber2=6;
07       iNumber3=9;
08
09       iResult=iNumber1+iNumber2-iNumber3;            /*包含加法和减法的表达式*/
10       printf("the result is : %d\n",iResult);        /*显示结果*/
11
12       iResult=iNumber1+iNumber2*iNumber3;            /*包含加法和乘法的表达式*/
13       printf("the result is : %d\n",iResult);        /*显示结果*/
14
15       iResult=(iNumber1+iNumber2)*iNumber3;          /*包含括号、加法和乘法的表达式*/
16       printf("the result is : %d\n",iResult);        /*显示结果*/
17
18       return 0;
19   }
```

运行程序，程序的运行结果如图 4.12 所示。

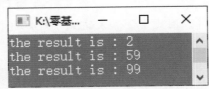

图 4.12　优先级和结合性

从该实例代码和运行结果可以看出：在程序中先声明要用到的变量，其中 iResult 的作用是存储计算结果。

接下来使用算术运算符完成不同的操作，根据这些不同操作输出的结果来观察优先级与结合性，总结如下：

（1）语句"iResult=iNumber1+iNumber2-iNumber3;"表示相同优先级的运算符根据结合性由左向右进行运算。

（2）语句"iResult=iNumber1+iNumber2*iNumber3;"与上面的语句进行比较，可以看出不同级别的运算符按照优先级进行运算。

（3）语句"iResult=(iNumber1+iNumber2)*iNumber3;"中使用括号提高优先级，使括号中的表达式先进行运算，说明括号在运算符中具有最高优先级。

训练四　试着计算 1*2+3*4+5*6 与 1*(2+(3*(4+(5*6)))) 的值。（资源包 \Code\Try\04\04）

4.3.4 自增 / 自减运算符

视频讲解

▶ 视频讲解：资源包 \Video\04\4.3.4 自增 / 自减运算符 .mp4

在 C 语言中还有两个特殊的运算符，即自增运算符"++"和自减运算符"－－"，就像公交车的乘客数量，每上来一位乘客，公交车的乘客就会增加一个，此时的乘客数量就可以使用自增运算符。自增运算符的作用就是使变量值增加 1。同样，自减运算符的作用就是使变量值减少 1，例如，每上来一位乘客，客车的空座位就会减少一个，此时空座位数量这个变量就可以使用自减运算符。

自增运算符和自减运算符可以放在变量的前面或者后面，放在变量前面称为前缀，放在后面称为后缀，使用的一般方法如图 4.13 所示。

在图 4.13 中可以看出，运算符的前后位置不重要，因为所得到的结果是一样的，自减就是减 1，自增就是加 1。

注意

在表达式内部，作为运算的一部分，两者的用法可能有所不同。如果运算符放在变量前面，那么变量在参加表达式运算之前完成自增或者自减运算；如果运算符放在变量后面，那么变量的自增或者自减运算在变量参加了表达式运算之后完成，如图 4.14 所示。

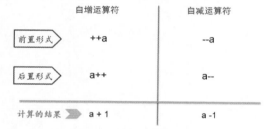

图 4.13 自增和自减形式

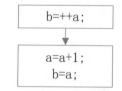 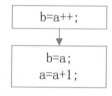

图 4.14 前缀与后缀的比较

常见错误

自增和自减是单目运算符，因此常量和表达式不可以进行自增或自减运算，例如，5++ 和 (a+5) ++ 都是不合法的。

实例 05 比较自增、自减运算符的前缀与后缀	实例位置：资源包 \Code\SL\04\05 视频位置：资源包 \Video\04\

在本实例中先定义一些变量，为变量赋相同的值，然后通过自增或自减运算符的前缀和后缀的操作来观察表达式的不同结果。具体代码如下：

```
01  #include<stdio.h>
02  int main()
03  {
04      int iNumber1=3;                           /*定义变量，赋值为3*/
05      int iNumber2=3;
06
07      int iResultPreA,iResultLastA;             /*声明变量，保存自增运算的结果*/
08      int iResultPreD,iResultLastD;             /*声明变量，保存自减运算的结果*/
09
10      iResultPreA=++iNumber1;                   /*前缀自增运算*/
11      iResultLastA=iNumber2++;                  /*后缀自增运算*/
12
13      printf("The Addself ...\n");
14      printf("the iNumber1 is :%d\n",iNumber1); /*显示自增运算后自身的数值*/
```

```
15      printf("the iResultPreA is :%d\n",iResultPreA);      /*得到自增运算的结果*/
16      printf("the iNumber2 is :%d\n",iNumber2);            /*显示自增运算后自身的数值*/
17      printf("the iResultLastA is :%d\n",iResultLastA);    /*得到自增运算的结果*/
18
19      iNumber1=3;                                          /*恢复变量的值为3*/
20      iNumber2=3;
21
22      iResultPreD=--iNumber1;                              /*前缀自减运算*/
23      iResultLastD=iNumber2--;                             /*后缀自减运算*/
24
25      printf("The Deleteself ...\n");
26      printf("the iNumber1 is :%d\n",iNumber1);            /*显示自减运算后自身的数值*/
27      printf("the iResultPreD is :%d\n",iResultPreD);      /*得到自减运算的结果*/
28      printf("the iNumber2 is :%d\n",iNumber2);            /*显示自减运算后自身的数值*/
29      printf("the iResultLastD is :%d\n",iResultLastD);    /*得到自减运算的结果*/
30
31      return 0;                                            /*程序结束*/
32  }
```

运行程序，程序的运行结果如图 4.15 所示。

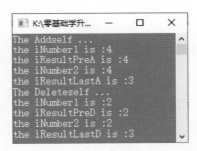

图 4.15　比较自增、自减运算符前缀与后缀的不同

从该实例代码和运行结果可以看出：

（1）在程序代码中，定义 iNumber1 和 iNumber2 两个变量用来进行自增、自减运算。

（2）进行自增运算，分为前缀自增和后缀自增。通过程序最终的显示结果可以看到，自增变量 iNumber1 和 iNumber2 的结果同为 4，但是保存表达式结果的两个变量 iResultPreA 和 iResultLastA 却不一样。iResultPreA 的值为 4，iResultLastA 的值为 3，因为前缀自增使得 iResultPreA 变量先进行自增操作，然后进行赋值操作；后缀自增操作是先进行赋值操作，然后进行自增操作。所以两个变量得到的表达式结果值是不一样的。

（3）在自减运算中，前缀自减和后缀自减与自增运算方式是相同的。前缀自减是先进行减 1 操作，然后进行赋值操作；而后缀自减是先进行赋值操作，再进行自减操作。

一个新建小区内有 70 个停车位。现有一批新进住户购买车位，使用自减运算符在控制台中计算剩余的车位数。（资源包 \Code\Try\04\05）

4.4 关系运算符与关系表达式

在数学中，经常会比较两个数的大小。例如，小明的数学成绩是 90 分，小红的数学成绩是 95 分，在单科成绩单中，小红的排名高于小明，如图 4.16 所示。在比较成绩时，可以使用本节要讲的关系运算符。在 C 语言中，关系运算符的作用就是判断两个操作数的大小关系。

图 4.16　数学成绩比较示意图

4.4.1 关系运算符

▶ 视频讲解：资源包 \Video\04\4.4.1 关系运算符 .mp4

关系运算符包括大于、大于或等于、小于、小于或等于、等于和不等于，如表 4.2 所示。

表 4.2　关系运算符

符　号	功　能	符　号	功　能
>	大于	<=	小于或等于
>=	大于或等于	==	等于
<	小于	!=	不等于

4.4.2 关系表达式

▶ 视频讲解：资源包 \Video\04\4.4.2 关系表达式 .mp4

关系运算符用于对两个表达式的值进行比较，返回一个真值或者假值。返回真值还是假值取决于表达式的值和所用的运算符。其中真值为 1，假值为 0，真值表示指定的关系成立，假值则表示指定的关系不成立。例如：

```
7>5          /*因为7大于5，所以该关系成立，表达式的结果为真值*/
7>=5         /*因为7大于5，所以该关系成立，表达式的结果为真值*/
7<5          /*因为7大于5，所以该关系不成立，表达式的结果为假值*/
7<=5         /*因为7大于5，所以该关系不成立，表达式的结果为假值*/
7==5         /*因为7不等于5，所以该关系不成立，表达式的结果为假值*/
7!=5         /*因为7不等于5，所以该关系成立，表达式的结果为真值*/
```

关系运算符通常用来构造条件表达式，用在控制程序的流程语句中，如 if 语句会根据条件判断结果选择执行的语句块，在其中使用关系表达式作为判断条件，如果关系表达式返回的是真值，则执行下面的语句块，如果为假值，就不执行，如图 4.17 所示。

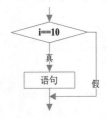

图 4.17　if 语句的流程图

常见错误

例如，i==3 中的"=="是合法的关系运算符，而 i=3 中的"="不是合法的关系运算符，它是赋值运算符。所以，在进行判断时，一定要注意等号运算符"=="的使用，千万不要与赋值运算符"="弄混。

4.4.3 优先级与结合性

▶ 视频讲解：资源包 \Video\04\4.4.3 优先级与结合性 .mp4

关系运算符的结合性都是自左向右的。使用关系运算符时常常会判断两个表达式的关系，但是由于运算符存在着优先级的问题，如果不小心处理，就可能会出现错误。如要进行这样的判断操作，先对一个变量进行赋值，然后判断这个变量是否不等于一个常数，代码如下：

```
if(Number=NewNum!=10){…}
```

因为"!="运算符比"="的优先级要高，所以 NewNum!=10 的判断操作会在赋值之前进行，变量 Number 得到的就是关系表达式的真值或者假值，这样并不符合程序的设计目的。

括号运算符优先级是最高的，因此可以使用括号来标记要优先计算的表达式，例如：

```
if((Number=NewNum)!=10){…}
```

这种写法比较清楚，不会对代码的含义产生误解。

实例 06　判断一个数是奇数还是偶数　　实例位置：资源包 \Code\SL\04\06　视频位置：资源包 \Video\04\

在本实例中，定义一个变量，使用 if 语句判断数字的奇偶，通过输出函数 printf() 显示信息。具体代码如下：

```
01  #include <stdio.h>                           /*包含头文件*/
02  int main()                                    /*main()主函数*/
03  {
04      int iNumber;                              /*定义变量*/
05      printf("please enter a number:\n");       /*提示信息*/
06      scanf("%d",&iNumber);                     /*输入数字*/
07      if(iNumber%2==0)                          /*使用关系表达式进行判断*/
08          printf("%d is even number\n",iNumber);  /*显示结果，表示此数是偶数*/
09      if(iNumber%2!=0)                          /*使用关系表达式进行判断*/
10          printf("%d is odd number\n",iNumber);   /*显示结果，表示此数是奇数*/
11      return 0;                                 /*程序结束*/
12  }
```

运行程序，程序的运行结果如图 4.18 所示。

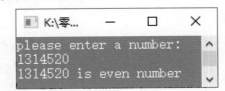

图 4.18　判断奇偶数的结果

从该实例代码和运行结果可以看出：

（1）定义变量 iNumber，使用 scanf（"%d"，&iNumber）语句（scanf() 函数的具体用法在 5.5 节中介绍）可以获取在键盘上输入的数字。

（2）利用 if 语句进行判断，在判断条件中使用了关系表达式，用于判断数字是否使得表达式成立。如果成立，则返回真值，如果不成立，则返回假值。

（3）最后根据真值和假值选择执行的语句。

训练六 一个小孩跑完步去买水，如果小孩手里的零钱多于 2 元，卖家会说："你可以买可乐。"如果小孩手里的零钱少于 2 元，卖家会说："你可以买矿泉水。"试用 if 语句模拟两个人对话的场景。（资源包 \Code\Try\04\06）

4.5 逻辑运算符与逻辑表达式

在招聘信息上常常会看到对应聘者年龄的要求，如年龄在 18 岁以上、35 岁以下。用 C 语言怎样表达这句话的意思呢？如图 4.19 所示。

$$age > 18 \ \&\& \ age < 35$$

图 4.19 招聘要求

在图 4.19 中的 "&&" 符号就是逻辑运算符，逻辑运算符根据表达式的真或者假来确定返回真值或假值。在 C 语言中，表达式的值非零则为 1，表示真值，否则为 0，表示假值。

4.5.1 逻辑运算符

视频讲解：资源包 \Video\04\4.5.1 逻辑运算符 .mp4

逻辑运算符有 3 种，如表 4.3 所示。

表 4.3 逻辑运算符

符 号	功 能
&&	逻辑与
||	逻辑或
!	逻辑非

注意 逻辑与运算符 "&&" 和逻辑或运算符 "\|\|" 都是双目运算符。逻辑非运算符 " ！" 为单目运算符。

4.5.2 逻辑表达式

视频讲解：资源包 \Video\04\4.5.2 逻辑表达式 .mp4

在 4.4 节中介绍过关系运算符可用于对两个操作数进行比较，使用逻辑运算符可以将多个关系表达式的结果合并在一起进行判断。其一般形式如下：

表达式　逻辑运算符　表达式

逻辑运算结果如表 4.4 所示。

表 4.4　逻辑运算结果

A	B	A&&B	A||B	!A
0	0	0	0	1
0	1	0	1	1
1	0	0	1	0
1	1	1	1	0

注意

不要把逻辑与运算符"&&"和逻辑或运算符"||"与后面 4.6 节要讲的位与运算符"&"和位或运算符"|"混淆。

逻辑与运算符和逻辑或运算符可以用在相当复杂的表达式中。一般来说，这些运算符用来构造条件表达式，用在流程控制语句中，例如在第 7 章中要介绍的 if、for、while 语句等。

在程序中，通常使用单目逻辑非运算符"!"把一个变量的数值转换为相应的逻辑真值或者假值，也就是 1 或 0。例如：

```
Result= !Value;                                    /*转换成逻辑值*/
```

4.5.3 优先级与结合性

视频讲解：资源包 \Video\04\4.5.3 优先级与结合性 .mp4

"&&"和"||"是双目运算符，它们要求有两个操作数，结合方向自左至右；"!"是单目运算符，要求有一个操作数，结合方向自右向左。

逻辑运算符的优先级从高到低依次为单目逻辑非运算符"!"、逻辑与运算符"&&"和逻辑或运算符"||"。

实例 07　数字 88 和 0 真真假假变换　　　　实例位置：资源包 \Code\SL\04\07
　　　　　　　　　　　　　　　　　　　　　　　视频位置：资源包 \Video\04\

将数字 88 和 0 进行逻辑运算。在本实例中，使用逻辑运算符构造表达式，通过输出函数显示表达式的结果，根据结果分析表达式中逻辑运算符的计算过程。具体代码如下：

```
01    #include<stdio.h>
02    int main()
03    {
04        int iNumber1,iNumber2;                                    /*声明变量*/
05        iNumber1=88;                                              /*为变量赋值*/
06        iNumber2=0;
07
08        printf("the 1 is Ture , 0 is False\n");                   /*显示提示信息*/
09        printf("5<  iNumber1&&iNumber2 is %d\n",5<iNumber1&&iNumber2);   /*显示逻辑与表达式的结果*/
10        printf("5<  iNumber1||iNumber2 is %d\n",5<iNumber1||iNumber2);
11        iNumber2=!!iNumber1;
12        printf("iNumber2 is %d\n",iNumber2);                      /*输出逻辑值*/
13        return 0;
14    }
```

运行程序，程序的运行结果如图 4.20 所示。

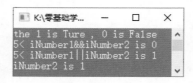

图 4.20　逻辑运算符结果

从该实例代码和运行结果可以看出：

（1）在程序中，先声明两个变量用来进行计算。然后为变量赋值，iNumber1 的值为 88，iNumber2 的值为 0。

（2）先输出信息，显示为 1 表示真值，0 表示假值。在 printf() 函数中进行表达式的运算，最后将结果输出。分析表达式 5<iNumber1&&iNumber2，由于"<"运算符的优先级高于"&&"运算符，因此先执行关系运算，之后进行逻辑与判断。iNumber1 的值为 88，iNumber2 的值为 0，5<iNumber1 成立，因此返回值为 1，然后 1 与 iNumber2 执行逻辑与运算，iNumber2 的值为 0，所以结果为 0；这个表达式的含义是数值 5 小于 iNumber1 的同时也必须小于 iNumber2，很明显是不成立的，因此表达式返回的是假值。表达式 5<iNumber1||iNumber2 的含义是数值 5 小于 iNumber1，然后和 iNumber2 执行逻辑或运算，此时表达式成立，返回值为真值。

（3）将 iNumber1 进行两次单目逻辑非运算，得到的是逻辑值，因为 iNumber1 的数值是 88，所以逻辑值为 1。

训练七

在明日学院网站首页中，可以使用账户名登录，也可以使用手机号登录，还可以使用电子邮箱地址登录。请判断某用户是否可以登录。（已知服务器中有如下记录，账户名为"丫蛋"，手机号为 13578982158，电子邮箱为 mingrisoft@mingrisoft.com。）（资源包 \Code\Try\04\07）

4.6 位逻辑运算符与位逻辑表达式

位运算是 C 语言中比较有特色的内容。位逻辑运算符可实现位的设置、清零、取反等操作。利用位运算可以实现只有部分汇编语言才能实现的功能。

4.6.1 位逻辑运算符

▶ 视频讲解：资源包 \Video\04\4.6.1 位逻辑运算符 .mp4

位逻辑运算符包括按位与、按位或、按位异或、按位取反，如表 4.5 所示。

表 4.5　位逻辑运算符

符　号	功　能
&	按位与
|	按位或
^	按位异或
~	按位取反

在表 4.5 中，除了最后一个运算符是单目运算符，其他都是双目运算符，这些运算符只能用于整型表达式。位逻辑运算符通常用于对整型变量进行位的设置、清零和取反，以及对某些选定的位进行检测。

4.6.2 位逻辑表达式

▶ 视频讲解：资源包 \Video\04\4.6.2 位逻辑表达式 .mp4

在程序中，位逻辑运算符一般被程序员当作开关标志。较低层次的硬件设备驱动程序，经常需要对输入 / 输出设备进行位操作。

例如，位逻辑与运算符的典型应用，对某个语句的位设置进行检查，语句如下：

```
if(Field & BITMASK)
{
    语句块;
}
```

语句的含义是 if 语句对后面括号中的表达式进行检测。如果表达式返回的是真值，则执行下面的语句块，否则跳过该语句块不执行。其中运算符用来对 BITMASK 变量的位进行检测，判断其是否与 Field 变量的位有相吻合之处。

&、|、^ 和 ~ 也可以用于逻辑运算，运算的结果如表 4.6 所示。

表 4.6　逻辑运算结果

A	B	A&B	A|B	A^B	～A
0	0	0	0	0	1
1	0	0	1	1	0
0	1	0	1	1	1
1	1	1	1	0	0

4.7 逗号运算符与逗号表达式

▶ 视频讲解：资源包 \Video\04\\4.7 逗号运算符与逗号表达式 .mp4

在 C 语言中，可以用逗号将多个表达式分隔开来。其中，用逗号分隔的表达式被分别计算，并且整个表达式的值是最后一个表达式的值。

逗号表达式的一般形式如下：

> 表达式1,表达式2,…,表达式n

逗号表达式的求解过程是：先求解表达式 1，再求解表达式 2，一直求解到表达式 n。整个逗号表达式的值是表达式 n 的值。逗号表达式称为顺序求值运算符，类似于数学中求解几何问题时，需要按顺序写解题步骤一样。

例如，下面使用逗号运算符的代码：

> Value=2+5,1+2,5+7;

上面语句中 Value 所得到的值为 7，而非 12。由于赋值运算符的优先级比逗号运算符的优先级高，因此先执行赋值的运算。如果要先执行逗号运算，则可以使用括号运算符，代码如下：

> Value=(2+5,1+2,5+7);

实例 08 逗号运算符的运用　　　　实例位置：资源包 \Code\SL\04\08
视频位置：资源包 \Video\04\

本实例中，定义 3 个整型变量 a，b，c，分别赋值为 10，20，30。定义一个整型变量 x，并将表达式 "a=b+c,b*a,c-b" 的结果值赋给变量 x，分别输出 x，a，b，c 的值。具体代码如下：

```
01  #include <stdio.h>                              /*包含头文件*/
02  int main()                                      /*main()主函数*/
03  {
04      int a=10,b=20,c=30,x;                       /*定义变量并赋初值*/
05      x=a = b+c,b*a,c-b;                          /*计算逗号表达式*/
06      printf("x=%d, a=%d, b=%d, c=%d\n",x,a,b,c); /*将结果输出显示*/
07      return 0;                                   /*程序结束*/
08  }
```

运行程序，程序的运行结果如图 4.21 所示。

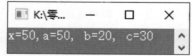

图 4.21　逗号运算符的使用

从该实例代码和运行结果可以看出：

（1）在程序代码的开始处，声明变量时就使用了逗号运算符分隔声明变量并进行赋值。

（2）通过输出可以看到各个数值。从前面的讲解知道，因为逗号表达式没有使用括号运算符，所以 a 得到第一个表达式的值。

（3）在第 5 行代码中，由于 x=a，因此 x 变量得到的是 a 值，即 x=50。

训练八　定义 3 个变量 x、y、z，分别赋值为 3、3、1。语句 printf("%d,%d,%d ", (++x,y++),z+x+y+2) 输出的结果会是什么？（资源包 \Code\Try\04\08）

4.8 复合赋值运算符

视频讲解

📺 视频讲解：资源包 \Video\04\4.8 复合赋值运算符 .mp4

复合赋值运算符实现的操作，实际上是一种缩写形式，可使变量操作的描述方式更简洁。例如 "+" 和 "=" 复合，如图 4.22 所示。

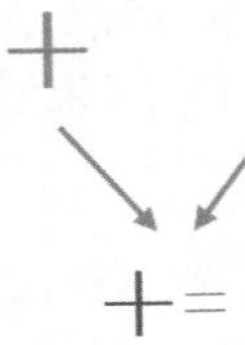

图 4.22　复合赋值运算符

如果在程序中为一个变量赋值，代码如下：

```
Value=Value+3;
```

这一行语句是对一个变量进行赋值操作，值为这个变量本身与一个整数常量 3 相加的结果值。使用复合赋值运算符可以实现同样的操作。例如，上面的语句可以改写成如下语句：

```
Value+=3;
```

这种描述更为简洁。关于上面两种实现相同操作的语句，赋值运算符和复合赋值运算符的区别在于：
- ☑ 简化程序，使程序精练。
- ☑ 提高编译效率。

对于简单赋值运算符，如 Value=Value+3 中，表达式 Value 计算两次；对于复合赋值运算符，如 Value+=3 中，表达式 Value 仅计算一次。一般来说，这种区别对于程序的运行没有太大的影响，但是如果表达式中存在某个函数的返回值，那么函数被调用两次。

实例 09　使用复合赋值运算符计算表达式结果	实例位置：资源包 \Code\SL\04\09
	视频位置：资源包 \Video\04\

在本实例中，定义一个整型变量 iValue =7，计算 iValue += iValue *= iValue /= iValue -5 的值，具体代码如下：

```
01   #include<stdio.h>              /*包含头文件*/
02   int main()                     /*main()主函数*/
03   {
04       int iValue;                /*定义变量iValue*/
05       iValue=7;                  /*为变量iValue赋值*/
06       iValue+=iValue*=iValue/=iValue-5;   /*计算得到iValue变量值*/
07       printf("the result is %d\n",iValue);  /*将计算结果输出*/
08       return 0;                  /*程序结束*/
09   }
```

运行程序，程序的运行结果如图 4.23 所示。

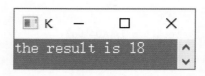

图 4.23　复合运算符的应用

从该实例代码和运行结果可以看出：

（1）在第 6 行代码中使用了复合赋值运算符，运算顺序为从右往左，其中 iValue/=iValue-5 表示的意思是 iValue 的值等于 iValue/(iValue-5) 的结果，即 iValue=3。

（2）iValue*=iValue/=iValue-5 表示的意思是 iValue 的值等于（1）中 iValue 的结果乘以 iValue，即 iValue=9。

（3）iValue+=iValue*=iValue/=iValue-5 表示的意思是 iValue 的值等于（2）中 iValue 的结果加上 iValue，即最终结果 iValue=18，利用 printf() 函数将结果输出。

训练九　生物实验室做单细胞细菌繁殖实验，每一代细菌数量都会成倍增长，一代菌落中只有一个细菌，二代菌落中分裂成两个细菌，三代菌落中分裂成 4 个细菌，以此类推。请问第五代菌落中的细菌数量是多少？（资源包 \Code\Try\04\09）

4.9　小结

本章介绍了程序的各种运算符与表达式。首先介绍了表达式的概念，帮助读者了解后续章节所需要的准备知识。然后分别介绍了赋值运算符、算术赋值运算符、关系运算符、逻辑运算符、位逻辑运算符和逗号运算符。最后讲解了如何使用复合运算符简化程序的编写。

为了方便读者，这里按照优先级从高到低的排列顺序列出了 C 语言中运算符的优先级和结合性，如表 4.7 所示。

表 4.7　运算符的优先级和结合性

优 先 级	运 算 符	含　义	结 合 性
1（最高）	()	圆括号	自左向右
	[]	下标运算符	
	->	指向结构体成员运算符	
	.	结构体成员运算符	
2	!	逻辑非运算符（单目运算符）	自右向左
	~	按位取反运算符（单目运算符）	
	++	自增运算符（单目运算符）	
	--	自减运算符（单目运算符）	

续表

优先级	运算符	含义	结合性
2	-	负号运算符（单目运算符）	自右向左
	*	指针运算符（单目运算符）	
	&	地址与运算符（单目运算符）	
	sizeof	长度运算符（单目运算符）	
3	*、/、%	乘法、除法、求余运算符	自左向右
4	+、-	加法、减法运算符	
5	<<、>>	左移、右移运算符	
6	<、<=、>、>=	关系运算符	
7	==、!=	等于、不等于运算符	自左向右
8	&	按位与运算符	
9	^	按位异或运算符	
10	|	按位或运算符	
11	&&	逻辑与运算符	
12	||	逻辑或运算符	
13	?:	条件运算符（三目运算符）	自右向左
14	=、+=、-=、*=、/=、%=、>>=、<<=、&=、^=、|=	赋值运算符	
15（最低）	,	逗号运算符（顺序求值运算符）	自左向右

本章 e 学码：关键知识点拓展阅读

单目运算符　　　　位的设置
双目运算符　　　　操作符
条件表达式

第 **5** 章

常用的数据输入 / 输出函数

（ ▶ 视频讲解：42 分）

　　C 语言的语句是用来向计算机系统发出操作指令的。当程序要执行某些操作时，可能需要使用向程序输入数据的方式给程序发送指示。当程序解决了一个问题之后，还要将计算结果显示出来。

　　本章致力于使读者掌握如何对程序的输入 / 输出进行操作，并且对这些输入和输出操作按照不同的方式进行讲解。

知识框架

5.1 语句

📺 视频讲解：资源包 \Video\05\5.1 语句 .mp4

　　C 语言的程序主要包括声明部分和执行部分，其中执行部分由语句组成，而语句是用来向计算机系统发出操作指令的。一条语句编写完成经过编译后产生若干条机器指令。实际程序中包含若干条语句，因此，语句的作用就是完成一定的操作任务。语句执行过程如图 5.1 所示。

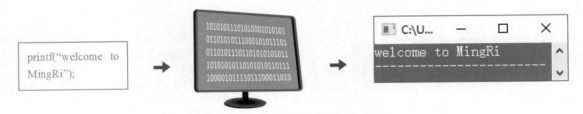

图 5.1　语句执行过程

注意　　在编写程序时，声明部分不能算作语句。例如，"int iNumber;" 就不是一条语句，因为不产生机器的操作，只是对变量的提前定义。

5.2 字符数据输入 / 输出

　　在前几章的实例中使用 printf() 函数进行输出，使用 scanf() 函数获取键盘的输入。在本节中将介绍 C 标准 I/O 函数库中最简单的，也是很容易理解的字符输出函数 putchar() 和输入函数 getchar()。

5.2.1 字符数据输出

📺 视频讲解：资源包 \Video\05\5.2.1 字符数据输出 .mp4

　　字符数据输出就是将字符显示出来，例如，图 5.2 所示的注意安全的路标符号 "！"。

图 5.2　"！" 字符

　　怎样将感叹号 "！" 在控制台上输出呢？在 C 语言中，使用的是 putchar() 函数输出字符数据，它的作用是向显示设备输出一个字符。其语法格式如下：

```
int putchar(int ch);
```

　　其中的参数 ch 是要进行输出的字符，可以是字符型变量或整型变量，也可以是常量。例如，输出字符 C 的代码如下：

```
putchar('C');
```

使用 putchar() 函数也可以输出转义字符。例如，下面的代码也是输出字符 C：

```
putchar('\103');
```

这一行代码中的 '\103' 是转义字符，表示八进制数 103 在 ASCII 码中所对应的字符是大写字母 C。

注意 使用 putchar() 函数时要添加头文件 stdio.h。

实例 01 输出大眼萌 @_@　　　　　　　实例位置：资源包 \Code\SL\05\01
　　　　　　　　　　　　　　　　　　　　　视频位置：资源包 \Video\05\

在程序中使用 putchar() 函数，输出大眼萌表情"@_@"，并且在字符表情输出完毕之后进行换行。具体代码如下：

```
01  #include<stdio.h>              /*包含头文件*/
02
03  int main()                     /*main()主函数*/
04  {
05      char cChar1,cChar2;        /*声明变量*/
06      cChar1='@';                /*为变量赋值*/
07      cChar2='_';
08
09      putchar(cChar1);           /*输出字符变量@*/
10      putchar(cChar2);           /*输出字符变量_*/
11      putchar(cChar1);           /*输出字符变量@*/
12      putchar('\n');             /*输出转义字符*/
13      return 0;                  /*程序结束*/
14  }
```

运行程序，程序的运行结果如图 5.3 所示。

图 5.3　输出大眼萌

从该实例代码和运行结果可以看出：

（1）要使用 putchar() 函数，首先要包含头文件 stdio.h。

（2）声明字符型变量，用来保存要输出的字符。为字符变量赋值，因为 putchar() 函数只能输出一个字符，如果要输出字符串，就需要多次调用 putchar() 函数。

（3）当字符串输出完毕之后，使用 putchar() 函数输出转义字符 \n 进行换行操作。

训练一 试着用 putchar() 函数输出喵喵字符画 (=^_^=)。（资源包 \Code\Try\05\01）

5.2.2 字符数据输入

视频讲解

📹 视频讲解：资源包 \Video\05\5.2.2 字符数据输入 .mp4

　　字符数据输入就像打字一样，从键盘中输入一个字符，就会在电脑屏幕上显示一个字符，同样在 C 语言的控制台上也可以输入字符，并且显示出所输入的字符。在 C 语言中使用的是 getchar() 函数，它的作用就是从终端（输入设备）输入一个字符。

　　getchar() 函数的语法格式如下：

```
int getchar();
```

　　getchar() 与 putchar() 函数的区别就是 getchar() 函数没有参数。使用 getchar() 函数时也要添加头文件 stdio.h，函数的值就是从输入设备得到的字符。例如，从输入设备得到一个字符赋给字符变量 cChar，代码如下：

```
cChar=getchar();
```

注意

　　getchar() 函数只能接收一个字符。getchar() 函数得到的字符可以赋给一个字符变量或整型变量，也可以不赋给任何变量，还可以作为表达式的一部分，如 "putchar(getchar());" 语句。getchar() 函数作为 putchar() 函数的参数，getchar() 函数先从输入设备得到字符，putchar() 函数再将字符输出。

实例 02　同时输入英文字符和转义字符　　　实例位置：资源包 \Code\SL\05\02
　　　　　　　　　　　　　　　　　　　　　　　视频位置：资源包 \Video\05\

　　在本实例中，使用 getchar() 函数获取在键盘上输入的字符，再利用 putchar() 函数进行输出。具体代码如下：

```
01  #include<stdio.h>
02
03  int main()
04  {
05      char cChar1;              /*声明变量*/
06      cChar1=getchar();         /*在输入设备得到字符*/
07      putchar(cChar1);          /*输出字符*/
08      putchar('\n');            /*输出转义字符换行*/
09      getchar();                /*清除上面的\n的影响*/
10      putchar(getchar());       /*得到输入字符，直接输出*/
11      putchar('\n');            /*换行*/
12      return 0;                 /*程序结束*/
13  }
```

　　运行程序，程序的运行结果如图 5.4 所示。

　　将实例 02 代码中的第 9 行删除，使用 getchar() 函数时将得到回车符，再运行程序，程序的运行结果如图 5.5 所示。

图 5.4　输出英文字符　　　　　　　　　图 5.5　输出转义字符

从该实例代码和运行结果可以看出：

（1）要使用 getchar() 函数，首先要包括头文件 stdio.h。声明变量 cChar1，通过 getchar() 函数得到输入的字符，赋值给 cChar1 字符型变量。

（2）使用 putchar() 函数将变量进行输出，在 putchar() 函数的参数位置调用 getchar() 函数得到字符，将得到的字符输出。

（3）在 putchar() 函数的参数位置调用 getchar() 函数得到字符，将得到的字符输出。

（4）在每次输入完毕时要按 <Enter> 键进行确认。

（5）从图 5.5 可以看出，程序没有获取第二次的字符输入，而是进行了两次回车操作。

训练二　试着输入字符并输出对应的 ASCII 值。（资源包 \Code\Try\05\02）

5.3　字符串输入 / 输出

从 5.2 节的介绍中可以知道，putchar() 和 getchar() 函数都只能对一个字符进行操作，如果是进行一个字符串的操作，则会很麻烦。C 语言提供了两个函数用来对字符串进行操作，分别为 puts() 函数和 gets() 函数。

5.3.1　字符串输出函数

▶ 视频讲解：资源包 \Video\05\5.3.1 字符串输出函数 .mp4

字符串输出就是将字符串输出在控制台上，例如，一句名言、一串数字等。在 C 语言中，字符串输出使用的是 puts() 函数，它的作用是输出字符串并显示到屏幕上。其语法格式如下：

```
int puts(char *str);
```

使用 puts() 函数时，先要在程序中添加 stdio.h 头文件。其中，形式参数 str 是字符指针类型，可以用来接收要输出的字符串。例如，使用 puts() 函数输出一个字符串，代码如下：

```
puts("Welcome to MingRi!");                    /*输出一个字符串常量*/
```

这行语句是输出一个字符串，之后会自动进行换行操作。这与 printf() 函数有所不同，在前面的所有实例中使用 printf() 函数进行换行时，要在其中添加转义字符 '\n'。puts() 函数会在字符串中判断 "\0" 结束符，遇到结束符时，后面的字符不再输出并且自动换行。例如：

```
puts("Welcome\0 to MingRi!");                   /*输出一个字符串常量*/
```

在上面的语句中加上"\0"字符后，puts() 函数输出的字符串就变成"Welcome"。

说明

在本书 3.5.3 节介绍了编译器会在字符串常量的末尾添加结束符"\0"，这也说明了 puts() 函数会在输出字符串常量时在最后进行换行操作的原因。

实例 03　利用 puts() 函数输出天气预报	实例位置：资源包 \Code\SL\05\03 视频位置：资源包 \Video\05\

在本实例中，使用 puts() 函数以两种方式输出天气预报，输出内容为："长春""晴""气温 0 ～ 7 摄氏温度"。具体代码如下：

```
01  #include<stdio.h>                          /*包含头文件*/
02
03  int main()                                 /*main()主函数*/
04  {
05      char *cChar1="长春";                    /*声明变量，并且赋初值*/
06      char *cChar2="晴";
07      puts(cChar1);                          /*puts()函数第一种形式输出字符*/
08      puts(cChar2);
09      puts("气温0～7摄氏温度");                /*puts函数第二种形式输出字符*/
10      return 0;                              /*程序结束*/
11  }
```

运行程序，程序的运行结果如图 5.6 所示。

视频讲解

图 5.6　输出天气预报

从该实例代码和运行结果可以看出：

（1）字符串常量赋值给字符串指针变量。

（2）第一次和第二次使用 puts() 函数输出的字符串常量中，由于在该字符串中没有结束符"\0"，所以输出的字符会一直到最后编译器为其字符串添加的结束符"\0"为止。

（3）第三次使用 puts() 函数，直接将输出的字符串写到函数内。

训练三

利用 puts() 函数输出"请相信，珍惜每个当下，你的未来将绚丽多彩。有多努力，你的人生舞台就有多精彩！"。（资源包 \Code\Try\05\03）

5.3.2　字符串输入函数

视频讲解

📹 视频讲解：资源包 \Video\05\5.3.2 字符串输入函数 .mp4

在 C 语言中，字符串输入使用的是 gets() 函数，它的作用是将读取的字符串保存在形式参数 str 变量中，读取过程直到出现新的一行为止。其中新一行的换行字符将会转换为字符串中的空终止符

"\0"。gets() 函数的语法格式如下：

```
char *gets(char *str);
```

在使用 gets() 函数输入字符串前，要为程序加入头文件 stdio.h。其中的 str 字符指针变量为形式参数。例如，定义字符数组变量 cString，然后使用 gets() 函数获取输入字符串的方式如下：

```
gets(cString);
```

在上面的代码中，cString 变量获取到了字符串，并将最后的换行符转换成了空终止字符。

实例 04 模拟在线考试系统

实例位置：资源包 \Code\SL\05\04
视频位置：资源包 \Video\05\

在本实例中，编写一个在线考试系统，首先输出题目和选项，然后用户输入自己的选项，最后输出用户的选择结果。具体代码如下：

```
01  #include <stdio.h>                      /*包含头文件*/
02  int main()                              /*main()主函数*/
03  {
04      char cString[2];                    /*定义一个字符数组变量*/
05      puts("请问一下哪一个不是开发语言: ");  /*puts()函数输出题目信息*/
06      puts("A.C    B.C++   C.C#    D.CF"); 
07      gets(cString);                      /*获取字符串，选择答案*/
08      puts("你输入的答案是: ");            /*puts()函数输出提示信息*/
09      puts(cString);                      /*输出所选答案*/
10      return 0;                           /*程序结束*/
11  }
```

运行程序，程序的运行结果如图 5.7 所示。

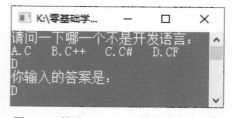

图 5.7 利用 gets() 函数模拟考试系统

从该实例代码和运行结果可以看出：

（1）因为要接收输入的字符串，所以要定义一个可以接收字符串的变量。在程序代码中，定义 cString 为字符数组变量的标识符。

（2）调用 gets() 函数，其中函数的参数为定义的 cString 变量。调用该函数时，程序会等待用户输入字符，当用户输入完毕按 <Enter> 键确定时，gets() 函数获取字符结束。

（3）使用 puts() 字符串输出函数将获取后的字符串进行输出。

编写注册系统，用户输入账号、密码、姓名、身份证号，注册完毕后展示用户输入信息。（资源包 \Code\Try\05\04）

训练四

视频讲解

5.4 格式输出函数

▶ 视频讲解：**资源包 \Video\05\5.4 格式输出函数 .mp4**

生活中会遇到不同类型的数据，例如，小数数据和字符串等，如图 5.8 所示。怎样将这些类型的数据输出呢？

图 5.8　超市小票

在 C 语言中，可以使用 printf() 函数格式输出如图 5.8 所示的数据类型，printf() 函数的作用是向终端（输出设备）输出若干任意类型的数据，其语法格式如下：

```
printf(格式控制,输出列表)
```

1. 格式控制

格式控制是用双引号引起来的字符串，此处也称为转换控制字符串，其中包括格式字符和普通字符两种字符。

☑　格式字符用来进行格式说明，作用是将输出的数据转换为指定的格式输出。格式字符是以"%"字符开头的。

☑　普通字符是需要原样输出的字符，其中包括双引号内的逗号、空格和换行符。

2. 输出列表

输出列表中列出的是要进行输出的一些数据，可以是变量或表达式。

例如，输出一个整型变量的语句如下：

```
int iInt=521;
printf("%d I Love You",iInt);
```

执行上面的语句，显示出来的字符是"521 I Love You"。在格式控制双引号中的字符是"%d I Love You"，其中的 I Love You 字符串是普通字符，而"%d"是格式字符，表示输出的是后面 iInt 的数据。

由于 printf() 是函数，"格式控制"和"输出列表"这两个位置都是函数的参数，因此 printf() 函数的一般形式也可以表示为：

```
printf(参数1,参数2,……,参数n)
```

函数中的每一个参数按照给定的格式和顺序依次输出。例如，显示一个字符型变量和整型变量的语句如下：

```
printf("the Int is %d,the Char is %c",iInt,cChar);
```

表 5.1 列出了有关 printf() 函数的格式字符。

表 5.1　printf() 函数的格式字符

格　式　字　符	功　能　说　明
d,i	以带符号的十进制形式输出整数（整数不输出符号）
o	以八进制无符号形式输出整数
x,X	以十六进制无符号形式输出整数。用 x 输出十六进制数的 a～f 时以小写形式输出；用 X 时，则以大写字母输出
u	以无符号十进制形式输出整数
c	以字符形式输出，只输出一个字符
s	输出字符串
f	以小数形式输出
e,E	以指数形式输出实数，用 e 时指数以 "e" 表示，用 E 时指数以 "E" 表示
g,G	选用 "%f" 或 "%e" 格式中输出宽度较短的一种格式，不输出无意义的 0。若以指数形式输出，则指数以大写表示

实例 05　几头牛能吃饱

实例位置：资源包 \Code\SL\05\05
视频位置：资源包 \Video\05\

已知一头牛可以吃 2 千克草，现有 45 千克草，可以够几头牛吃饱呢？首先定义相应的变量，然后利用表达式计算结果，最后用 printf() 函数对结果进行输出。具体代码如下：

```
01  #include <stdio.h>                     /*包含头文件*/
02  int main()                             /*main()主函数*/
03  {
04      int graNum,graSum,num;    /*graNum为每头牛吃草的数量，graSum为草的总数量，num为结果*/
05      graNum=2,graSum=45;                /*为变量赋值*/
06      num=graSum/graNum;                 /*利用表达式计算结果*/
07      printf("%d 头牛能吃饱\n",num);      /*将结果输出*/
08      return 0;                          /*程序结束*/
09  }
```

运行程序，程序的运行结果如图 5.9 所示。

图 5.9　输出几头牛能吃饱

从该实例代码和运行结果可以看出：

（1）程序中定义了 3 个整型变量，并为变量赋值。

（2）程序的第 6 行用到了第 4 章的内容来计算结果，并将结果赋给变量 num。

（3）在 printf() 函数中使用格式符号"%d"输出一个十进制数。

 训练五 定义两个变量 char* str = "1 日之计在于晨"，int num=1，在控制台中输出"1 日之计在于晨"。
（资源包 \Code\Try\05\05）

另外，在格式说明中，在"%"符号和表 5.1 中的格式字符间可以插入几种附加符号，如表 5.2 所示。

表 5.2 printf() 函数的附加格式说明字符

字　符	功　能　说　明
l（字母）	表示长整型整数，可加在格式字符 d、o、x、u 前面
m（代表一个整数）	数据最小宽度
n（代表一个整数）	对实数，表示输出 n 位小数；对字符串，表示截取的字符个数
-	输出的数字或字符在域内向左靠

 注意 在使用 printf() 函数时，除 X、E、G 外，其他格式字符必须用小写字母，如"%d"不能写成"%D"。

如果想输出"%"符号，则在格式控制处使用"%%"进行输出即可。

实例 06 琳琅满目的"MingRi"输出格式

实例位置：资源包 \Code\SL\05\06
视频位置：资源包 \Video\05\

在本实例中，使用 printf() 函数的附加格式说明字符，对输出的数据进行更为精准的格式设计。具体代码如下：

```
01  #include<stdio.h>                                    /*包含头文件*/
02  int main()                                           /*main()主函数*/
03  {
04      long iLong=100000;
05      printf("the Long is %ld\n",iLong);
06      printf("the string is:%sKeJi\n","MingRi");
07      printf("the string is:%10sKeJi\n","MingRi");
08      printf("the string is:%-10sKeJi\n","MingRi");
09      printf("the string is:%10.3sKeJi\n","MingRi");
10      printf("the string is:%-10.3sKeJi\n","MingRi");
11      return  0;                                       /*程序结束*/
12  }
```

运行程序，程序的运行结果如图 5.10 所示。

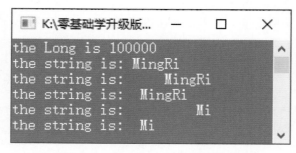

图 5.10 printf() 函数输出格式

从该实例代码和运行结果可以看出：

（1）定义的长整型变量在使用 printf() 函数对其进行输出时，应该在"%d"格式字符中添加字母 l，继而输出长整型变量。"%s"用来输出一个字符串的格式字符，在结果中可以看到输出了字符串"Ming Ri"。

（2）"%10s"格式为"%ms"，表示输出字符串占 m 列。如果字符串本身的长度大于 m，则突破 m 的限制，将字符串全部输出；若字符串长度小于 m，则用空格进行左补齐。可以看到，在字符串"MingRi"前面有 4 个空格。

（3）"%-10s"格式为"%-ms"，表示如果字符串长度小于 m，则在 m 列范围内，字符串向左靠，右侧填补空格。

（4）"%10.3s"格式为"%m.ns"，表示输出占 m 列，但只取字符串左端 n 个字符。这 n 个字符输出在 m 列的右侧，左侧填补空格。

（5）"%-10.3s"格式为"%-m.ns"，其中 m、n 的含义同上，n 个字符输出在 m 列范围内的左侧，右补空格。如果 n>m，则 m 自动取 n 值，即保证 n 个字符正常输出。

训练六 输出如下所示的菱形图案。（资源包 \Code\Try\05\06）

```
  *
* * *
  *
```

5.5 格式输入函数

📺 视频讲解：资源包 \Video\05\5.5 格式输入函数 .mp4

在 C 语言中，格式输入使用 scanf() 函数。该函数的功能是指定固定的格式，并且按照指定的格式接收用户在键盘上输入的数据，最后将数据存储在指定的变量中。

scanf() 函数的一般格式如下：

```
scanf(格式控制,地址列表)
```

通过 scanf() 函数的一般格式可以看出，参数位置中的格式控制与 printf() 函数相同。如"%d"表示十进制的整数，"%c"表示单字符。而在地址列表中，此处应该给出用来接收数据变量的地址。如得到一个整型数据的操作语句如下：

```
scanf("%d",&iInt);                                      /*得到一个整型数据*/
```

在这一行代码中，"&"符号表示取 iInt 变量的地址，因此不用关心变量的地址具体是多少，只要在代码中变量的标识符前加"&"，就表示取变量的地址。

注意

在编写程序时，在 scanf() 函数参数的地址列表处一定要使用变量的地址，而不是变量的标识符，否则编译器会提示出现错误。

表 5.3 列出了 scanf() 函数中常用的格式字符。

表 5.3　scanf() 函数的格式字符

格 式 字 符	功 能 说 明
d,i	用来输入有符号的十进制整数
u	用来输入无符号的十进制整数
o	用来输入无符号的八进制整数
x,X	用来输入无符号的十六进制整数（大小写作用是相同的）
c	用来输入单个字符
s	用来输入字符串
f	用来输入实型，可以用小数形式或指数形式输入
e,E,g,G	与 f 作用相同，e 与 f、g 之间可以相互替换（大小写作用相同）

说明

格式字符"%s"用来输入字符串。将字符串送到一个字符数组中，在输入时以非空白字符开始，以第一个空白字符结束。字符串以空终止符"\0"作为最后一个字符。

实例 07　计算圆的周长和球的体积

实例位置：资源包 \Code\SL\05\07
视频位置：资源包 \Video\05\

在本实例中，输入圆的半径，计算圆的周长和球的体积。利用 scanf() 函数得到用户输入的圆半径，因为 scanf() 函数只能用于输入操作，所以需要使用显示函数将计算的信息显示在屏幕上。具体代码如下：

```
01  #include<stdio.h>
02
03  int main()
04  {
05      float Pie=3.14f;                      /*定义圆周率*/
06      float fArea;                          /*定义变量*/
07      float fRadius;
```

```
08        puts("Enter the radius:");
09        scanf("%f",&fRadius);                        /*输入圆的半径*/
10        fArea=2*fRadius*Pie;                          /*计算圆的周长*/
11        printf("The perimeter is: %.2f\n",fArea);     /*输出计算的结果*/
12        fArea=4/3*(fRadius*fRadius*fRadius*Pie);      /*计算球的体积*/
13        printf("The volume is: %.2f\n",fArea);        /*输出计算的结果*/
14        return 0;                                     /*程序结束*/
15    }
```

运行程序，程序的运行结果如图 5.11 所示。

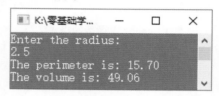

视频讲解

图 5.11　面积和体积的结果

从该实例代码和运行结果可以看出：

（1）为了能接收用户输入的数据，在程序代码中定义了一个变量 fRadius。因为 scanf() 函数只能接收输入的数据，而不能显示信息，所以先使用 puts() 函数输出一段字符表示信息提示。

（2）调用 scanf() 格式输入函数，在函数参数中可以看到，在格式控制的位置使用双引号将格式字符括起来，"%f" 表示输入的是 float 浮点类型数据。在参数中的地址列表位置，使用 "&" 符号表示变量的地址。此时变量 fRadius 已经得到了用户输入的数据。

（3）利用表达式计算圆的周长和球的体积，调用 printf() 函数将变量输出。

注意

printf() 函数使用的是变量的标识符，而不是变量的地址。scanf() 函数使用的是变量的地址，而不是标识符。

说明

在输入多个数据时，scanf() 函数使用空白字符分隔输入的数据，这些空白字符包括空格、换行、制表符（tab）。例如，在本程序中，使用换行作为空白字符。

训练七

输入身高（单位为米）和体重（单位为千克），计算身体质量指数（BMI），计算公式 BMI = 体重 / 身高^2。（资源包 \Code\Try\05\07）

实例 07 只输入一个数据，scanf() 函数也可以输入多个数据，初学者在设计格式输入时，最好把每个格式控制符分隔开，例如下面的实例 08。

实例 08　输入两个数值，并输出交换后的值　　实例位置：资源包 \Code\SL\05\08
视频位置：资源包 \Video\05\

在本实例中，利用 scanf() 函数输入 x 和 y 两个数值。交换后调用 printf() 函数输出。具体代码如下：

```
01  #include <stdio.h>                                /*包含头文件*/
02  int main()                                        /*main()主函数*/
03  {
04      int x,y;                                      /*定义变量*/
05      printf("please  enter two numbers:\n");       /*提示信息*/
06      scanf("x=%d,y=%d",&x,&y);                      /*输入x和y数据*/
07      x=y-x;                                        /*交换x和y的值*/
08      y=y-x;
09      x=y+x;
10      printf("x=%d,y=%d\n",x,y);                     /*输出交换后的数据*/
11      return 0;                                     /*程序结束*/
12  }
```

运行程序，程序的运行结果如图 5.12 所示。

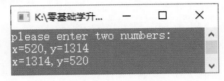

视频讲解

图 5.12　交换数值

从该实例代码和运行结果可以看出：

（1）使用 printf() 函数显示一串字符，提示输入两个数据，调用 scanf() 函数使变量 x 和 y 得到用户输入的数据。

（2）第 7～9 行代码实现 x 和 y 两个数的交换。最后利用 printf() 函数将交换后的数据输出。

训练八

输入大写字母，同时输出对应的小写字母。（资源包 \Code\Try\05\08）

5.6 小结

本章主要讲解 C 语言中常用的数据输入 / 输出函数。读者要熟练使用输入 / 输出函数。因为在很多情况下，为了证实一项操作的正确性，可以将输入和输出的数据进行对比而得到结论。

其中，用于单个字符的输入和输出时，使用的是 getchar() 和 putcha() 函数，而 gets() 和 puts() 函数用于输入和输出字符串，并且 puts() 函数在遇到终止符时会进行自动换行。为了能输出其他类型的数据，可以使用格式输出函数 printf() 和格式输入函数 scanf()。在这两个函数中，利用格式字符和附加格式字符可以更为具体地进行格式说明。

本章 e 学码：关键知识点拓展阅读

变量的地址　　　　字符数组
形式参数　　　　　I/O 函数库
指针类型

e 学码

第6章

选择结构程序设计

（ ▶ 视频讲解：59 分）

走入程序设计领域的第一步，是学会编写一个程序，其中顺序结构程序设计是最简单的程序设计，而选择结构程序设计中就用到了一些用于条件判断的语句，增加了程序的功能，也增强了程序的逻辑性与灵活性。

本章致力于使读者掌握使用 if 语句进行条件判断的方法，并掌握有关 switch 语句的使用方式。

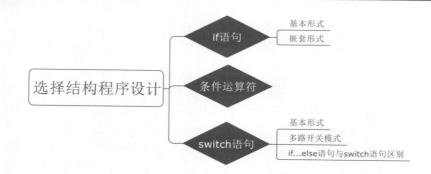

6.1 if 语句

视频讲解

视频讲解：资源包 \Video\06\6.1 if 语句 .mp4

　　在城市道路中，交警部门为了使交通畅通有序，一般会在路口设立交通信号灯。当信号灯为绿色时，车辆可以行驶通过，当信号灯变为红色时，车辆就要停止行驶。可见，信号灯给出了信号，人们先通过不同的信号进行判断，然后根据判断的结果进行相应的操作。

　　在 C 语言程序中，想要完成这样的判断操作，利用的就是 if 语句。if 语句的功能就像路口的信号灯一样，根据不同的条件进行判断，决定是否进行操作。下面具体介绍 if 语句的有关内容。

6.2 if 语句的基本形式

　　if 语句可以判断表达式的值，然后根据该值的情况控制程序流程。如路口的交通灯，绿灯亮就是判断的表达式；如果绿灯亮，也就是表达式为真，则车辆就会行走；否则，返回的值为假，车辆就要停止。if 语句有 if、if…else 和 else if 这 3 种形式，下面分别进行介绍。

6.2.1 if 语句形式

视频讲解

视频讲解：资源包 \Video\06\6.2.1 if 语句形式 .mp4

　　if 语句通过对表达式进行判断，根据判断的结果决定是否进行相应的操作。if 语句的一般形式为：

```
if(表达式)　语句块
```

　　if 语句的执行流程图如图 6.1 所示。

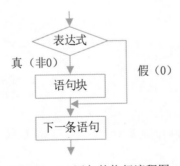

图 6.1　if 语句的执行流程图

　　例如，下面的这行代码：

```
if(iNum) printf("The true value");
```

　　在代码中判断变量 iNum 的值，如果变量 iNum 为真值，则执行后面的输入语句；如果变量的值为假，则不执行后面的输入语句。

　　在 if 语句的括号中，不仅可以判断一个变量的值是否为真，也可以判断表达式的结果是否为真，例如：

```
if(iSignal==1) printf("the Signal Light is%d:",iSignal);
```

这行代码的含义是：判断变量 iSignal==1 的表达式，如果条件成立，那么判断的结果为真，则执行后面的输出语句；如果条件不成立，那么结果为假，则不执行后面的输出语句。

从上面这两行代码中可以看到 if 后面的执行部分只是调用了一条语句，如果是两条语句时怎么办呢？这时可以使用大括号将执行部分括上使之成为语句块，例如：

```
01  if(iSignal==1)
02  {
03      printf("the Signal Light is%d:\n",iSignal);
04      printf("Cars can run");
05  }
```

将执行的语句都放在大括号中，这样当 if 语句判断条件为真时，就可以全部执行。使用这种方式的好处是可以更规范、清楚地表达出 if 语句所包含语句的范围，所以建议大家使用 if 语句时将执行语句放在大括号内。

 常见错误 利用选择结构处理问题时一定要把条件描述清楚，例如，下面的这行语句是错误的。

```
if(i/6< >0){}
```

实例 01 模拟在银行取钱场景　　　　实例位置：资源包 \Code\SL\06\01
　　　　　　　　　　　　　　　　　　　视频位置：资源包 \Video\06\

已知银行卡密码是 404328，密码正确才可以取钱。在本实例中，使用 if 语句判断取钱密码是否正确。如果输入的密码是 404328，则说明密码正确，可以取钱。具体代码如下：

```
01  #include<stdio.h>                              /*包含头文件*/
02  int main()                                     /*main()主函数*/
03  {
04      int code;                                  /*定义变量，表示密码*/
05      puts("please enter code:");                /*提示信息*/
06      scanf("%d",&code);                         /*输入密码*/
07      if(code==404328)                           /*判断输入密码是否与设定密码相同*/
08      {
09          /*输出信息，表示可以取钱了*/
10          printf("enter the password correctly,can take money\n");
11      }
12      return 0;                                  /*程序结束*/
13  }
```

运行程序，程序的运行结果如图 6.2 所示。

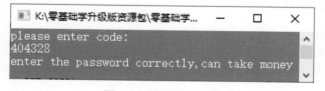

视频讲解

图 6.2　模拟银行取钱

从该实例代码和运行结果可以看出：

（1）为了模拟银行输入密码取钱，要根据输入的密码进行判断，这样就需要一个变量表示密码。在程序代码中，定义变量 code 表示输入的密码。

（2）利用 puts() 函数输出提示信息，定义 code 变量，表示输入的密码。此时用键盘输入"404328"，表示输入的密码是 404328。使用 if 语句判断 code 变量的值，如果为真，则表示密码正确；如果为假，则表示密码不正确。

（3）在运行程序时，输入的值为 404328，表达式 code==404328 的条件成立，因此判断的结果为真值，从而执行 if 语句后面大括号中的语句。

 训练一 一位职工早上上班打卡，她的工位号是 13，门禁卡密码是 111，输入正确密码会出现"谢谢，已签到"的字样，请在控制台上模拟此场景。（资源包 \Code\Try\06\01）

if 语句不是只可以使用一次，而是可以连续使用进行判断，继而根据不同的判断条件给出相应的操作。

实例 02　判断是否通过考试	实例位置：资源包 \Code\SL\06\02 视频位置：资源包 \Video\06\

王小红参加 C 语言期末考试，她的成绩要在 60 分以上才通过考试，本实例利用两个 if 语句实现，根据不同的判断条件执行相应的语句。具体代码如下：

```
01   #include<stdio.h>                           /*包含头文件*/
02   int main()                                  /*main()主函数*/
03   {
04       int score;                              /*定义变量*/
05       puts("please your score:");             /*提示信息*/
06       scanf("%d",&score);                     /*输入考试成绩*/
07       if (score>=60)                          /*判断成绩大于或等于60*/
08       {
09           printf("your grade is %d\n",score); /*显示成绩*/
10           printf("Pass the exam\n");          /*显示通过考试*/
11       }
12       if(score<60)                            /*判断成绩小于60*/
13       {
14           printf("your grade is %d\n",score); /*显示成绩*/
15           printf("Don't pass the exam\n");    /*显示没有通过考试*/
16       }
17       return 0;                               /*程序结束*/
18   }
```

运行程序，程序的运行结果如图 6.3 所示。

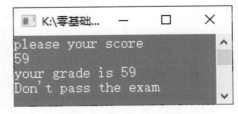

视频讲解

图 6.3　模拟考试成绩

从该实例代码和运行结果可以看出：

（1）定义一个变量 score 表示成绩，利用 puts() 函数输出提示信息，使用 scanf() 函数输入成绩。

（2）使用 if 语句将 score 变量的值与 60 进行比较，如果 score 的值大于或等于 60，则执行程序中的第 9、10 行；如果 score 的值小于 60，则执行程序中的第 14、15 行。

（3）用键盘输入 59，表示输入成绩是 59。因为 59 小于 60，所以会执行程序中的第 14、15 行。

公司年会抽奖，分成如下 4 个奖项：

① "1" 代表 "一等奖"，奖品是 "42 英寸彩电"；

② "2" 代表 "二等奖"，奖品是 "光波炉"；

③ "3" 代表 "三等奖"，奖品是 "加湿器"；

④ "4" 代表 "安慰奖"，奖品是 "16G-U 盘"。

根据控制台输入的奖号，输出与该奖号对应的奖品。（资源包 \Code\Try\06\02）

初学编程的人在程序中使用 if 语句时，常常会将下面的两个判断弄混，例如：

```
if(value){…}                                        /*判断变量值*/
if(value==0){…}                                     /*判断表达式的值*/
```

这两行代码中都有 value 变量，value 值虽然相同，但是判断的结果却不同。第一行代码表示判断的是 value 的值，第二行代码表示判断 value 等于 0 这个表达式是否成立。假定其中 value 的值为 0，那么在第一个 if 语句中，value 值为 0 即说明判断的结果为假，则不会执行 if 后的语句；但在第二个 if 语句中，判断 value 是否等于数值 0，因为设定 value 的值为 0，所以表达式成立，那么判断的结果就为真，执行 if 后的语句。

6.2.2 if…else 语句形式

视频讲解：资源包 \Video\06\6.2.2 if…else 语句形式 .mp4

除了可以指定在条件为真时执行某些语句，还可以在条件为假时执行另外一些语句。这在 C 语言中是利用 else 语句来完成的，例如：买彩票，如果中奖了，那就买轿车，否则就买自行车，如图 6.4 所示。所对应的流程图如图 6.5 所示。

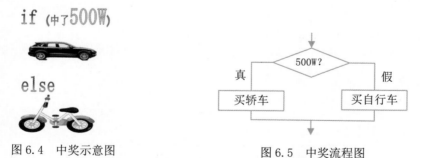

图 6.4　中奖示意图　　　　　　图 6.5　中奖流程图

从图 6.5 可以看出，if…else 语句的一般形式为：

```
if(表达式)
      语句块1;
else
      语句块2;
```

if…else 语句的执行流程如图 6.6 所示。

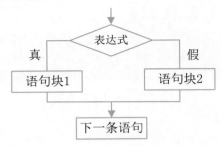

图 6.6 if…else 语句的执行流程图

在 if 后的括号中判断表达式的结果,如果判断的结果为真,则执行紧跟 if 后的语句块中的内容;如果判断的结果为假,则执行 else 语句后的语句块内容。例如:

```
01  if(value)
02  {
03         printf("the value is true");
04  }
05  else
06  {
07         printf("the value is false");
08  }
```

在上面的代码中,如果 if 判断变量 value 的值为真,则执行 if 后面的语句块进行输出。如果 if 判断的结果为假值,则执行 else 下面的语句块。

注意

一个 else 语句必须跟在一个 if 语句的后面。

实例 03 根据就餐人数选择座位

实例位置:资源包 \Code\SL\06\03
视频位置:资源包 \Video\06\

某餐厅规定:根据就餐人数分配相应的就餐位置,如果就餐人数超过 8 人,则安排豪华包房。在本实例中,使用 if…else 语句判断用户输入的数值。具体代码如下:

```
01  #include<stdio.h>                                    /*包含头文件*/
02  int main()                                           /*main()主函数*/
03  {
04      int num;                                         /*定义变量,表示就餐人数*/
05      puts("the number of meals:");                    /*提示信息*/
06      scanf("%d",&num);                                /*输入人数*/
07      if(num<=8)                                        /*就餐人数小于或等于8*/
08      {
09          printf("Arrange %d people dining table\n",num);   /*输出信息,安排餐桌就餐*/
10      }
11      else                                              /*就餐人数大于8*/
12      {
13          printf("Arrange luxurious private rooms\n");      /*安排豪华包房就餐*/
14      }
15      return 0;                                         /*程序结束*/
16  }
```

运行程序，程序的运行结果如图 6.7 所示。

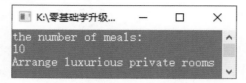

视频讲解

图 6.7 选择餐桌就餐

从该实例代码和运行结果可以看出：

（1）在程序中首先定义变量 num，用来保存输入的数据，然后通过 if⋯else 语句判断变量的值。

（2）用户输入数据的值为 10，if 语句判断 num 变量，此时也就是判断输入的数值。因为 10 大于 8，所以 if 后面紧跟着的语句块不会执行，而会执行 else 后面语句块中的操作。

训练三

BMI 身体质量指数的等级划分标准如下：
① "偏轻"，BMI 小于 18.5；
② "正常"，BMI 大于或等于 18.5，且小于 25；
③ "偏重"，BMI 大于或等于 25，且小于 30；
④ "肥胖"，BMI 大于或等于 30。
根据控制台输入的身高（单位为 m）、体重（单位为 kg），输出 BMI 指数及与该 BMI 指数对应的等级。（资源包 \Code\Try\06\03）

注意

运行程序时，两个分支的语句是不能同时运行的。

if⋯else 语句也可以用来判断表达式，根据表达式的结果选择不同的操作。

实例 04 判断输入的年份是否为闰年

实例位置：资源包 \Code\SL\06\04
视频位置：资源包 \Video\06\

本实例要实现的功能是判断用户输入的年份是否为闰年。判断闰年的条件是能被 4 整除但不能被 100 整除，或者能被 400 整除，具体代码如下：

```c
01  #include<stdio.h>                                    /*包含头文件*/
02  int main()                                           /*main()主函数*/
03  {
04      int year;                                        /*定义变量表示年*/
05      printf("please enter a year\n");                 /*提示信息*/
06      scanf("%d",&year);                               /*输入年份*/
07      if((year%4==0)&&(year%100!=0)||(year%400==0))     /*判断输入年为闰年*/
08      {
09          printf("%d is a leap year\n",year);          /*输入的年份是闰年*/
10      }
11      else                                             /*判断输入年不是闰年*/
12      {
13          printf("%d isn't a leap year\n",year);       /*输入的年份不是闰年*/
14      }
15      return 0;                                        /*程序结束*/
16  }
```

运行程序，程序的运行结果如图 6.8 所示。

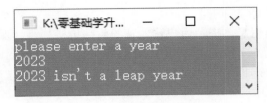

图 6.8　判断是否为闰年

从该实例代码和运行结果可以看出：

（1）利用 printf() 函数先显示一条信息，通过信息提示用户输入年份为 2017。

（2）利用 if 语句判断表达式的真假。如果判断的结果为真，则执行 if 后的语句，如果判断的结果为假，则执行 else 后的语句。因为 year 的值为 2017，所以表达式结果为假。这样执行的就是 else 后的语句。

 某公司福利，工龄在 5 年以上可以得到工资 = 基本工资 + 全勤奖 + 两倍的全勤奖；否则，工资 = 基本工资 + 全勤奖。（资源包 \Code\Try\06\04）

实例 05　商品竞猜游戏　　　实例位置：资源包 \Code\SL\06\05　　视频位置：资源包 \Video\06\

猜商品的价格，并提示竞猜的结果。本实例首先利用 if…else 语句实现，然后利用 printf() 函数显示相应的信息。具体代码如下：

```
01  #include<stdio.h>                              /*包含头文件*/
02  int main()                                     /*main()主函数*/
03  {
04      int price=97,gue;                          /*定义变量，price是正确的数，gue为猜的数*/
05      printf("please enter a number: \n");
06      scanf("%d",&gue);                          /*输入猜的数*/
07      if(gue<price)                              /*如果输入猜的数小于正确的数*/
08      {
09          printf("You guess the number is small\n");  /*提示您猜小了*/
10      }
11      if(gue>price)                              /*如果输入猜的数大于正确的数*/
12      {
13          printf("You guess the number is big\n");    /*提示您猜大了*/
14      }
15      else
16      {
17          printf("You have guessed it\n");       /*提示您猜对了*/
18      }
19      return 0;                                  /*程序结束*/
20  }
```

运行程序，如果输入的价格为 101，显示结果如图 6.9 所示。

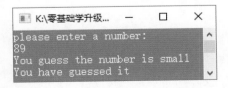

图 6.9　商品价格竞猜游戏运行结果

从该实例代码和运行结果可以看出：

（1）程序运行时，先输出信息，提示用户输入猜的商品价格，将其保存到变量 gue 中。

（2）接下来使用 if 语句进行判断。第一个 if 语句判断 gue 是否小于设定的价格，很明显判断结果为假，因此不会执行第一个 if 后的语句块中的内容。

（3）第二个 if 语句判断 gue 是否大于设定的价格，结果为真，因此会执行第二个 if 后的语句块中的内容。因为第二个 if 语句都为真，执行第二个 if 语句就不会执行 else 后的语句块。

说明

else 总是与最近的 if 匹配，例如实例 05，在运行时如果输入的价格比 97 小，控制台就会输出 You guess the number is small 和 You have guessed it 这两句。

训练五

输入时间，当时间小于 12 点时，会输出 Good morning，当时间为 12 点时，输出 Good noon，否则会输出 Good evening。（**资源包 \Code\Try\06\05**）

6.2.3 else if 语句形式

▶ 视频讲解：**资源包 \Video\06\6.2.3 else if 语句形式 .mp4**

利用 if 和 else 关键字的组合可以实现 else if 语句，这是对一系列互斥的条件进行检验。比如，某 4S 店进行大转轮抽奖活动，客户根据中奖的金额来获得不同类型的车，中奖的金额段之间是互斥的，每次抽奖结果都只能出现一个金额段，要实现这个抽奖过程，就可以使用 else if 语句来实现。

else if 语句的一般形式如下：

```
if(表达式1) 语句块1
else if(表达式2) 语句块2
else if(表达式3) 语句块3
        …
else if(表达式m) 语句块m
else 语句块n
```

else if 语句的执行流程如图 6.10 所示。

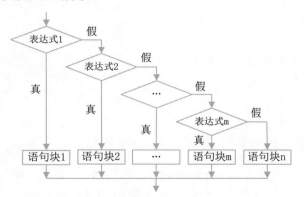

图 6.10　else if 语句的执行流程图

根据图 6.10 的流程图可知，首先对 if 语句中的表达式 1 进行判断，如果结果为真，则先执行后面跟着的语句块 1，然后跳过 else if 语句和 else 语句；如果结果为假，那么判断 else if 语句中的表达式 2。如果表达式 2 为真，那么执行语句块 2 而不会执行后面 else if 的判断或者 else 语句。当所有的判断都不成立，也就是都为假时，执行 else 后的语句块。例如：

```
01  if(iSelection==1)
02      {…}
03  else if(iSelection==2)
04      {…}
05  else if(iSelection==3)
06      {…}
07  else
08      {…}
```

上述代码的含义是：

（1）使用 if 语句判断变量 iSelection 的值是否为 1，如果为 1 则执行后面语句块中的内容，然后跳过后面的 else if 语句判断和 else 语句的执行。

（2）如果 iSelection 的值不为 1，那么 else if 语句判断 iSelection 的值是否为 2，如果值为 2，则条件为真，执行后面紧跟着的语句块，执行完后跳过后面 else if 语句和 else 语句的操作。

（3）如果 iSelection 的值也不为 2，那么接下来的 else if 语句判断 iSelection 是否等于数值 3，如果等于 3，则执行后面语句块中的内容，否则执行 else 语句块中的内容。也就是说，当前面所有的判断都不成立（为假）时，执行 else 语句块中的内容。

常见错误　使用选择语句和其他的复合语句时，会出现复合语句的大括号不匹配问题，即缺少括号。

实例 06　设计过关类游戏

实例位置：资源包 \Code\SL\06\06
视频位置：资源包 \Video\06\

本实例要求设计一个过关类的小游戏，根据输入的数字，直接进入对应的关卡。如输入的是数字3，控制台输出"当前进入第三关"。在本实例中，实现对游戏关卡进行选择，利用格式输出函数将所需要的信息进行输出。具体代码如下：

```
01  #include<stdio.h>            /*包含头文件*/
02  int main()                   /*main()主函数*/
03  {
04      int num;                 /*定义变量*/
05      printf("please enter censorship:");   /*提示用户输入关卡*/
06      scanf("%d",&num);        /*输入的数*/
07      if(num==1)               /*如果输入数字1*/
08      {
09          printf("the current into first level\n");   /*显示进入第一关*/
10      }
11      else if(num==2)          /*如果输入数字2*/
12      {
13          printf("the current into second level\n");  /*显示进入第二关*/
14      }
15      else if(num==3)          /*如果输入数字3*/
16      {
17          printf("the current into third level\n");   /*显示进入第三关*/
18      }
```

```
19      else
20      {
21          printf("the current into %d level\n",num);        /*否则显示进入其他关*/
22      }
23       return 0;                                              /*程序结束*/
24  }
```

运行程序，程序的运行结果如图 6.11 所示。

图 6.11　过关小游戏运行结果

从该实例代码和运行结果可以看出：

（1）在程序中使用 printf() 函数显示一条信息提示用户进行输入，选择一个游戏关卡操作。这里假设输入数字为 3，变量 num 将输入的数值保存，用来执行后续判断。

（2）判断 num 的位置，可以看到使用 if 语句判断 num 是否等于 1，使用 else if 语句判断 num 等于 2 或等于 3 的情况，如果都不满足，则会执行 else 处的语句。因为 num 的值为 3，所以 num==3 关系表达式为真，执行相应 else if 处的语句块，输出提示信息。

利用选择结构设计一个程序，使其能计算函数：

$y=x$　　（$x<1$）

$y=2x-1$　（$1 \leqslant x<10$）

$y=3x-11$（$x \geqslant 10$）

当输入 x 值时，计算并显示 y 值。（资源包 \Code\Try\06\06）

实例 07　测试学生的立体感和反应速度

实例位置：资源包 \Code\SL\06\07
视频位置：资源包 \Video\06\

老师随机指出数字，让同学观察圆锥的三视图是什么图形，数字 1、2、3 分别代表主视图、俯视图、左视图。在本实例中，利用 else if 语句实现老师的测试项目。具体代码如下：

```
01  #include<stdio.h>                                          /*包含头文件*/
02  int main()                                                 /*main()主函数*/
03  {
04      int num;                                               /*定义变量*/
05      printf("please enter a num:");                         /*提示用户输入数字*/
06      scanf("%d",&num);                                      /*输入数字*/
07      if(num==1)                                             /*如果输入数字等于1*/
08      {
09          printf("its main view is a triangle\n");           /*提示主视图是三角形*/
10      }
11      else if(num==2)                                        /*如果输入数字2*/
12      {
13          printf("the top view of cone is circular\n");      /*提示俯视图是圆形*/
14      }
```

```
15      else if(num==3)                                      /*如果输入数字3*/
16      {
17           printf("left view of the cone is a triangle\n");   /*提示左视图是三角形*/
18      }
19         return 0;                                          /*程序结束*/
20  }
```

运行程序，程序的运行结果如图 6.12 所示。

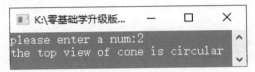

视频讲解

图 6.12　老师测试结果

从该实例代码和运行结果可以看出：

（1）在程序中使用 printf() 函数显示一条信息，提示用户进行输入。这里假设输入数字 2，变量 num 将输入的数值保存，用来执行后续判断。

（2）判断 num 的位置，可以看到使用 if 语句判断 num 是否等于 1，使用 else if 语句判断 num 等于 2 和等于 3 的情况，如果都不满足，则会执行 else 处的语句。因为 num 的值为 3，所以 num==3 关系表达式为真，执行相应 else if 处的语句块，输出提示信息。

训练七

将学生的考试成绩分为 4 个等级，等级划分标准如下：
① "优秀"，大于或等于 90 分；
② "良好"，大于或等于 80 分，且小于 90 分；
③ "合格"，大于或等于 60 分，且小于 80 分；
④ "不合格"，小于 60 分。
根据控制台输入的成绩，输出与该成绩对应的等级。（资源包 \Code\Try\06\07）

6.3 if 语句的嵌套

视频讲解

📹 视频讲解：资源包 \Video\06\6.3 if 语句的嵌套 .mp4

在 if 语句中可以包含一个或多个 if 语句，此种情况被称为 if 语句的嵌套。一般形式如下：

```
if(表达式1)
       if(表达式2) 语句块1
       else      语句块2
else
       if(表达式3) 语句块3
       else      语句块4
```

使用 if 语句嵌套的功能是先对判断的条件进行细化，然后进行相应的操作。

例如，人们在生活中，每天早上醒来的时候想一下今天是星期几，如果是周末，就是休息日，如果不是周末，就要上班；同时，休息日可能是星期六或者星期日，星期六就和朋友去逛街，星期日就陪家人在家。

这个例子实现的主要代码如图 6.13 所示。

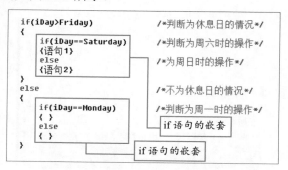

图 6.13　日期选择程序

在图 6.13 中的代码表示整个 if 语句嵌套的操作过程，首先判断为休息日的情况，然后根据判断的结果选择相应的具体判断或者操作。过程如下：

（1）if 语句判断表达式 1 就像判断今天是星期几一样，假设判断结果为真，则用 if 语句判断表达式 2。

（2）判断出今天是休息日后，再去判断今天是不是周六；如果 if 语句判断 iDay==Saturday 为真，那么执行语句 1。如果不为真，那么执行语句 2。

（3）如果为星期六，就陪朋友逛街，如果为星期日，就陪家人在家。外层的 else 语句表示不为休息日时的相应操作。

注意

在使用 if 语句嵌套时，应注意 if 语句与 else 语句的配对情况。else 语句总是与其上面最近的未配对的 if 语句进行配对。

说明

嵌套的形式其实就是多分支选择。

实例 08　周末去哪浪　　　　实例位置：资源包 \Code\SL\06\08
　　　　　　　　　　　　　　　　视频位置：资源包 \Video\06\

在本实例中，利用 if 嵌套语句选择日程安排，使用 if 嵌套语句对输入的数据逐步进行判断，最终选择执行相应的操作。具体代码如下：

```
01    #include<stdio.h>
02    int main()
03    {
04        int iDay=0;                                    /*定义变量表示输入的星期*/
05        /*定义变量代表一周中的每一天*/
06        int Monday=1,Tuesday=2,Wednesday=3,Thursday=4,
07            Friday=5,Saturday=6,Sunday=7;
08
09        printf("enter a day of week to get course:\n");    /*提示信息*/
10        scanf("%d",&iDay);                             /*输入星期*/
11
12        if(iDay>Friday)                                /*休息日的情况*/
```

```
13      {
14              if(iDay==Saturday)                      /*为周六时*/
15              {
16                      printf("Go shopping with friends\n");
17              }
18              else                                    /*为周日时*/
19              {
20                      printf("At home with families\n");
21              }
22      }
23      else                                            /*工作日的情况*/
24      {
25              if(iDay==Monday)                        /*为周一时*/
26              {
27                      printf("Have a meeting in the company\n");
28              }
29              else                                    /*为其他工作日时*/
30              {
31                      printf("Working with partner\n");
32              }
33      }
34
35      return 0;                                       /*程序结束*/
36  }
```

运行程序，程序的运行结果如图 6.14 所示。

视频讲解

图 6.14　选择时间运行结果

从该实例代码和运行结果可以看出：

（1）在程序中定义变量 iDay 用来保存后面输入的数值，而其他变量表示一周中的每一天。在运行时，假设输入"6"，代表星期六。

（2）if 语句判断表达式 iDay>Friday，如果成立，则表示输入的是休息日，否则执行 else 语句表示工作日的部分。如果判断为真，则再利用 if 语句判断 iDay 是否等于 Saturday 变量的值，如果等于，则表示星期六，那么执行后面的语句，输出信息表示星期六和朋友去逛街。

（3）else 语句表示的是星期日，输出表示陪家人在家。因为 iDay 保存的数值为 6，大于 Friday，并且 iDay 等于 Saturday 变量的值，所以执行输出语句表示星期六要和朋友去逛街。

训练八

粽子有甜的，也有咸的，甜粽子的价钱有 5 元的和 10 元的，咸粽子的价钱有 4 元和 12 元的，写程序：根据输入的价钱和口味判断并打印出能吃到哪种粽子。如输入"1"和"5"，则输出"您可以吃到 5 元的甜粽子"。（资源包 \Code\Try\06\08）

6.4 条件运算符

视频讲解

视频讲解：资源包 \Video\06\6.4 条件运算符 .mp4

条件运算符首先对一个表达式的真值或假值结果进行检验，然后根据检验结果返回另外两个表达式中的一个。

条件运算符的一般形式如下：

> 表达式1？表达式2：表达式3

在条件运算中，首先对表达式 1 的值进行检验，如果值为真，则返回表达式 2 的结果值，如果值为假，则返回表达式 3 的结果值。

实例 09　计算乘坐计程车的费用	实例位置：资源包 \Code\SL\06\09 视频位置：资源包 \Video\06\

本实例要求设计计程车收费情况，车程如果超过 3 千米，则会在起步价金额（6 元）基础上再加超出 3 千米的费用，超出部分按每千米 2 元收费，其中使用条件运算符进行判断选择。具体代码如下：

```
01  #include<stdio.h>                          /*包含头文件*/
02  int main()                                 /*main()主函数*/
03  {
04      int jour,fee;                          /*定义变量，jour是车程，fee是所花费用*/
05      printf("the mileage is taxi go:\n");    /*计程车走的车程*/
06      scanf("%d",&jour);                     /*输入车程*/
07      fee=(jour<3)?6:6+(jour-3)*2;           /*利用条件运算*/
08      printf("the costs of get a taxi is %d\n",fee); /*输出所花的费用*/
09      return 0;                              /*程序结束*/
10  }
```

运行程序，程序的运行结果如图 6.15 所示。

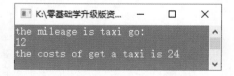

视频讲解

图 6.15　打车费用运行结果

从该实例代码和运行结果可以看出：

（1）定义变量 jour 表示车程，fee 表示所花费用。

（2）通过运行程序时的提示信息，用户输入数据。假设用户输入车程是 12，表示车程超过 3 千米。接下来使用条件运算符判断表达式 jour<3 是否成立，成立为真时，将"？"后的值 6 赋给 fee 变量；否则表达式不成立为假时，将"6+(jour-3)*2"计算的值赋给 fee 变量。因为 jour<3 的表达式不成立，所以 fee 的值为 24。

训练九 某校园网的收费标准是一元一天，如果购买时间超过 30 天，那么就按每天（包括 30 天）0.75 元收费，否则就按原价收费，购买者输入自己想买的天数，计算应付多少钱？（资源包 \Code\Try\06\09）

6.5 switch 语句

从 6.2 节的介绍可知，if 语句只有两个分支可供选择，而在实际问题中常需要用到多分支的选择。就像买衣服一样，买什么颜色、什么款式、什么品牌等可以有多种选择。当然，使用嵌套的 if 语句也可以采用多分支实现买衣服的选择，但是如果分支较多，就会使得嵌套的 if 语句层数较多，程序冗余并且可读性不好。在 C 语言中，可以使用 switch 语句直接处理像买衣服这种多分支选择的情况，提高程序代码的可读性。

6.5.1 switch 语句的基本形式

视频讲解：资源包 \Video\06\6.5.1 switch 语句的基本形式 .mp4

switch 语句是多分支选择语句，它的一般形式如下：

```
switch(表达式)
{
    case 情况1:
        语句块1;
    case 情况2:
        语句块2;
    …
    case 情况n:
        语句块n;
    default:
        默认情况语句块;
}
```

switch 语句的程序流程如图 6.16 所示。

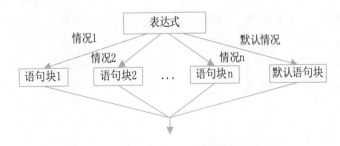

图 6.16　switch 多分支选择语句流程图

通过图 6.16 所示的流程图分析 switch 语句的一般形式。switch 语句后面括号中的表达式就是要进行判断的条件。在 switch 的语句块中，使用 case 关键字表示检验条件符合的各种情况，其后的语句是相应的操作，其中还有一个 default 关键字，作用是如果没有符合条件的情况，那么执行 default 后的默认情况语句。

说明 switch 语句检验的条件必须是一个整型表达式，这意味着其中也可以包含运算符和函数调用。而 case 语句检验的值必须是整型常量，也即可以是常量表达式或者常量运算。

通过如下代码来分析一下 switch 语句的使用方法：

```
01  switch(selection)
02      {
03          case 1:
04              printf("Processing Receivables\n");
05              break;
06          case 2:
07              printf("Processing Payables\n");
08              break;
09          case 3:
10              printf("Quitting\n");
11              break;
12          default:
13              printf("Error\n");
14              break;
15      }
```

其中，switch 判断 selection 变量的值，利用 case 语句检验 selection 值的不同情况。假设 selection 的值为 2，那么执行 case 为 2 时的情况，执行后跳出 switch 语句。如果 selection 的值不是 case 中所检验列出的情况，那么执行 default 中的语句。在每一个 case 或 default 语句后都有一个 break 关键字。break 语句用于跳出 switch 结构，不再执行 switch 下面的代码。

注意

在使用 switch 语句时，如果没有一个 case 语句后面的值能匹配 switch 语句的条件，就执行 default 语句后面的代码。其中任意两个 case 语句都不能使用相同的常量值，并且每一个 switch 结构只能有一个 default 语句，default 可以省略。

实例 10 考试成绩的"三六九等"

实例位置：资源包 \Code\SL\06\10
视频位置：资源包 \Video\06\

在本实例中，要求按照考试成绩的等级输出分数段，其中要使用 switch 语句来判断分数的情况。具体代码如下：

```
01  #include<stdio.h>                              /*包含头文件*/
02
03  int main()                                     /*main()主函数*/
04  {
05      char cGrade;                               /*定义变量表示分数的级别*/
06      printf("please enter your grade\n");       /*提示信息*/
07      scanf("%c",&cGrade);                       /*输入分数的级别*/
08      printf("Grade is about:");                 /*提示信息*/
09      switch(cGrade)                             /*switch语句判断*/
10      {
11          case 'A':                              /*分数级别为A的情况*/
```

```
12              printf("90~100\n");                    /*输出分数段*/
13              break;                                  /*跳出*/
14          case 'B':                                   /*分数级别为B的情况*/
15              printf("80~89\n");                      /*输出分数段*/
16              break;                                  /*跳出*/
17          case 'C':                                   /*分数级别为C的情况*/
18              printf("70~79\n");                      /*输出分数段*/
19              break;                                  /*跳出*/
20          case 'D':                                   /*分数级别为D的情况*/
21              printf("60~69\n");                      /*输出分数段*/
22              break;                                  /*跳出*/
23          case 'F':                                   /*分数级别为F的情况*/
24              printf("<60\n");                        /*输出分数段*/
25              break;                                  /*跳出*/
26          default:                                    /*默认情况*/
27              printf("You enter the char is wrong!\n");/*提示错误*/
28              break;                                  /*跳出*/
29      }
30      return 0;                                       /*程序结束*/
31  }
```

运行程序，程序的运行结果如图 6.17 所示。

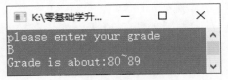

视频讲解

图 6.17 考试成绩等级运行结果

从该实例代码和运行结果可以看出：

（1）在程序代码中，定义变量 cGrade 用来保存用户输入的成绩并判定级别。

（2）使用 switch 语句判断字符变量 cGrade，其中使用 case 关键字检验可能出现的级别情况，并且在每一个 case 语句的最后都会有 break 进行跳出。如果没有符合的情况，则会执行 default 默认语句。

注意

在 case 语句表示的条件后有一个冒号" ："，在编写程序时不要忘记。

训练十

某大型商超为答谢新老顾客，当累计消费金额达到一定数额时，顾客可享受不同的折扣：

①尚未满 500 元，顾客须按照小票价格支付全款；

②满 500 元，顾客全部的消费金额可享 9 折优惠；

③满 1000 元，顾客全部的消费金额可享 8 折优惠；

④满 2000 元，顾客全部的消费金额可享 7 折优惠；

⑤满 3000 元，顾客全部的消费金额可享 6 折优惠。

根据顾客购物小票上的消费金额，在控制台输出该顾客将会享受的折扣与打折后需要支付的金额。（资源包 \Code\Try\06\10）

在使用 switch 语句时，每一个 case 情况中都要使用 break 语句，break 语句使得执行完 case 语句后跳出 switch 语句。如果没有 break 语句，程序会执行后面的内容。例如，将实例 10 程序中的 break 注释掉，还是输入字符 "B"，运行程序，程序的运行结果如图 6.18 所示。

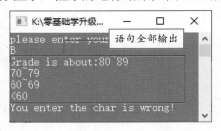

图 6.18　去掉 break 语句后的运行结果

从图 6.18 可以看出，去掉 break 语句后，将 case 检验相符情况后的所有语句进行输出。因此，在这种情况下，break 语句在 case 语句中是不能缺少的。

6.5.2 多路开关模式的 switch 语句

▶ 视频讲解：资源包 \Video\06\6.5.2 多路开关模式的 switch 语句 .mp4

在实例 10 中，将 break 语句去掉之后，会将符合检验条件后的所有语句都输出。利用这个特点，可以设计多路开关模式的 switch 语句，例如：一年 12 个月，1、3、5、7、8、10、12 月是 31 天，4、6、9、11 月是 30 天，平年 2 月有 28 天，闰年 2 月有 29 天，如果在控制台上任意输入月份，就可以知道这个月有多少天。这种情况就可以使用 switch 语句的多路开关模式，它的形式如下：

```
switch(表达式)
{
        case 1:
                语句块1
                break;
        case 2:
        case 3:
                语句块2
                break;
        …
        default:
                默认语句块
                break;
}
```

从形式中可以看到，如果在 case 2 后不使用 break 语句，那么符合检验时与符合 case 3 检验时的效果是一样的。也就是说，使用多路开关模式，可以使多种检验条件用一个语句块输出。

实例 11　判断输入的月份属于哪个季节	实例位置：资源包 \Code\SL\06\11 视频位置：资源包 \Video\06\

在本实例中，要求使用 switch 语句判断控制台输入的某个月份属于哪个季节，已知 3、4、5 月是

春季，6、7、8 月为夏季，9、10、11 为秋季，12、1、2 月为冬季。具体代码如下：

```
01  #include<stdio.h>
02  int main()
03  {
04      int month;                              /*定义变量月份*/
05      printf("please enter a month:\n");
06      scanf("%d",&month);                     /*输入月份*/
07       switch(month)                          /*根据月份判断季节*/
08       {
09              /*多路开关模式*/
10              case 3:
11              case 4:
12              case 5:
13                      printf("%d is spring\n",month);     /*3,4,5月是春季*/
14                      break;
15              /*多路开关模式*/
16              case 6:
17              case 7:
18              case 8:
19                      printf("%d is summer\n",month);     /*6,7,8月是夏季*/
20                      break;
21              /*多路开关模式*/
22              case 9:
23              case 10:
24              case 11:
25                      printf("%d is autumn\n",month);     /*9,10,11月是秋季*/
26                      break;
27              /*多路开关模式*/
28              case 12:
29              case 1:
30              case 2:
31                      printf("%d is winter\n",month);     /*12,1,2月是冬季*/
32                      break;
33              default:
34                      printf("error!!!\n");               /*无此月份*/
35          }
36          return 0;                                       /*程序结束*/
37  }
```

运行程序，程序的运行结果如图 6.19 所示。

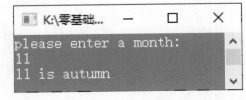

图 6.19　判断输入月份所属季节的运行结果

从该实例代码和运行结果可以看出：

在程序中使用多路开关模式，使得检测 month 的值为 3、4、5 这 3 种情况时，都会执行相同的操作，并且利用 default 语句将不符合的数字显示，提示信息表示输入错误。

训练十一 已知一个灯泡并联 3 个开关，分别为开关 1、开关 2、开关 3；另一串彩灯串联一个开关 4，开关 5 和开关 6 并联一个白炽灯和节能灯，问随意按下开关，哪个灯能亮？（资源包 \Code\Try\06\11）

视频讲解

6.6 if…else 语句和 switch 语句的区别

▶ 视频讲解：资源包 \Video\06\6.6 if…else 语句和 switch 语句的区别 .mp4

if…else 语句和 switch 语句都用于根据不同的情况检验条件做出相应的判断。两者的流程图分别如图 6.20 和图 6.21 所示。

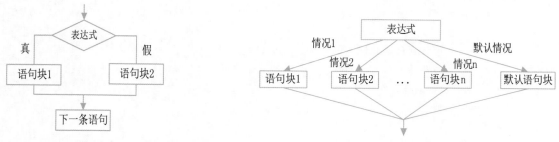

图 6.20　if…else 语句流程图　　　　　图 6.21　switch 语句流程图

下面分别从语法和效率两方面比较两者的区别。

1. 语法的比较

if 语句是配合 else 关键字进行使用的，而 switch 语句是配合 case 语句使用的；if 语句先对条件进行判断，而 switch 语句后进行判断。

2. 效率的比较

if…else 结构对少量的检验判断速度比较快，但是随着检验数量的增长，就会逐渐变慢，其中的默认情况是最慢的。使用 if…else 结构可以判断表达式，但是不容易进行后续的添加扩充。

在 switch 结构中，对其中每一项 case 检验的速度都是相同的，default 默认情况比其他情况都快。

当判定的情况占少数时，if…else 结构比 switch 结构的检验速度快。也就是说，如果分支在 3 个或者 4 个以下，使用 if…else 结构比较好，否则选择 switch 结构。

实例 12　判断一年各月的天数	实例位置：资源包 \Code\SL\06\12
	视频位置：资源包 \Video\06\

在本实例中，要求设计程序通过输入一年中的月份，得到这个月所包含的天数，判断数量的情况。根据需求选择使用 if 语句或 switch 语句。具体代码如下：

```
01   #include<stdio.h>
02   int main()
03   {
04       int iMonth=0,iDay=0;                                      /*定义变量*/
05       printf("enter the month you want to know the days\n");    /*提示信息*/
06       scanf("%d",&iMonth);                                      /*输入数据*/
07       switch(iMonth)                                            /*检验变量*/
08       {
09               /*多路开关模式switch语句进行检验*/
10               case 1:                                           /*1表示一月份*/
11               case 3:
12               case 5:
13               case 7:
14               case 8:
15               case 10:
16               case 12:
17                       iDay=31;                                  /*为iDay赋值为31*/
18                       break;                                    /*跳出switch结构*/
19               case 4:
20               case 6:
21               case 9:
22               case 11:
23                       iDay=30;                                  /*为iDay赋值为30*/
24                       break;                                    /*跳出switch结构*/
25               case 2:
26                       iDay=28;                                  /*为iDay赋值为28*/
27                       break;                                    /*跳出switch结构*/
28               default:                                          /*默认情况*/
29                       iDay=-1;                                  /*赋值为-1*/
30                       break;                                    /*跳出switch结构*/
31       }
32
33       if(iDay==-1)                                              /*使用if语句判断iDay的值*/
34       {
35               printf("there is a error with you enter\n");
36       }
37       else                                                      /*默认的情况*/
38       {
39               printf("2017.%d has %d days\n",iMonth,iDay);
40       }
41       return  0;
42   }
```

运行程序，程序的运行结果如图 6.22 所示。

图 6.22　判断月份运行结果

从该实例代码和运行结果可以看出：

（1）因为要判断一年中 12 个月份所包含的天数，就要对 12 种不同的情况进行检验。由于检验数量比较多，所以使用 switch 结构判断月份比较合适，并且可以使用多路开关模式，使得程序更为简洁。

（2）程序中 case 语句用来判断月份 iMonth 的情况，并且为 iDay 赋相应的值。default 默认处理为输入的月份不符合检验条件时，iDay 赋值为 -1。

（3）switch 检验完成之后，要输出得到的天数，因为有可能日期为 -1，也就是出现月份错误的情况。这时判断的情况只有两种，就是 iDay 是否为 -1，因为检验的条件少，所以使用 if 语句更方便。

训练十二 模拟场景：李四给 10086 移动客服中心打电话，如果李四不是移动的用户，则提示"暂时无法提供服务"，如果李四是移动的用户，客服中心则会提示"查询话费请拨 1，人工服务请拨 0"，在李四输入 1 之后，显示话费余额。（资源包 \Code\Try\06\12）

6.7 小结

本章介绍了选择结构的程序设计方式，包括 if 语句和 switch 语句。首先对 if…else 语句和 else if 语句的形式也进行了介绍，为选择结构程序提供了更多的控制方式。然后介绍了 switch 语句，switch 语句用在检验的条件较多的情况，虽然使用 if 语句进行嵌套也是可以实现的，但是其程序的可读性会降低。最后通过两种选择语句的比较来进行区分。

掌握选择结构的程序设计方法是必要的，这是程序设计中的重点部分。

本章 e 学码：关键知识点拓展阅读

多分支　　　　　嵌套　　　　　整型表达式

e 学码

第 **7** 章

循环控制

(▶ 视频讲解：1 小时 15 分)

本章概览

日常生活中总会有许多简单而重复的工作，为完成这些必要的工作需要花费很多时间，而编写程序的目的就是使工作变得简单，从而提高重复性工作的效率。

本章致力于使读者了解循环语句的特点，分别介绍了 while 语句结构、do…while 语句结构和 for 语句结构 3 种循环结构，并对这 3 种循环结构分别进行讲解。对转移语句也做了相应的讲解。

知识框架

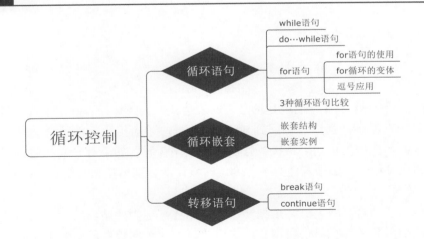

7.1 循环语句

视频讲解

▶ 视频讲解：资源包 \Video\07\7.1 循环语句 .mp4

　　通过对第 6 章的学习，我们了解到，程序在运行时可以通过判断、检验条件做出选择。此处，程序也可以重复，也就是反复执行一段指令，直到满足某个条件为止。例如，要计算一个公司的消费总额，就要将所有的消费加起来。这种重复的过程就称为循环。C 语言中有 3 种循环语句，即 while 语句、do…while 语句和 for 循环语句。循环结构是结构化程序设计的基本结构之一，因此，熟练掌握循环结构是程序设计的基本要求。

7.2 while 语句

视频讲解

▶ 视频讲解：资源包 \Video\07\7.2 while 语句 .mp4

　　使用 while 语句可以执行循环结构，其一般形式如下：

```
while(表达式)
{
语句块
}
```

while 语句的执行流程图如图 7.1 所示。

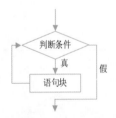

图 7.1　while 语句的执行流程图

　　while 语句首先检验一个条件，也就是括号中的表达式。当条件为真时，就执行紧跟其后的语句或者语句块。每执行一遍循环，程序都将回到 while 语句处，重新检验条件是否满足。如果一开始条件就不满足，则跳过循环体中的语句，直接执行后面的程序代码。如果第一次检验时条件满足，那么在第一次或其后的循环过程中，必须有使得条件为假的操作，否则循环无法终止。while 语句相当于在第 2 章中介绍的当型循环。

　　如果判断条件永远为真，即无法终止循环，则该循环被称为死循环或者无限循环。例如，单细胞细菌繁殖，每一代细菌数量都会呈倍数增长，这里的每一代细菌数量就类似于无限循环。描述细菌繁殖的代码如下：

```
01   int num=1;
02   while(num>0)
03   {
04       num*=2;
05   }
```

在这段代码中，while 语句首先判断 num 变量是否大于常量 0，如果大于 0，那么执行紧跟其后的语句块；如果不大于 0，那么跳过语句块中的内容直接执行下面的程序代码。在语句块中，可以看到对其中的变量进行乘以 2 的运算，永远满足 num 变量大于 0 的条件，所以程序会一直循环下去。

常见错误

在 while 语句括号后加分号，错误示例代码如下：

```
01  while(表达式);
02  {
03    语句块;
04  }
```

实例 01　猜数字游戏

实例位置：资源包 \Code\SL\07\01
视频位置：资源包 \Video\07\

假设目标数字为 147，使用 while 循环实现控制台的多次输入，系统提示输入的数字偏大还是偏小，猜对则终止程序。具体代码如下：

```
01  #include<stdio.h>              /*包含头文件*/
02  int main()                     /*main()主函数*/
03  {
04      int num;                   /*定义变量*/
05      printf("请输入一个数字\n"); /*提示用户输入数字*/
06      while(num!=147)            /*循环条件*/
07      {
08          scanf("%d",&num);       /*输入数据*/
09          if(num<147)             /*输入数据小于147*/
10          {
11              printf("你猜小了\n");  /*输出你猜小了*/
12          }
13          else if(num>147)        /*输入数据大于147*/
14          {
15              printf("你猜大了\n");  /*输出你猜大了*/
16          }
17          else if(num==147)       /*输入数据等于147*/
18          {
19              printf("你猜对了\n");  /*输出你猜对了*/
20          }
21      }
22      return 0;                   /*程序结束*/
23  }
```

运行程序，程序的运行结果如图 7.2 所示。

图 7.2　猜数字游戏运行结果

视 频 讲 解

从该实例代码和运行结果可以看出：

（1）在程序代码中，因为要实现多次输入，所以要定义一个变量 num，用来保存用户输入的数据。

（2）使用 while 语句判断 num 是否不等于 147，如果条件为真，则执行其后语句块中的内容；如果条件为假，则跳过语句块执行后面的内容。

（3）例如，用户输入 45，while 语句判断为真，因此执行 while 语句块的内容，因为 45 小于 147，所以执行第 11 行代码；用户再次输入 200，此时 200 大于 147，因此执行第 15 行代码；就这样，直到用户输入 147，while 语句才会终止循环，同时也会执行第 20 行代码。

用户输入一个值，从这个值开始，依次与这个值之后的连续 n 个自然数相加，当输入的数据超过 100 时结束，并输出求得的和。（资源包 \Code\Try\07\01）

实例 02　显示游戏菜单	实例位置：资源包 \Code\SL\07\02
	视频位置：资源包 \Video\07\

在使用程序时，根据程序的功能会有许多选项，为了使用户可以方便地观察到菜单的选项，要将其菜单进行输出。在本实例中，利用 while 循环语句将菜单进行循环输出，这样用户更清楚地知道每一个选项所对应的操作。具体代码如下：

```
01  #include<stdio.h>
02  int main()
03  {
04      int iSelect=1;                      /*定义变量，表示菜单的选项*/
05
06      while(iSelect!=0)                   /*检验条件，循环显示菜单*/
07      {
08          /*显示菜单内容*/
09          printf("---------Menu---------\n");
10          printf("----Sell----------1\n");
11          printf("----Buy-----------2\n");
12          printf("----ShowProduct---3\n");
13          printf("----Out-----------0\n");
14
15          scanf("%d",&iSelect);           /*输入菜单的选项*/
16          switch(iSelect)                 /*使用switch语句，检验条件进行相应处理*/
17          {
18              case 1:                     /*选择第一项菜单的情况*/
19                  printf("you are selling to consumer\n");
20                  break;
21              case 2:                     /*选择第二项菜单的情况*/
22                  printf("you are buying something into store\n");
23                  break;
24              case 3:                     /*选择第三项菜单的情况*/
25                  printf("checking the store\n");
26                  break;
27              case 0:                     /*选择退出项菜单的情况*/
28                  printf("the Program is out\n");
29                  break;
30              default:                    /*默认处理*/
31                  printf("You put a wrong selection\n");
```

```
32                    break;
33            }
34      }
35      return 0;
36  }
```

运行程序，程序的运行结果如图 7.3 所示。

视频讲解

图 7.3　游戏菜单运行结果

从该实例代码和运行结果可以看出：

（1）定义的变量 iSelect 用来保存后面的选项。使用 while 语句检验 iSelect 变量，iSelect!=0，表示如果 iSelect 不等于 0，则条件为真。当条件为真时，执行其后语句块中的内容；当条件为假时，执行后面的代码，return 0 表示程序结束。

（2）因为设定 iSelect 变量的值为 1，所以 while 语句刚进行检验时为真，执行其中的语句块。在语句块中首先显示菜单，将每一项操作都进行说明。

（3）首先使用 scanf() 函数输入要进行选择的项目。然后使用 switch 语句判断变量，根据变量中保存的数据，检验出相应的结果进行操作，其中每一个 case 中输出不同的提示信息，表示不同的功能。default 为默认情况，用于执行当用户输入的选项为菜单所列选项以外时的操作。

（4）显示的菜单中有 4 项功能，其中的选项 0 为退出。输入"0"时，iSelect 保存 0 值。这样在执行完 case 为 0 的情况后，当 while 再检验 iSelect 的值时，判断的结果为假，则不执行循环操作，执行后面的代码后，程序结束。

训练二

生物实验室做单细胞细菌繁殖实验，每一代细菌数量都会呈倍数增长，一代菌落中只有一个细菌，二代菌落中分裂成两个细菌，三代菌落中分裂成 4 个细菌，以此类推，计算第十二代菌落中的细菌数量。（资源包 \Code\Try\07\02）

7.3 do…while 语句

视频讲解

📹 视频讲解：资源包 \Video\07\ 7.3 do…while 语句 .mp4

在有些情况下，不论条件是否满足，循环过程必须至少执行一次，这时可以采用 do…while 语句。就像图 7.4 所示的登录账号一样，需要先输入账户名和密码，然后进行判断；如果密码始终不正确，则循环要求用户输入密码。

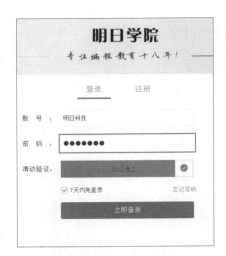

图 7.4　登录界面

do…while 语句的特点就是先执行循环体语句的内容，然后判断循环条件是否成立。它就相当于第 2 章中介绍的直到型循环。do…while 语句的一般形式为：

```
do
        循环体语句
while(表达式);
```

do…while 语句的执行流程图如图 7.5 所示。

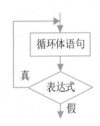

图 7.5　do…while 语句的执行流程图

do…while 语句首先执行一次循环体语句中的内容，然后判断表达式，当表达式的值为真时，返回重新执行循环体语句。执行循环，直到表达式的判断结果为假，此时循环结束。

例如，下列代码：

```
01  do
02  {
03       iNumber++;
04  } while(iNumber<100);
```

在这几行代码中，首先执行 iNumber++ 的操作。也就是说，不管 iNumber 是否小于 100，都会执行一次循环体中的内容。然后判断 while 后括号中的内容，如果 iNumber 小于 100，则再次执行循环语句块中的内容。

注意

在使用 do…while 语句时，循环条件要放在 while 关键字后面的括号中，最后必须加上一个分号，这是许多初学者容易忘记的。

实例 03 模拟客车的承载量

实例位置: 资源包 \Code\SL\07\03
视频位置: 资源包 \Video\07\

一辆客车只能承载 25 人，如果达到 25 人，司机就不会再载客。具体代码如下：

```
01  #include<stdio.h>                           /*包含头文件*/
02  int main()                                  /*main()主函数*/
03  {
04          int num=0;                          /*定义人数变量*/
05          scanf("%d",&num);                   /*输入人数*/
06      do                                      /*进入循环*/
07      {
08          num++;                              /*人数累加1*/
09          printf("还能承载 %d 人，\n",26-num); /*所剩座位*/
10      }while(num<=25);                        /*检验条件*/
11      printf("座位已满，不能再承载了。\n");      /*输出信息*/
12      return 0;                               /*程序结束*/
13  }
```

运行程序，程序的运行结果如图 7.6 所示。

视频讲解

图 7.6 客车承载数运行结果

从该实例代码和运行结果可以看出：

（1）定义变量 num 用来保存当前车辆的载客量。do 关键字之后是循环语句，语句块中进行累加 1 和打印出座位剩余情况等操作。

（2）语句块下方是 while 语句检验条件，如果检验为真，则继续执行上面的语句块操作；为假时，程序执行下面的代码。在循环操作完成之后，将执行程序的第 12 行代码。

训练三

自动售卖机有 3 种饮料，价格分别为 3 元、5 元、7 元。自动售卖机仅支持 1 元硬币支付，请编写该售卖机自动收费系统。（资源包 \Code\Try\07\03）

7.4 for 语句

在 C 语言中，使用 for 语句也可以控制一个循环，并且在每一次循环时修改循环变量。在循环语句中，for 语句的应用最为灵活，它不仅可以用于循环次数已经确定的情况，而且可以用于循环次数不确定而只给出循环结束条件的情况。下面对 for 语句的循环结构进行详细介绍。

7.4.1 for 语句的使用

视频讲解：资源包 \Video\07\7.4.1 for 语句的使用 .mp4

for 语句的一般形式为：

```
for(表达式1;表达式2;表达式3)
```

每条 for 语句包含 3 个用分号隔开的表达式。这 3 个表达式用一对小括号括起来，其后紧跟着循环语句或语句块。当执行到 for 语句时，程序首先计算第一个表达式的值，接着计算第二个表达式的值。如果第二个表达式的值为真，程序就执行循环体的内容，并计算第 3 个表达式；然后检验第二个表达式，执行循环，如此反复，直到第二个表达式的值为假，退出循环。

for 语句的执行流程图如图 7.7 所示。

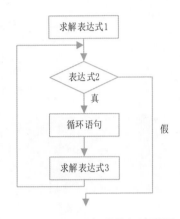

图 7.7　for 语句的执行流程图

通过上面的流程图和对 for 语句的介绍，总结其执行过程如下：

（1）求解表达式 1。

（2）求解表达式 2，若其值为真，则执行 for 语句中的循环语句块，然后执行步骤（3）；若为假，则结束循环，转到步骤（5）。

（3）求解表达式 3。

（4）回到上面的步骤（2）继续执行。

（5）循环结束，执行 for 语句下面的一个语句。

for 语句简单的应用形式如下：

```
for(循环变量赋初值;循环条件;循环变量) 语句块
```

例如，实现一个循环操作，代码如下：

```
01   for(i=1;i<100;i++)
02   {
03       printf("the i is:%d",i);
04   }
```

在上面的代码中，表达式 1 是对循环变量 i 进行赋值操作，表达式 2 是判断循环条件是否为真。因为 i 的初值为 1，小于 100，所以执行语句块中的内容。第 3 个表达式是每一次循环后，对循环变量的操作，然后判断表达式 2 的状态。为真时，继续执行语句块；为假时，循环结束，执行后面的程序代码。

使用 for 语句时，常常犯的错误是将 for 语句括号内的表达式用逗号隔开。

实例 04　小球离地有多远

实例位置：资源包 \Code\SL\07\04
视频位置：资源包 \Video\07\

一个球从 80 米高度自由落下，每次落地后反弹的高度为原高度的一半，计算第 6 次小球反弹的高度。在本实例中，要求使用 for 循环语句计算小球反弹高度。具体代码如下：

```
01  #include<stdio.h>                                        /*包含头文件*/
02  int main()                                               /*main()主函数*/
03  {
04      int high=80;                                         /*定义变量高度*/
05      int i;                                               /*定义变量*/
06
07      for(i=0;i<6;i++)                                     /*使用for语句循环*/
08      {
09          high/=2;                                         /*每次反弹高度*/
10          printf("the height of the current is %d\n",high);/*当前高度*/
11      }
12      printf("the height of the sixth is %d\n",high);      /*显示第6次反弹高度*/
13
14      return 0;                                            /*程序结束*/
15  }
```

运行程序，程序的运行结果如图 7.8 所示。

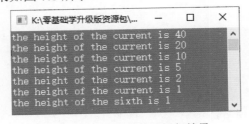

视频讲解

图 7.8　小球下落情况运行结果

从该实例代码和运行结果可以看出：

（1）定义变量 high 保存小球开始的高度。利用 for 循环实现并显示每次小球掉落后反弹的高度。

（2）因为需要计算第 6 次反弹的高度，所以在 for 语句中的循环条件是 i<6，当 i 大于或等于 6 时，就会跳出循环，执行程序中的第 12 行代码。

有一组数 1、1、2、3、5、8、13、21、34,…，要求算出这组数的第 n 个数是多少？（提示：前两个数相加之和是第三个数。）（资源包 \Code\Try\07\04）

对于 for 语句的一般形式也可以使用 while 循环的形式进行表示：

```
表达式1;
while(表达式2)
{
        语句
        表达式3;
}
```

上面就是使用 while 语句表示 for 语句的一般形式，其中的表达式对应 for 语句括号中的表达式。下面通过一个实例比较一下这两种操作。

实例 05　求 1 ～ 100 累加和

实例位置：资源包 \Code\SL\07\05
视频位置：资源包 \Video\07\

在本实例中，使用 for 语句先实现一个有循环功能的操作，再使用 while 语句实现相同的功能。要注意实例中 for 语句中的表达式与 while 语句中的表达式所对应的位置。具体代码如下：

```
01  #include<stdio.h>
02
03  int main()
04  {
05      int iNumber;                    /*定义变量，表示1～100之间的数字*/
06      int iSum=0;                     /*保存计算后的结果*/
07      /*使用for循环*/
08      for(iNumber=1;iNumber<=100;iNumber++)
09      {
10          iSum=iNumber+iSum;          /*累加计算*/
11      }
12      printf("the result is:%d\n",iSum);  /*输出计算结果*/
13      iSum=0;                             /*恢复计算结果*/
14      iNumber=1;                      /*设定循环控制变量的初值*/
15      while(iNumber<=100)
16      {
17          iSum=iSum+iNumber;          /*累加计算*/
18          iNumber++;                  /*循环变量自增*/
19      }
20      printf("the result is:%d\n",iSum);  /*输出计算结果*/
21      return 0;
22  }
```

运行程序，程序的运行结果如图 7.9 所示。

图 7.9　1 ～ 100 累加的和

从该实例代码和运行结果可以看出：

（1）定义变量 iNumber 表示 1 ～ 100 之间的数字，并未对其进行赋值，iSum 表示计算的结果。

（2）使用 for 语句执行循环操作，括号中第一个表达式为循环变量进行赋值。第二个表达式是判断条件，若条件为真，则执行语句块中的内容；若条件为假，则不进行循环操作。

（3）在循环语句块中，首先进行累加运算。然后执行 for 语句括号中的第三个表达式，对循环变量进行自增操作。循环结束后，将保存有计算结果的变量 iSum 进行输出。

（4）在使用 while 语句之前要恢复变量的值。iNumber=1 就相当于 for 语句中第一个表达式的作用，为变量设置初值。然后在 while 括号中的表达式 iNumber<=100 与 for 语句中第二个表达式相对应。最后 iNumber++ 自增操作与 for 语句括号中的最后一个表达式相对应。

训练五 　使用 while 语句求 1-3+5-7+9-······-99+101 的和。（资源包 \Code\Try\07\05）

7.4.2 for 循环的变体

视频讲解：资源包 \Video\07\7.4.2 for 循环的变体 .mp4

通过 7.4.1 节的学习可知，for 语句的一般形式中有 3 个表达式。在实际程序的编写过程中，对这 3 个表达式可以根据情况进行省略，接下来对不同情况进行讲解。

1. for 语句中省略表达式 1

for 语句中第一个表达式的作用是对循环变量设置初值。如果省略 for 语句中的表达式 1，就需要在 for 语句之前给循环变量赋值。for 语句中省略表达式 1 的示例代码如下：

```
for(;iNumber<10;iNumber++)
```

注意 　省略表达式 1 时，其后的分号不能省略。

实例 06　实现数据的阶乘计算	实例位置：资源包 \Code\SL\07\06
	视频位置：资源包 \Video\07\

在本实例中，实现用户输入的数据的阶乘计算，并且将 for 语句中第一个表达式省略。具体代码如下：

```
01  #include<stdio.h>                          /*包含头文件*/
02  int main()                                 /*main()主函数*/
03  {
04          int   n,i=1,result=1;              /*定义变量*/
05          printf("please enter a enter:\n"); /*提示用户输入数据*/
06          scanf("%d",&n);                    /*输入数据*/
07      for(;i<=n;i++)                          /*省略表达式1*/
08      {
09          result*=i;                         /*计算阶乘*/
10      }
11      printf("%d!=%d\n",n,result);           /*输出结果*/
12      return 0;                              /*程序结束*/
13  }
```

运行程序，程序的运行结果如图 7.10 所示。

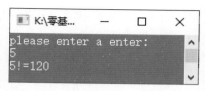

图 7.10　省略 for 语句第一个表达式求 n! 的结果

从该实例代码和运行结果可以看出：

for 语句中将第一个表达式省略，而在定义 i 变量时直接为其赋初值。这样在使用 for 语句循环时就不用为 i 赋初值，从而省略了第一个表达式。

训练六　自己编写程序，输入从公元 1000 年至公元 2000 年所有闰年的年份。（资源包 \Code\Try\07\06）

2. for 语句中省略表达式 2

如果表达式 2 省略，即不判断循环条件，则循环将无终止地执行下去，表达式 2 始终默认为真。例如：

```
01  for(iCount=1; ;iCount++)
02  {
03      sum=sum+iCount;
04  }
```

在括号中，表达式 1 为赋值表达式，而表达式 2 是空缺的，这样就相当于使用 while 语句，代码如下：

```
01  iCount=1;
02  while(1)
03  {
04      sum=sum+iCount;
05      iCount++;
06  }
```

注意　如果表达式 2 为空缺，则程序将无限循环。

3. for 语句中省略表达式 3

表达式 3 也可以省略，但此时程序设计人员应该保证循环能正常结束，否则程序会无终止地循环下去。例如：

```
01  for(iCount=1;iCount<50;)
02  {
03      sum=sum+iCount;
04      iCount++;
05  }
```

7.4.3　for 语句中的逗号应用

视频讲解：资源包 \Video\07\7.4.3 for 语句中的逗号应用 .mp4

在 for 语句中的表达式 1 和表达式 3 处，除了可以使用简单的表达式，还可以使用逗号表达式。

即包含一个以上的简单表达式，中间用逗号间隔。例如，在表达式 1 处为变量 iCount 和 iSum 设置初始值，代码如下：

```
01   for(iSum=0,iCount=1; iCount<100; iCount++)
02   {
03       iSum=iSum+iCount;
04   }
```

或者执行循环变量自增操作两次，代码如下：

```
01   for(iCount=1;iCount<100;iCount++,iCount++)
02   {
03       iSum=iSum+iCount;
04   }
```

表达式 1 和表达式 3 都是逗号表达式，在逗号表达式内按照自左至右的顺序求解，整个逗号表达式的值为其中最右边的表达式的值。例如：

```
for(iCount=1;iCount<100;iCount++,iCount++)
```

就相当于：

```
for(iCount=1;iCount<100;iCount+=2)
```

视　频　讲　解

7.5 三种循环语句的比较

▶ 视频讲解：资源包 \Video\07\ 7.5 三种循环语句的比较 .mp4

前面介绍了三种可以执行循环操作的语句，这三种循环都可用来解决同一问题。一般情况下，这三者可以相互代替。

下面是对这三种循环语句在不同情况下的比较。

☑ while 和 do…while 循环只在 while 后面指定循环条件，在循环体中应包含使循环趋于结束的语句（如 i++ 或者 i=i+1 等）；for 循环可以在表达式 3 中包含使循环趋于结束的操作，可以设置将循环体中的操作全部放在表达式 3 中。因此 for 语句的功能更强，while 循环能完成的，用 for 循环都能实现。

☑ 用 while 和 do…while 循环时，循环变量初始化的操作应在 while 和 do…while 语句之前完成；而 for 语句可以在表达式 1 中实现循环变量的初始化。

☑ while 循环、do…while 循环和 for 循环都可以用 break 语句跳出循环，用 continue 语句结束本次循环（break 和 continue 语句将在 7.7 节中进行介绍）。

7.6 循环嵌套

一个循环体内又包含另一个完整的循环结构，称之为循环的嵌套。内嵌的循环中还可以嵌套循环，这就是多层循环。不管在什么编程语言中，关于循环嵌套的概念都是一样的。例如，在电影院找座位号，需要知道第几排第几列才能准确地找到自己的座位号，假如寻找如图 7.11 所示的在第二排第三列座位号，首先寻找第二排，然后在第二排寻找第三列，这个寻找座位的过程与循环嵌套类似。

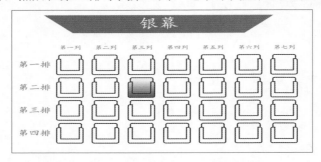

图 7.11　寻找座位的过程与循环嵌套类似

7.6.1 循环嵌套的结构

📹 视频讲解：资源包 \Video\07\7.6.1 循环嵌套的结构 .mp4

while 循环、do…while 循环和 for 循环之间可以互相嵌套。下面几种嵌套方式都是正确的。

☑ while 结构中嵌套 while 结构，例如：

```
01  while(表达式)
02  {
03      语句
04      while(表达式)
05      {
06          语句
07      }
08  }
```

☑ do…while 结构中嵌套 do…while 结构，例如：

```
01  do
02  {
03      语句
04      do
05      {
06          语句
07      }while(表达式);
08  }while(表达式);
```

☑ for 结构中嵌套 for 结构，例如：

```
01  for(表达式;表达式;表达式)
02  {
03      语句
04      for(表达式;表达式;表达式)
05      {
06              语句
07      }
08  }
```

☑ do…while 结构中嵌套 while 结构，例如：

```
01  do
02  {
03      语句
04      while(表达式)
05      {
06              语句
07      }
08  }while(表达式);
```

☑ do…while 结构中嵌套 for 结构，例如：

```
01  do
02  {
03      语句
04      for(表达式;表达式;表达式)
05      {
06              语句
07      }
08  }while(表达式);
```

以上是一些嵌套的结构方式，当然还有不同结构的循环嵌套，在此不对每一项都进行列举。读者只要将每种循环结构的方式把握好，就可以正确写出循环嵌套。

7.6.2 循环嵌套的实例

视频讲解

📺 视频讲解：资源包 \Video\07\7.6.2 循环嵌套的实例 .mp4

通过对本节实例的讲解，我们可以了解循环嵌套的使用方法。

实例 07 输出金字塔形状 ｜实例位置：资源包 \Code\SL\07\07
视频位置：资源包 \Video\07\

在本实例中，利用嵌套循环输出金字塔形状，即三角形。显示一个三角形要考虑 3 点：首先要控制输出三角形的行数，其次控制三角形的空白位置，最后是将三角形进行显示。具体代码如下：

```
01  #include<stdio.h>
02  int main()
03  {
```

```
04        int i, j, k;                              /*定义变量i、j、k为基本整型*/
05        for(i = 1; i <= 5; i++)                   /*控制行数*/
06        {
07            for(j = 1; j <= 5-i; j++)             /*空格数*/
08                printf(" ");
09            for(k = 1; k <= 2 *i - 1; k++)        /*显示*号的数量*/
10                printf("*");
11            printf("\n");
12        }
13            return 0;
14    }
```

运行程序，结果如图 7.12 所示。

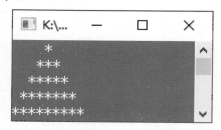

视频讲解

图 7.12　使用嵌套语句输出金字塔形状

从该实例代码和运行结果可以看出：

首先通过一个循环控制三角形的行数，也就是三角形的高度。然后在循环中嵌套循环语句，使得每一行都控制输出的空白和"*"的数量，这样就可以将整个金字塔的形状显示出来。

训练七

中国古典《算经》中著名百元买鸡问题："鸡翁一，值钱五；鸡母一，值钱三；鸡雏三，值钱一"，一百元买鸡，问鸡翁、鸡母、鸡雏各几只？（资源包 \Code\Try\07\07）

多学两招

显示三角形时，可以想象成先显示一个倒立的直角三角形（由空格组成），再输出一个正立的三角形。

实例 08　打印乘法口诀表

实例位置：资源包 \Code\SL\07\08
视频位置：资源包 \Video\07\

本实例要求打印出乘法口诀表。在乘法口诀表中有行和列相乘得出的乘法结果。根据这个特点，使用循环嵌套将其显示。具体代码如下：

```
01  #include<stdio.h>
02  int main()
03  {
04      int iRow, iColumn;                          /*iRow为行，iColum为列*/
05      for(iRow = 1; iRow <= 9; iRow++)            /*for循环iRow为乘法口诀表中的行数*/
06      {
07          for(iColumn = 1; iColumn <= iRow; iColumn++)  /*根据iRow，iColum取值循环计算*/
08          {
09              printf("%d*%d=%d ", iRow,iColumn,iRow *iColumn);  /*输出结果*/
10          }
```

```
11              printf("\n");                              /*换行*/
12      }
13      return 0;
14  }
```

运行程序，程序的运行结果如图 7.13 所示。

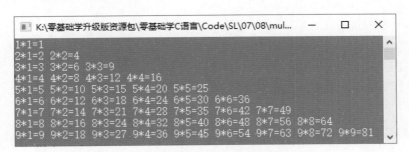

视频讲解

图 7.13　打印乘法口诀表的显示效果

从该实例代码和运行结果可以看出：

（1）程序中用到两次 for 循环，第一个 for 循环可看成乘法口诀表的行数，同时也是每行进行乘法运算的第一个因子。

（2）第二个 for 循环范围的确定建立在第一个 for 循环的基础上，即第二个 for 循环的最大取值是第一个 for 循环中变量的值。

训练八

利用 for 语句编写程序打印如下所示的杨辉三角（输出前 5 行）。（资源包 \Code\Try\07\08）

```
         1
        1 1
       1 2 1
      1 3 3 1
     1 4 6 4 1
```

7.7 转移语句

转移语句主要包括 break 语句和 continue 语句。这两种语句可以使程序转移执行流程。下面将对这两种语句的使用方式进行详细介绍。

7.7.1 break 语句

视频讲解

📹 视频讲解：资源包 \Video\07\7.7.1 break 语句 .mp4

有时会遇到这样的情况，不顾表达式检验的结果而强行终止循环，这时可以使用 break 语句。

break 语句的作用是终止并跳出循环。break 语句的一般形式为：

```
break;
```

break 语句不能用于循环语句和 switch 语句之外的任何其他语句中。例如，在 while 循环语句中使用 break 语句如下：

```
01  while(1)
02  {
03      printf("Break");
04      break;
05  }
```

在代码中，虽然 while 语句是一个条件永远为真的循环，但是在其中使用 break 语句使程序流程跳出循环。

注意

如果遇到循环嵌套的情况，break 语句将只会使程序流程跳出包含它的最内层的循环结构，只跳出一层循环。

实例 09 实现找朋友游戏	实例位置：资源包 \Code\SL\07\09
	视频位置：资源包 \Video\07\

使用 for 语句执行 10 次循环找朋友的操作，在循环体中判断输出的次数。当循环执行 5 次时，使用 break 语句跳出循环，即找到一个真正的朋友，终止循环，输出操作。具体代码如下：

```
01  #include<stdio.h>
02
03  int main()
04  {
05      int iCount;                      /*循环控制变量*/
06      for(iCount=0;iCount<10;iCount++)  /*执行10次循环*/
07      {
08          if(iCount==5)                /*判断条件，如果iCount等于5，则跳出循环*/
09          {
10              printf("Find a  true friend\n");  /*显示找到真朋友*/
11              break;                   /*跳出循环*/
12          }
13          printf("Friend %d\n",iCount);  /*输出循环朋友次数*/
14      }
15      return 0;
16  }
```

运行程序，程序的运行结果如图 7.14 所示。

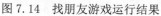

视频讲解

图 7.14 找朋友游戏运行结果

从该实例代码和运行结果可以看出：

变量 iCount 在 for 语句中被赋值为 0，因为 iCount<10，所以循环执行 10 次。在循环语句中使用 if 语句判断当前 iCount 的值。当 iCount 值为 5 时，if 判断为真，使用 break 语句跳出循环。

训练九　有一口井深 10 米，一只蜗牛从井底向井口爬，白天向上爬 2 米，晚上向下滑 1 米，问多少天可以爬到井口？（资源包 \Code\Try\07\09）

7.7.2 continue 语句

▶ 视频讲解：资源包 \Video\07\7.7.2 continue 语句 .mp4

在某些情况下，程序需要返回到循环头部继续执行，而不是跳出循环，此时可以使用 continue 语句。continue 语句的一般形式为：

```
continue;
```

continue 语句的作用是结束本次循环，即跳过循环体中尚未执行的部分，接着执行下一次的循环操作。

实例 10　宝妈教孩子数数　　　实例位置：资源包 \Code\SL\07\10
　　　　　　　　　　　　　　　　视频位置：资源包 \Video\07\

一位宝妈教小孩子数 0 ～ 9 这 10 个数字，当孩子数到 5 时，妈妈给孩子喝水，孩子喝完继续数。具体代码如下：

```c
01  #include<stdio.h>
02
03  int main()
04  {
05      int iCount;                              /*循环控制变量*/
06      for(iCount=0;iCount<10;iCount++)         /*执行10次循环*/
07      {
08          if(iCount==5)                        /*判断条件，如果iCount等于5，则跳出循环*/
09          {
10              printf("Feed the children to drink water\n");/*提示喂孩子喝水*/
11              continue;                        /*跳出本次循环*/
12          }
13          printf("%d\n",iCount);               /*输出循环的次数*/
14      }
15      return 0;
16  }
```

运行程序，程序的运行结果如图 7.15 所示。

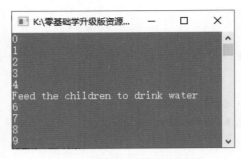

图 7.15　教孩子数数运行结果

从该实例代码和运行结果可以看出：

在 iCount 等于 5 时，调用 continue 语句使得本次的循环结束。但是循环本身还没有结束，因此程序会继续执行。

训练十

某剧院发售演出门票，演播厅观众席有 4 行，每行有 10 个座位。为了不影响观众视角，在发售门票时，屏蔽掉最左一列和最右一列的座位。（资源包 \Code\Try\07\10）

7.8　小结

本章首先介绍了有关循环语句的内容，其中包括 while 结构、do…while 结构和 for 结构的使用。

通过对 3 种循环语句的比较，我们可以了解到不同语句的使用区别，也可以发现三者的共同之处。接下来介绍了有关转移语句的内容。学习转移语句使得程序设计更为灵活，使用 continue 语句可以结束本次循环操作而不终止整个循环，使用 break 语句可以结束整体循环过程，使用 goto 语句可以跳转到函数体内的任何位置。

本章 e 学码：关键知识点拓展阅读

循环变量　　　　　循环结构　　　　　直到型循环

e 学码

第2篇 核心技术

第8章

数组

（ ▶ 视频讲解：2 小时 18 分）

本章概览

在编写程序的过程中，经常会遇到使用很多数据的情况，处理每一个数据都要有一个相对应的变量，如果每一个变量都要单独进行定义则很烦琐，使用数组就可以解决这种问题。

本章致力于使读者掌握一维数组和二维数组的作用，并且能利用所学知识解决一些实际问题；掌握字符数组的使用及其相关操作；通过一维数组和二维数组了解有关多维数组的内容；最后将数组应用于排序算法，并介绍有关字符串处理函数的使用。

知识框架

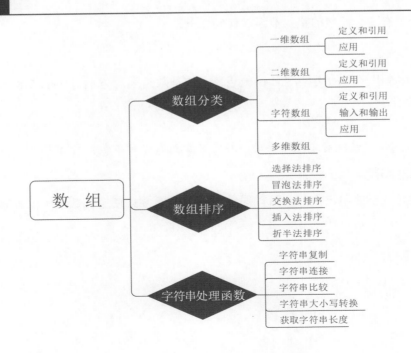

8.1 一维数组

数组是一个由若干同类型变量组成的集合，引用这些变量可以使用同一个名字。数组均由连续的存储单元组成，最低地址对应于数组的第一个元素，最高地址对应于最后一个元素，数组可以是一维数组，也可以是多维数组。本节将详细介绍一维数组，一维数组示意图如图 8.1 所示。

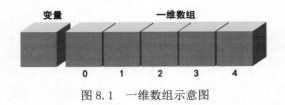

图 8.1　一维数组示意图

视频讲解

8.1.1 一维数组的定义和引用

▶ 视频讲解：资源包 \Video\08\8.1.1 一维数组的定义和引用 .mp4

1. 一维数组的定义

一维数组是用于存储一维数列中数据的集合，定义一维数组的一般形式如下：

```
类型说明符　数组标识符[常量表达式];
```

☑ 类型说明符表示数组中所有元素的类型。

☑ 数组标识符表示该数组的名称，命名规则与变量名一致。

☑ 常量表达式定义了数组中存放的数据元素的个数，即数组长度。例如 a[8]，8 表示数组 a 中有 8 个元素，下标从 0 开始，到 7 结束。

例如，定义一个有 5 个元素的整型数组，代码如下：

```
int iArray[5];
```

代码中的 int 为数组元素的类型，而 iArray 表示的是数组名，方括号中的 5 表示数组中包含的元素个数。

常见错误　　int[3]={1,3,4}，这样定义是错误的。在定义数组时必须有数组标识符。

2. 一维数组的引用

数组定义完成后就要使用该数组，可以通过引用数组的方式使用该数组中的元素。数组元素表示的一般形式如下：

```
数组标识符[下标]
```

例如，引用数组 a 中的第 3 个元素，代码如下：

```
a[2];
```

a 是数组的名称，2 为数组元素的下标。前面介绍过，数组的下标是从 0 开始的，也就是说，下标为 0 表示的是第一个数组元素，因此第 3 个元素的下标是 2。

说明　下标可以是整型常量或整型表达式。

注意　在数组 b[5] 中，只能使用 b[0]、b[1]、b[2]、b[3]、b[4]，而不能使用 b[5]，若使用 b[5]，则会出现下标越界的错误。

实例 01　保存学生的成绩	实例位置：资源包 \Code\SL\08\01
	视频位置：资源包 \Video\08\

在本实例中，使用数组保存用户输入的数据，当输入完毕后输出数据。具体代码如下：

```
01   #include<stdio.h>                              /*包含头文件*/
02   int main()                                     /*main()主函数*/
03   {
04       int iArray[3], index;                      /*定义数组及变量为基本整型*/
05       printf("请输入语文、数学和英语成绩:\n");      /*提示输入成绩*/
06
07       for(index= 0; index<3; index++)            /*逐个输入数组元素*/
08        {
09             scanf("%d", &iArray[index]);
10        }
11
12       printf("语文、数学和英语成绩分别是:\n");       /*提示输出成绩*/
13       for(index = 0; index< 3; index++)          /*显示数组中的元素*/
14        {
15                 printf("%d\t", iArray[index]);
16        }
17     printf("\n");                                /*输出换行*/
18
19       return 0;                                  /*程序结束*/
20   }
```

运行程序，程序的运行结果如图 8.2 所示。

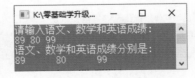

视频讲解

图 8.2　使用数组保存成绩

从该实例代码和运行结果可以看出：

通过 int iArray[3] 定义一个有 3 个元素的数组，用来保存语文、数学和英语成绩，而 index 为控制循环的变量。程序中用到的 iArray[index] 就是对数组元素的引用。

创建一个数组，用于保存用户手机号。（资源包 \Code\Try\08\01）

8.1.2 一维数组初始化

视频讲解：资源包 \Video\08\8.1.2 一维数组初始化 .mp4

对一维数组的初始化可以用以下几种方法实现。

（1）在定义数组时直接对数组元素赋初值，例如：

```
int iArray[6]={1,2,3,4,5,6};
```

该方法是将数组中的元素值依次放在一对大括号中。经过上面的定义和初始化之后，数组中的元素 iArray[0]=1，iArray[1]=2，iArray[2]=3，iArray[3]=4，iArray[4]=5，iArray[5]=6。

实例 02　求学生的平均成绩	实例位置：资源包 \Code\SL\08\02 视频位置：资源包 \Video\08\

在本实例中，先将学生的成绩存储到数组中，再利用循环计算数组中存储学生的平均成绩。具体代码如下：

```
01   #include<stdio.h>                                      /*包含头文件*/
02   int main()                                             /*main()主函数*/
03   {
04
05       int grade[10]={95,85,45,78,68,91,90,55,48,80};      /*输入学生成绩*/
06       int total=0;                                        /*定义变量用来计算总成绩*/
07       int i;
08       float avg;                                          /*定义变量用来计算平均成绩*/
09       for(i=0;i<10;i++)
10       {
11           total+=grade[i];                                /*计算总成绩*/
12       }
13       avg=((float)total/10);                              /*计算平均成绩*/
14       printf("the student's average score is %f\n",avg);  /*输出平均成绩*/
15   }
```

运行程序，程序的运行结果如图 8.3 所示。

图 8.3　平均成绩

从该实例代码和运行结果可以看出：

在程序中，定义了一个数组 grade，并且对其进行了初始化。使用 for 循环计算数组中的元素之和，循环结束后，对循环所得数求平均值，然后用 printf() 函数输出。

训练二　某记分员记录了球员在 10 场篮球比赛中的成绩，输入数据后，求平均成绩。（资源包 \Code\ Try\08\02）

（2）只给一部分元素赋值，未赋值的部分元素值为 0。
第二种对数组进行初始化的方式是对其中一部分元素进行赋值，例如：

```
int iArray[6]={1,2,3};
```

数组变量 iArray 包含 6 个元素，不过在初始化时只给出了 3 个值。于是，数组中前 3 个元素的值对应大括号中给出的值，没有得到值的元素被默认赋值为 0。

实例 03　计算一周步数的平均值	实例位置：资源包 \Code\SL\08\03 视频位置：资源包 \Video\08\

某公司统计每个员工的一周步数，某员工一周的计步数据为 {300，500，464，467，675，578，532}，因为有时计步器不同步，因此少计 2 天。在本实例中，定义数组并且为其进行初始化，但只为一部分元素赋值，然后将数组中的所有元素进行相加，最后计算总步数的平均值。具体代码如下：

```
01   #include<stdio.h>                        /*包含头文件*/
02   int main()                               /*main()主函数*/
03   {
04
05       int grade[7]={300,500,464,578,532};  /*输入一周计步数据*/
06       int total=0;                         /*定义变量用来计算总步数*/
07       int i;
08       float avg;                           /*定义变量用来计算平均步数*/
09       for(i=0;i<7;i++)                     /*循环数组的元素*/
10       {
11           total+=grade[i];                 /*计算总步数*/
12       }
13       avg=((float)total/7);                /*计算平均步数*/
14       printf("一周步数的平均值是:%f\n",avg);  /*输出一周步数的平均值*/
15   }
```

运行程序，程序的运行结果如图 8.4 所示。

图 8.4　一周步数的平均值

从该实例代码和运行结果可以看出：

对数组部分元素初始化的操作和对数组全部元素初始化的操作是相同的，只不过在大括号中给出的元素数量比数组元素数量少。

训练三　某教导处老师录入学生成绩时操作失误，遗漏了学号为 004 的学生，在这种情况下，求平均成绩。完整的学生成绩表如下。（资源包 \Code\Try\08\03）

学号	成绩
001	67
002	80
003	74
004	90

（3）在对全部数组元素赋初值时不指定数组长度。

之前 3 个实例在定义数组时，都在数组变量后指定了数组长度。C 语言还允许在定义数组时不指定长度，例如：

```
int iArray[]={1,2,3,4};
```

这一行代码的大括号中有 4 个元素，系统会根据给定的初始化元素个数来定义数组的长度，因此该数组的长度为 4。

注意

在定义数组时，如果没有对全部数组元素赋初值，就需要指定数组的长度，例如：

```
int iArray[10]={1,2,3,4};
```

实例 04 输出图书馆空余座位号

实例位置：资源包 \Code\SL\08\04
视频位置：资源包 \Video\08\

在本实例中，定义数组时不指定数组的元素个数，直接对其进行初始化操作，然后将其中的元素值输出显示。具体代码如下：

```
01  #include<stdio.h>                                    /*包含头文件*/
02
03  int main()                                           /*main()主函数*/
04  {
05      int index;                                       /*定义控制循环变量*/
06      int iArray[]={14,25,45,85,15,65,4,5,53,12};      /*不指定元素个数进行初始化*/
07      for(index=0;index<10;index++)                    /*输出数组元素*/
08      {
09          printf("Spare seat number:%d\n",iArray[index]);  /*显示各元素*/
10      }
11      return 0;                                        /*程序结束*/
12  }
```

运行程序，程序的运行结果如图 8.5 所示。

视频讲解

图 8.5 显示空余座位号

训练四　利用数组显示输出某商场水果单价。（资源包 \Code\Try\08\04）

8.1.3 一维数组应用

▶ 视频讲解：资源包 \Video\08\8.1.3 一维数组应用 .mp4

如果要在一串数据中统计各数字出现的次数，就可以使用数组来保存这些数据。

实例 05　统计各数字出现的次数	实例位置：资源包 \Code\SL\08\05
	视频位置：资源包 \Video\08\

在本实例中，要使用数组保存数据。具体代码如下：

```
01   #include<stdio.h>                              /*包含头文件*/
02
03   int main()                                     /*main()主函数*/
04   {
05       int i,a[10]={1,5,6,8,2,1,4,5,2,5},b[10]={0};   /*定义数组*/
06       for(i=0;i<10;i++)                          /*循环数组中的每个值*/
07       b[a[i]]++;                                 /*统计出现的次数*/
08       for(i=0;i<10;i++)                          /*从0～9依次循环*/
09       printf("%d出现的次数%d\n",i,b[i]);          /*显示输出次数结果*/
10
11       return 0;                                  /*程序结束*/
12   }
```

运行程序，程序的运行结果如图 8.6 所示。

图 8.6　数组中各数字出现次数的统计结果

训练五　体育老师按学生身高排队编号，老师刚排好编号，一位中等个子的男孩临时加入队列，因此老师将他排在第 8 号位置并重新排列他后面同学的编号。输出学生的编号。（资源包 \Code\Try\08\05）

8.2 二维数组

8.1 节讲解了一维数组，一维数组的下标只有一个，而如果下标是两个呢？在 C 语言中，将下标是两个的数组称为二维数组，例如 iArray[m][n]，表示第 m 行第 n 列。例如，一个宾馆的房间布局如图 8.7 所示，利用二维数组可以准确地找到某个房间。

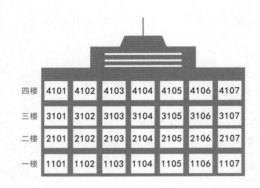

图 8.7　房间号索引图

视 频 讲 解

8.2.1 二维数组的定义和引用

▶ 视频讲解：资源包 \Video\08\8.2.1 二维数组的定义和引用 .mp4

二维数组本质上就是一维数组的数组，二维数组的第一维表示有多少行，第二维表示有多少列。例如，在图 8.7 所示的房间号索引图中想找某个房间，此时需要定义一个二维数组 a[4][7]，如果要找 4104 房间，需要先找第 4 行，再找第 4 列，找到的房间号即该二维数组的元素 a[3][3]。

1. 二维数组的定义

二维数组的定义与一维数组相同，一般形式如下：

```
类型说明符  数组标识符[常量表达式1][常量表达式2];
```

其中，"常量表达式 1"被称为行下标，"常量表达式 2"被称为列下标。二维数组 array[n][m] 的下标取值范围如下：

☑ 行下标的取值范围为 0 ～ n-1。
☑ 列下标的取值范围为 0 ～ m-1。
☑ 二维数组的最大下标元素是 array[n-1][m-1]。

例如，定义一个 3 行 4 列的整型数组，代码如下：

```
int array[3][4];
```

这一行代码定义了一个 3 行 4 列的数组，数组名为 array，数组元素的类型为整型。该数组的元素共有 3×4 个，即 array[0][0]、array[0][1]、array[0][2]、array[0][3]、array[1][0]、array[1][1]、array[1][2]、array[1][3]、array[2][0]、array[2][1]、array[2][2]、array[2][3]。

在 C 语言中，二维数组是按行排列的，即按行依次存放，先存放 array[0] 行，再存放 array[1] 行。每行中的 4 个元素也是依次存放的。

2. 二维数组的引用

二维数组的引用形式一般为：

```
数组名[下标][下标];
```

说明　　二维数组的下标可以是整型常量或整型表达式。

例如，对一个二维数组的元素进行引用，代码如下：

```
array[1][2];
```

上面这行代码表示的是对 array 数组中第 2 行的第 3 个元素进行引用。

注意　不管是行下标还是列下标，其索引都是从 0 开始的。

这里和一维数组一样，要注意下标越界的问题，例如：

```
int array[2][4];
…                                          /*对数组元素进行赋值*/
array[2][4]=9;                             /*错误！*/
```

上述代码是错误的。array 为 2 行 4 列的数组，那么它的行下标的最大值为 1，列下标的最大值为 3，所以 array[2][4] 超过了数组下标的范围，即下标越界。

8.2.2 二维数组初始化

📹 视频讲解：资源包 \Video\08\8.2.2 二维数组初始化 .mp4

和一维数组一样，二维数组也可以在声明时进行初始化，如图 8.8 所示。

```
int a[3][3]={1,2,3,4,5,6,7,8,9};
第一行元素：1,2,3
第二行元素：4,5,6
第三行元素：7,8,9
```

图 8.8　初始化二维数组

图 8.8 是二维数组初始化的一种情况，在给二维数组赋初值时，有以下 4 种情况。

（1）将所有的数据写在一个大括号内，按照数组元素排列顺序对元素赋值。例如：

```
int array[2][2]={1,2,3,4};
```

如果大括号内的数据少于数组元素的个数，系统则默认将后面未被赋值的元素值设置为 0。

（2）在为所有的元素赋初值时，可以省略行下标，但是不能省略列下标。例如：

```
int array[][3]={1,2,3,4,5,6};
```

系统会根据数据的个数进行分配，一共有 6 个数据，而数组每行分为 3 列，当然可以确定数组为 2 行。

（3）分行给数组元素赋值。例如：

```
int array[2][3]={{1,2,3},{4,5,6}};
```

在分行赋值时，可以只对部分元素赋值。例如：

```
int array[2][3]={{1,2},{4,5}};
```

在上一行代码中，array[0][0] 的值是 1，array[0][1] 的值是 2，array[0][2] 的值是 0，array[1][0] 的值是 4，array[1][1] 的值是 5，array[1][2] 的值是 0。

注意

如果只给一部分元素赋值，则未赋值的部分元素值为 0。

（4）直接对数组元素赋值。例如：

```
int a[2][3];
a[0][0] = 1;
a[0][1] = 2;
```

实例 06　利用二维数组输出坐标

实例位置：资源包 \Code\SL\08\06
视频位置：资源包 \Video\08\

本实例创建的数组用来保存边长为 2、中心点在原点的正方形的四个顶点的坐标，实现通过键盘输入四个坐标值，将坐标值保存在二维数组中，然后将二维数组中的元素显示出来。具体代码如下：

```
01  #include<stdio.h>                      /*包含头文件*/
02
03  int main()                             /*main()主函数*/
04  {
05      int a[4][2];                       /*定义数组*/
06
07      int  i,j;                          /*用于控制循环*/
08
09      /*从键盘为数组元素赋值*/
10      for(i=0;i<4;i++)
11      {
12          for(j=0;j<2;j++)
13          {
14              printf("a[%d][%d]=",i,j);
15              scanf("%d",&a[i][j]);
16          }
17      }
18      printf("输出二维数组:\n");          /*信息提示*/
19      for(i=0;i<4;i++)
20      {
21          for(j=0;j<2;j++)
22          {
23              printf("%d\t",a[i][j]);
24          }
25          /*使元素分行显示*/
26          printf("\n");
27      }
```

```
28      return 0;                              /*程序结束*/
29  }
```

运行程序，程序的运行结果如图 8.9 所示。

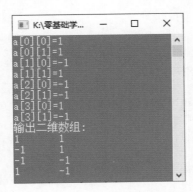

视 频 讲 解

图 8.9 正方形四个顶点的坐标

从该实例代码和运行结果可以看出：

（1）在程序中根据每一次的提示，输入相应数组元素的数值，然后将这个 4 行 2 列的数组输出。在输出数组元素时，为了使输出的数值更容易观察，使用 "\t" 转义字符来控制间距。

（2）通过两层循环的控制，利用 printf() 函数将二维数组元素的数值输出。

训练六

有一个 3×3 的网格，将 1～9 的 9 个数字分别放入 9 个方格中，使每行每列以及每个对角线的值相加都相同。（提示：网格中心的元素为 5。）（资源包 \Code\Try\08\06）

8.2.3 二维数组的应用

视 频 讲 解

▶ 视频讲解：资源包 \Video\08\8.2.3 二维数组的应用 .mp4

实例 07 将二维数组行列对换

实例位置：资源包 \Code\SL\08\07
视频位置：资源包 \Video\08\

本实例所要实现的功能是把二维数组中每行的元素换成列元素，把每列的元素换成行元素，重新组成新的二维数组，代码如下：

```
01  #include<stdio.h>                          /*包含头文件*/
02
03  int main()                                 /*main()主函数*/
04  {
05      int a[2][3],b[3][2];                   /*定义两个数组*/
06      int i,j;                               /*用于控制循环*/
07
08      /*从键盘为数组元素赋值*/
09      for(i=0;i<2;i++)
10      {
11          for(j=0;j<3;j++)
12          {
```

```
13                    printf("a[%d][%d]=",i,j);
14                    scanf("%d",&a[i][j]);
15                }
16            }
17        printf("输出二维数组:\n");              /*信息提示*/
18        /*显示二维数组元素的值*/
19        for(i=0;i<2;i++)
20        {
21            for(j=0;j<3;j++)
22            {
23                printf("%d\t",a[i][j]);
24            }
25            printf("\n");                   /*使元素分行显示*/
26        }
27        /*将数组a转置后存入数组b中*/
28        for(i=0;i<2;i++)
29        {
30            for(j=0;j<3;j++)
31            {
32                b[j][i] = a[i][j];
33            }
34        }
35        printf("输出转置后的二维数组:\n");
36        /*转置后输出数组b中的元素*/
37        for(i=0;i<3;i++)
38        {
39            for(j=0;j<2;j++)
40            {
41                printf("%d\t",b[i][j]);
42            }
43            printf("\n");                   /*使元素分行显示*/
44        }
45        return 0;
46  }
```

运行程序，程序的运行结果如图 8.10 所示。

视频讲解

图 8.10　二维数组行列转换结果

从该实例代码和运行结果可以看出：

（1）使用二维数组保存一个 2 行 3 列的数组，利用双重循环访问数组中的每一个元素。

（2）将数组转换成 3 行 2 列的数组，通过循环的控制，将二维数组 a 中元素的数值转换到二维数组 b 中。

（3）通过循环控制将转置后的二维数组 b 中的元素输出。

训练七

有如下二维数组：

```
char ccArray[5][5] = {
    { 'a' , ' b' , ' c' , ' d' , ' e' },
    { 'b' , ' a' , ' 8' , ' d' , ' d' },
    { 'c' , ' d' , ' a' , ' e' , ' c' },
    { 'd' , ' j' , ' f' , ' a' , ' b' },
    { 'e' , ' d' , ' a' , ' f' , ' a' },
};
```

请编写程序打印出这个数组对角线（左上至右下）上的字符。（资源包 \Code\Try\08\07）

8.3　字符数组

数组中元素的类型为字符型时称此数组为字符数组。字符数组中的每一个元素可以存放一个字符。字符数组的定义和使用方法与其他基本类型的数组相似。

8.3.1　字符数组的定义和引用

视频讲解：资源包 \Video\08\8.3.1 字符数组的定义和引用 .mp4

在 C 语言中，没有专门的字符串变量，没有 string 类型，通常使用一个字符数组来存放一个字符串。字符数组实际上是一系列字符的集合，不严谨地说就相当于字符串。定义字符数组 iArray[6]，按照如图 8.11 所示的形式初始化，将会在控制台上输出"MingRi"。

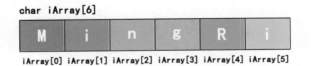

图 8.11　定义字符数组 iArray[6]

1. 字符数组的定义

字符数组的定义与其他数据类型的数组的定义类似，一般形式如下：

```
char 数组标识符[常量表达式]
```

因为要保存的是字符型数据，所以在数组标识符前所用的类型是 char，后面方括号中表示的是数组元素的数量。

例如，定义字符数组 cArray，代码如下：

```
char cArray[5];
```

其中，cArray 表示数组的标识符，5 表示数组中包含 5 个字符型变量元素。

2. 字符数组的引用

字符数组的引用与其他类型数组的引用一样，也使用下标的形式。例如，引用上面定义的数组 cArray[5] 中的元素的代码如下：

```
cArray[0]='H';
cArray[1]='e';
cArray[2]='l';
cArray[3]='l';
cArray[4]='o';
```

上面的代码依次引用数组中的元素并为其赋值。

8.3.2 字符数组初始化

视频讲解

📹 视频讲解：资源包 \Video\08\8.3.2 字符数组初始化 .mp4

在对字符数组进行初始化操作时有以下几种方法。

（1）逐个字符赋给数组中各元素。

这是最容易理解的初始化字符数组的方式。例如，初始化一个字符数组，代码如下：

```
char cArray[5]={'H','e','l','l','o'};
```

定义包含 5 个元素的字符数组，在初始化的大括号中，每一个字符对应一个数组元素。例如，下面的实例将使用字符数组输出一个字符串。

实例 08 输出字符串 "Park"	实例位置：资源包 \Code\SL\08\08 视频位置：资源包 \Video\08\

某停车场在角落写着 "Park"，这里将利用字符数组输出 "Park"。在本实例中，首先定义一个字符数组，通过初始化操作保存一个字符串，然后通过循环引用将每一个数组元素输出。具体代码如下：

```
01  #include<stdio.h>              /*包含头文件*/
02
03  int main()                     /*main()主函数*/
04  {
05      char cArray[5]={'P','a','r','k'};  /*定义字符数组并初始化*/
06      int i;                     /*循环控制变量*/
07      for(i=0;i<5;i++)           /*进行循环*/
08      {
09          printf("%c",cArray[i]);  /*输出字符数组元素*/
10      }
11      printf("\n");              /*输出换行*/
12      return 0;                  /*程序结束*/
13  }
```

运行程序，程序的运行结果如图 8.12 所示。

视频讲解

图 8.12　输出字符串 "Park"

从该实例代码和运行结果可以看出：

在初始化字符数组时要注意，每一个元素的字符都是使用一对单引号 "''" 表示的。在循环中，因为输出的类型是字符型，所以在 printf() 函数中使用的是 "%c"。cArray[i] 可以实现对数组中每一个元素的引用。

训练八

某超市职工统计水果的品种，并显示输出水果的名称。（资源包 \Code\Try\08\08）

（2）如果在定义字符数组时进行初始化，可以省略数组长度。

如果初值个数与预定的数组长度相同，在定义时可以省略数组长度，系统会自动根据初值个数来确定数组长度。例如，初始化字符数组的代码可以写成如下形式：

```
char cArray[]={'H','e','l','l','o'};
```

代码中定义的 cArray[] 中没有给出数组的大小，但是根据初值的个数可以确定数组的长度为 5。

（3）利用字符串给字符数组赋初值。

通常用一个字符数组来存放一个字符串。用字符串的方式对数组进行初始化，代码如下：

```
char cArray[]={"Hello"};
```

或者将 "{}" 去掉，写成如下形式：

```
char cArray[]="Hello";
```

实例 09　输出一个菱形

实例位置：资源包 \Code\SL\08\09
视频位置：资源包 \Video\08\

在本实例中先定义一个二维数组，并对数组进行初始化赋值，然后通过循环输出数组元素，实现输出一个菱形。代码如下：

```
01   #include<stdio.h>
02
03   int main()
04   {
05       int iRow,iColumn;                         /*用来控制循环的变量*/
06       char cDiamond[][5]={{' ',' ','*'},        /*初始化二维字符数组*/
07                          {' ','*',' ','*'},
08                          {'*',' ',' ',' ','*'},
09                          {' ','*',' ','*'},
10                          {' ',' ','*'} };
11       for(iRow=0;iRow<5;iRow++)                  /*利用循环输出数组*/
12       {
```

```
13              for(iColumn=0;iColumn<5;iColumn++)
14              {
15                      printf("%c",cDiamond[iRow][iColumn]);/*输出数组元素*/
16              }
17              printf("\n");                              /*进行换行*/
18      }
19      return 0;
20  }
```

运行程序，程序的运行结果如图 8.13 所示。

图 8.13　输出一个菱形

从该实例代码和运行结果可以看出：

为了方便读者观察字符数组的初始化，这里将其进行对齐。在初始化时，虽然没有给出一行中具体的元素个数，但是通过初始化赋值可以确定其元素个数为 5，最后通过双重循环将所有的数组元素输出显示。

训练九　利用星号"*"打印出"hello"的形状。（资源包 \Code\Try\08\09）

8.3.3 字符数组的结束标志

▶ 视频讲解：资源包 \Video\08\8.3.3 字符数组的结束标志 .mp4

在 C 语言中，使用字符数组保存字符串，也就是使用一个一维数组保存字符串中的每一个字符，此时系统会自动为其添加"\0"作为结束符。例如，初始化一个字符数组，代码如下：

```
char cArray[]="Hello";
```

字符串总是以"\0"作为结束符，因此当把一个字符串存入数组时，也把结束符"\0"存入数组，并以此作为该字符串结束的标志。

注意　有了"\0"标志后，字符数组的长度就显得不那么重要了。当然，在定义字符数组时应估计实际的字符串长度，保证数组长度始终大于字符串实际长度。如果在一个字符数组中先后存放多个不同长度的字符串，则应使数组长度大于最长的字符串的长度。

用字符串方式赋值比用字符逐个赋值要多占一字节，多占的字节用于存放字符串结束符"\0"。上面的字符数组 cArray 在内存中的实际存放情况如图 8.14 所示。

H	e	l	l	o	\0

图 8.14　cArray 在内存中的存放情况

"\0" 是由编译系统自动加上的。因此上面的赋值语句等价于：

```
char cArray[]={'H','e','l','l','o','\0'};
```

字符数组并不要求最后一个字符为 "\0"，甚至可以不包含 "\0"。例如，下面的写法也是合法的。

```
char cArray[5]={'H','e','l','l','o'};
```

是否加 "\0"，完全根据需要决定。但是由于系统对字符串常量自动加一个 "\0"，因此，为了使处理方法一致，且便于测定字符串的实际长度以及在程序中进行相应的处理，在字符数组中也常常人为地加上 "\0"。例如：

```
char cArray[6]={'H','e','l','l','o','\0'};
```

8.3.4 字符数组的输入和输出

视频讲解

📺 视频讲解：资源包 \Video\08\8.3.4 字符数组的输入和输出 .mp4

字符数组的输入和输出有两种方法。

（1）使用格式符 "%c" 进行输入和输出。

使用格式符 "%c" 实现字符数组中字符的逐个输入与输出。例如，循环输出字符数组中的元素，代码如下：

```
01  for(i=0;i<5;i++)                    /*进行循环*/
02  {
03      printf("%c",cArray[i]);         /*输出字符数组元素*/
04  }
```

其中，变量 i 为循环的控制变量，并且在循环中作为数组的下标进行循环输出。

（2）使用格式符 "%s" 进行输入和输出。

使用格式符 "%s" 将整个字符串依次输入和输出。例如，输出一个字符串，代码如下：

```
char cArray[]="GoodDay!";              /*初始化字符数组*/
printf("%s",cArray);                    /*输出字符串*/
```

使用格式符 "%s" 对字符串进行输出，需注意以下几种情况：

☑ 输出字符不包括结束符 "\0"。

☑ 用 "%s" 格式输出字符串时，printf() 函数中的输出项是字符数组名 cArray，而不是数组中的元素名 cArray[0] 等。

☑ 如果数组长度大于字符串实际长度，则也只输出到 "\0" 为止。

☑ 如果一个字符数组中包含多个 "\0" 结束符，则在遇到第一个 "\0" 时就结束。

实例 10　输出 "MingRi KeJi"　　｜　实例位置：资源包 \Code\SL\08\10
　　　　　　　　　　　　　　　　　　　　　视频位置：资源包 \Video\08\

在本实例中，为定义的字符数组进行初始化操作，在输出字符数组中保存的数据时，首先逐个对数组中的元素进行输出，然后直接对字符串进行输出。具体代码如下：

```
01  #include<stdio.h>
02  int main()
03  {
04      int iIndex;                          /*循环控制变量*/
05      char cArray[12]="MingRi KeJi";       /*定义字符数组用于保存字符串*/
06
07      for(iIndex=0;iIndex<12;iIndex++)
08      {
09          printf("%c",cArray[iIndex]);     /*逐个输出字符数组中的字符*/
10      }
11      printf("\n%s\n",cArray);             /*直接将字符串输出*/
12      return 0;
13  }
```

运行程序，程序的运行结果如图 8.15 所示。

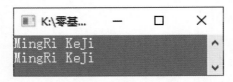

图 8.15　输出"MingRi KeJi"

从该实例代码和运行结果可以看出：

在代码中，使用两种方法将字符串"MingRi KeJi"输出，一种方法是使用循环的方式对数组中的元素逐个进行输出，另一种方法是直接输出字符串，利用 printf() 函数中的格式符"%s"进行输出。注意，直接输出字符串时不能使用格式符"%c"。

输出"Education is the door to freedom"（教育是通向自由之门）。（资源包 \Code\Try\08\10）

8.3.5　字符数组的应用

▶ 视频讲解：资源包 \Video\08\8.3.5 字符数组的应用 .mp4

字符数组在生活中有很多应用，例如，统计一篇文章的字数等。下面通过一个实例来了解一下字符数组的具体应用。

实例 11　统计字符串中单词的个数	实例位置：资源包 \Code\SL\08\11
	视频位置：资源包 \Video\08\

在本实例中先输入一行字符，然后统计其中有多少个单词，要求每个单词之间用空格分隔开，并且最后的字符不能为空格。具体代码如下：

```
01  #include<stdio.h>
```

```
02
03  int main()
04  {
05      char cString[100];                              /*定义保存字符串的数组*/
06      int iIndex, iWord=1;                            /*iWord表示单词的个数*/
07      char cBlank;                                    /*表示空格*/
08      gets(cString);                                  /*输入字符串*/
09
10      if(cString[0]=='\0')                            /*判断字符串为空的情况*/
11      {
12          printf("There is no char!\n");
13      }
14      else if(cString[0]==' ')                        /*判断第一个字符为空格的情况*/
15      {
16          printf("First char just is a blank!\n");
17      }
18      else
19      {
20          for(iIndex=0;cString[iIndex]!='\0';iIndex++)/*循环判断每一个字符*/
21          {
22              cBlank=cString[iIndex];                 /*得到数组中的字符元素*/
23              if(cBlank==' ')                         /*判断是不是空格*/
24              {
25                  iWord++;                            /*如果是，则加1*/
26              }
27          }
28          printf("%d\n",iWord);
29      }
30      return 0;
31  }
```

运行程序，程序的运行结果如图 8.16 所示。

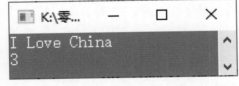

图 8.16　统计单词个数

从该实例代码和运行结果可以看出：

（1）按照要求使用 gets() 函数将输入的字符串保存在 cString 字符数组中。对输入的字符进行判断，数组中的第一个输入字符如果是结束符或空格，就进行消息提示；如果不是，则说明输入的字符串是正常的，这样就在 else 语句中进行处理。

（2）使用 for 循环判断每一个数组元素中的字符是否为结束符，如果是，则循环结束；如果不是，则在循环语句中判断是否为空格，遇到空格则对单词计数变量 iWord 进行自增操作。

训练十一　随机输入字符串，显示所输入的字符串长度。（资源包 \Code\Try\08\11）

8.4 多维数组

视频讲解

资源包 \Video\08\8.4 多维数组 .mp4

多维数组的定义和二维数组相同，只是下标更多，一般形式如下：

类型说明符　数组标识符[常量表达式1][常量表达式2]…[常量表达式n];

例如，定义多维数组的代码如下：

```
int iArray1[3][4][5];
int iArray2[4][5][7][8];
```

在上面的代码中，分别定义了三维数组 iArray1 和四维数组 iArray2。由于数组元素的位置都可以通过偏移量计算，因此对于三维数组 a[m][n][p] 来说，元素 a[i][j][k] 所在的地址是从 a[0][0][0] 算起到（i*n*p+j*p+k）个单位的位置。

8.5 数组的排序算法

通过学习前面的内容，我们已经了解了数组的理论知识。虽然数组是一组有序数据的集合，但是这里的有序指的是数组元素在数组中所处的位置，而不是根据数组元素的数值大小进行排列。本节就来了解一下将数组元素按照数值的大小进行排序的算法。

8.5.1 选择法排序

视频讲解

视频讲解：资源包 \Video\08\8.5.1 选择法排序 .mp4

选择法排序指每次选择所要排序的数组中的最大值（若由小到大排序，则选择最小值）的数组元素，将这个数组元素的值与最前面没有进行排序的数组元素的值互换。以数字 9、6、15、4、2 为例，采用选择法实现数字按从小到大进行排序，如图 8.17 所示。

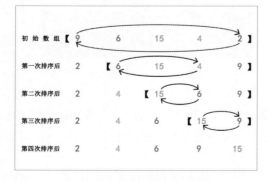

图 8.17　选择法排序示意图

从图 8.17 可以发现，在第一次排序过程中，将第一个数字和最小的数字进行了位置互换；在第二次排序过程中，将第二个数字和剩下的数字中最小的数字进行了位置互换；以此类推，每次都将下一个数字和剩余的数字中最小的数字进行位置互换，直到将一组数字按从小到大排序。

下面通过实例来看一下如何通过程序使用选择法实现数组元素的排序。

实例 12　利用选择法对学生成绩进行排序	实例位置：资源包 \Code\SL\08\12
	视频位置：资源包 \Video\08\

在本实例中，首先声明一个整型数组和两个整型变量，其中整型数组用于存储用户输入的数字，而整型变量用于存储数值最大的数组元素的数值和该元素的位置，然后通过双层循环进行选择法排序，最后将排好序的数组元素按从大到小的排列顺序进行输出。具体代码如下：

```
01   #include <stdio.h>                          /*包含头文件*/
02   int main()                                  /*main()主函数*/
03   {
04       int i,j;                                /*定义变量*/
05       int a[10];
06       int iTemp;
07       int iPos;
08       printf("为数组元素赋值: \n");
09       /*从键盘为数组元素赋值（成绩）*/
10       for(i=0;i<10;i++)
11       {
12           printf("a[%d]=",i);
13           scanf("%d", &a[i]);
14       }
15       /*从大到小排序*/
16       for(i=0;i<9;i++)                        /*设置外层循环为下标0~8的元素*/
17       {
18           iTemp = a[i];                       /*设置当前元素为最大值*/
19           iPos = i;                           /*记录元素位置*/
20           for(j=i+1;j<10;j++)                 /*内层循环i+1到9*/
21           {
22               if(a[j]>iTemp)                  /*如果当前元素比最大值还大*/
23               {
24                   iTemp = a[j];               /*重新设置最大值*/
25                   iPos = j;                   /*记录元素位置*/
26               }
27           }
28           /*交换两个元素值*/
29           a[iPos] = a[i];
30           a[i] = iTemp;
31       }
32
33       /*输出数组*/
34       for(i=0;i<10;i++)
35       {
36           printf("%d\t",a[i]);                /*输出制表位*/
37           if(i == 4)                          /*如果是第5个元素*/
```

```
38                    printf("\n");                        /*输出换行*/
39          }
40
41          return 0;                                      /*程序结束*/
42  }
```

运行程序，程序的运行结果如图 8.18 所示。

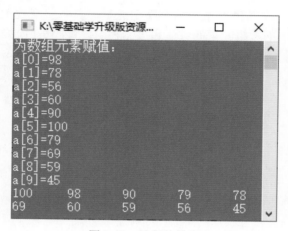

图 8.18　选择法排序

从该实例代码和运行结果可以看出：

（1）声明一个整型数组 a，并通过键盘为数组元素赋值。

（2）设置一个嵌套循环，第一层循环为前 9 个数组元素，并在每次循环时将对应当前次数的数组元素设置为最大值（如果当前是第 3 次循环，那么将数组中第 3 个元素（也就是下标为 2 的元素）设置为当前的最大值）；在第二层循环中，循环比较该元素之后的各个数组元素，并将每次比较结果中较大的数设置为最大值，在第二层循环结束时，将最大值与开始时设置为最大值的数组元素进行互换。当所有循环都结束以后，就将数组元素按照从大到小的顺序重新排列了。

（3）循环输出数组中的元素，并在输出 5 个元素以后进行换行，在下一行输出后面的 5 个元素。

水果商都喜欢把个头大的水果摆在前面，个头小的水果摆在后面。现在有一箱苹果，将苹果的重量保存到数组 a[] 中，a[]={3,8,5,3,2}。把这箱苹果按照重量从大到小排列。（资源包 \Code\Try\08\12）

8.5.2　冒泡法排序

▶ 视频讲解：资源包 \Video\08\8.5.2 冒泡法排序 .mp4

冒泡法排序指的是在排序时，从后往前（逆序）扫描待排序记录，每次比较数组中相邻的两个数组元素的值，将较小的数（如按从小到大排列）排在较大的数前面。下面仍以数字 9、6、15、4、2 为例，采用冒泡法按从小到大排序，如图 8.19 所示。

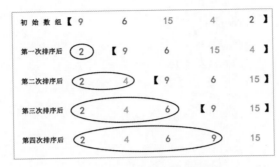

图 8.19　冒泡法排序示意图

从图 8.19 可以发现，在第一次排序过程中，将最小的数字移动到第一的位置，其他数字依次向后移动；而在第二次排序过程中，从第二个数字开始的剩余数字中选择最小的数字并将其移动到第二的位置，剩余数字依次向后移动；以此类推，每次都将剩余数字中的最小数字移动到当前剩余数字的最前方，直到将一组数字按从小到大排序为止。

下面通过实例来看一下如何通过程序使用冒泡法排序实现数组元素从小到大排序。

| 实例 13　冒泡法排序 | 实例位置：资源包 \Code\SL\08\13
视频位置：资源包 \Video\08\ |

在本实例中，首先声明一个整型数组和一个整型变量，其中整型数组用于存储用户输入的数字，而整型变量则作为两个元素交换时的中间变量，然后通过双层循环进行冒泡法排序，最后将排好序的数组输出。具体代码如下：

```
01  #include<stdio.h>
02  int main()
03  {
04      int i,j;
05      int a[10];
06      int iTemp;
07      printf("为数组元素赋值: \n");
08      /*通过键盘为数组元素赋值*/
09      for(i=0;i<10;i++)
10      {
11          printf("a[%d]=",i);
12          scanf("%d", &a[i]);
13      }
14
15      /*从小到大排序*/
16      for(i=1;i<10;i++)                    /*外层循环元素下标为1~9*/
17      {
18          for(j=9;j>=i;j--)                /*内层循环元素下标为i~9*/
19          {
20              if(a[j]<a[j-1])              /*如果前一个数比后一个数大*/
21              {
22                  /*交换两个数组元素的值*/
```

```
23                              iTemp = a[j-1];
24                              a[j-1] = a[j];
25                              a[j] = iTemp;
26                          }
27                      }
28              }
29
30      /*输出数组*/
31      for(i=0;i<10;i++)
32      {
33          printf("%d\t",a[i]);                /*输出制表位*/
34          if(i == 4)                          /*如果是第5个元素*/
35              printf("\n");                   /*输出换行*/
36      }
37
38      return 0;                               /*程序结束*/
39  }
```

运行程序，程序的运行结果如图 8.20 所示。

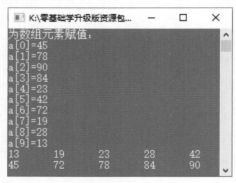

视频讲解

图 8.20　冒泡法排序

从该实例代码和运行结果可以看出：

（1）声明一个整型数组，并通过键盘为数组元素赋值。

（2）设置一个嵌套循环，第一层循环为后 9 个数组元素。在第二层循环中，从最后一个数组元素开始向前循环，直到前面第一个没有进行排序的数组元素。循环比较这些数组元素，如果在比较中后一个数组元素的值小于前一个数组元素的值，则将两个数组元素的值互换。当所有的循环都结束以后，就将数组元素按照从小到大的顺序重新排列了。

（3）循环输出数组中的元素，并在输出 5 个元素后进行换行，在下一行输出后面的 5 个元素。

训练十三　某班学习委员整理获得奖学金的同学的成绩，总成绩＝智育成绩×60%+德育成绩×30%+体育成绩×10%，使用冒泡排序法对班级前 12 名同学的成绩进行排名。（资源包 \Code\Try\08\13）

视频讲解

8.5.3 交换法排序

▶ 视频讲解：资源包 \Video\08\8.5.3 交换法排序 .mp4

交换法排序是将每一个数字与其后的所有数字一一进行比较，如果发现满足比较条件的数字，则交换它。

下面以数字 9、6、15、4、2 为例，采用交换法实现数字按从小到大进行排序，排序结果如图 8.21 所示。

初 始 数 组	【9	6	15	4	2】
第一次排序后	2	【9	15	6	4】
第二次排序后	2	4	【15	9	6】
第三次排序后	2	4	6	【15	9】
第四次排序后	2	4	6	9	15

图 8.21 交换法排序结果

可以发现，在第一次排序过程中将第一个数字与后边的数字依次进行比较。首先比较 9 和 6，9 大于 6，交换两个数的位置，此时数字 6 成为第一个数字；用 6 和第 3 个数字 15 进行比较，6 小于 15，保持原来的位置；然后用 6 和 4 进行比较，6 大于 4，交换两个数字的位置；再用当前数字 4 与最后的数字 2 进行比较，4 大于 2，则交换两个数字的位置，从而得到图 8.21 中的第一次排序结果。继续使用相同的方法，从当前第二个数字 9 开始，继续和后面的数字进行比较，如果遇到比当前数字小的数字，则交换位置，以此类推，直到将一组数字按从小到大排好序为止。

下面通过实例来看一下如何在程序中通过交换法实现数组元素的排序。

实例 14 将公司的股票收益排名

实例位置：资源包 \Code\SL\08\14
视频位置：资源包 \Video\08\

一位做风险投资的员工要分析 10 家公司的股票中谁家的股票收益最高，值得投资。在本实例中，首先声明一个整型数组和一个整型变量，其中整型数组用于存储用户输入的数字，而整型变量则作为两个元素交换时的中间变量，然后通过双层循环进行交换法排序，最后将排好序的数组输出。具体代码如下：

```
01  #include<stdio.h>
02  int main()
03  {
04      int i,j;
05      int a[10];
06      int iTemp;
07      printf("为数组元素赋值: \n");
08      /*通过键盘为数组元素赋值*/
09      for(i=0;i<10;i++)
10      {
11          printf("a[%d]=",i);
12          scanf("%d", &a[i]);
13      }
14
15      /*从大到小排序*/
```

```
16      for(i=0;i<9;i++)                              /*外层循环元素下标为0～8*/
17      {
18              for(j=i+1;j<10;j++)                   /*内层循环元素下标为i+1到9*/
19              {
20                      if(a[j] > a[i])               /*如果当前值比其他值小*/
21                      {
22                                  /*交换两个数值*/
23                              iTemp = a[i];
24                              a[i] = a[j];
25                              a[j] = iTemp;
26                      }
27              }
28      }
29
30      /*输出数组*/
31      for(i=0;i<10;i++)
32      {
33              printf("%d\t",a[i]);                  /*输出制表位*/
34              if(i == 4)                            /*如果是第5个元素*/
35                      printf("\n");                 /*输出换行*/
36      }
37
38      return 0;                                     /*程序结束*/
39  }
```

运行程序，程序的运行结果如图 8.22 所示。

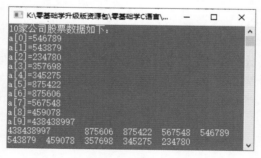

图 8.22　交换法排序

从该实例代码和运行结果可以看出：

（1）声明一个整型数组 a，并通过键盘为数组元素赋值。

（2）首先设置一个嵌套循环，第一层循环为前 9 个数组元素，然后在第二层循环中使用第一个数组元素分别与后面的数组元素依次进行比较，如果后面的数组元素值大于当前数组元素值，则交换两个元素值。

（3）使用交换后的第一个数组元素继续与后面的数组元素进行比较，直到本次循环结束。将最大的数组元素值交换到第一个数组元素的位置，然后从第二个数组元素开始，继续与后面的数组元素进行比较，以此类推，直到循环结束，这样就将数组元素按照从大到小的顺序重新排列了。

（4）循环输出数组中的元素，并在输出 5 个元素后进行换行，在下一行输出后面的 5 个元素。

训练十四　利用交换法排序将以下电视剧按收视率由高到低进行排序。（资源包 \Code\Try\08\14）

《Give up，hold on to me》收视率：1.4%

《The private dishes of the husbands》收视率：1.343%

《My father-in-law will do martiaiarts》收视率：0.92%

《North Canton still believe in love》收视率：0.862%

《Impossible task》收视率：0.553%

《Sparrow》收视率：0.411%

《East of dream Avenue》收视率：0.164%

《The prodigal son of the new frontier town》收视率：0.259%

《Distant distance》收视率：0.394%

《Music legend》收视率：0.562%

8.5.4　插入法排序

视频讲解

▶ 视频讲解：资源包 \Video\08\8.5.4 插入法排序 .mp4

　　插入法排序较为复杂，其基本工作原理是抽出一个数字，在前面的数字中寻找相应的位置插入，直到完成排序。仍以数字 9、6、15、4、2 为例，采用插入法对数字按从小到大进行排序，过程如图 8.23 所示。

初　始　数　组【	9	6	15	4	2 】
第一次排序后	9				
第二次排序后	6	9			
第三次排序后	6	9	15		
第四次排序后	4	6	9	15	
第五次排序后	2	4	6	9	15

图 8.23　插入法排序过程示意图

　　从图 8.23 可以发现，在第一次排序过程中，首先将第一个数字取出来，并放置在第一个位置；然后取出第二个数字，并将第二个数字与第一个数字进行比较，如果第二个数字小于第一个数字，则将第二个数字排在第一个数字之前，否则将第二个数字排在第一个数字之后；接下来取出下一个数字，先与排在后面的数字进行比较，如果当前数字比较大，则排在最后，如果当前数字比较小，还要与之前的数字进行比较，如果当前数字比前面的数字小，则将当前数字排在比它小的数字和比它大的数字之间，如果没有比当前数字小的数字，则将当前数字排在最前方；以此类推，不断取出未进行排序的数字与排序好的数字进行比较，并插入到相应的位置，直到将一组数字按从小到大排好序为止。

　　下面通过实例来看一下如何通过程序使用插入法实现数组元素从小到大排序。

实例 15	根据社区老年人的数量发放养老补助，并按从少到多输出老年人的数量	实例位置：资源包 \Code\SL\08\15 视频位置：资源包 \Video\08\

　　在本实例中，首先声明一个整型数组和两个整型变量，其中整型数组用于存储用户输入的数字，

而两个整型变量分别作为两个元素交换时的中间变量和记录数组元素位置的变量，然后通过双层循环进行插入法排序，最后将排好序的数组输出。具体代码如下：

```c
01  #include <stdio.h>                            /*包含头文件*/
02  int main()                                    /*main()主函数*/
03  {
04      int i;                                    /*定义变量*/
05      int a[10];
06      int iTemp;
07      int iPos;
08      printf("输入老人数：\n");                  /*提示信息*/
09      for(i=0;i<10;i++)                         /*输入老年人的数量*/
10      {
11          printf("a[%d]=",i);
12          scanf("%d", &a[i]);
13      }
14
15      /*从小到大排序*/
16      for(i=1;i<10;i++)
17      {
18          iTemp = a[i];                         /*设置插入值*/
19          iPos = i-1;
20          while((iPos>=0) && (iTemp<a[iPos]))   /*寻找插入值的位置*/
21          {
22              a[iPos+1] = a[iPos];              /*插入数值*/
23              iPos--;
24          }
25          a[iPos+1] = iTemp;
26      }
27
28      /*输出数组*/
29      for(i=0;i<10;i++)
30      {
31          printf("%d\t",a[i]);                  /*输出制表位*/
32          if(i == 4)                            /*如果是第5个元素*/
33              printf("\n");                     /*输出换行*/
34      }
35      printf("\n");
36
37      return 0;                                 /*程序结束*/
38  }
```

运行程序，程序的运行结果如图 8.24 所示。

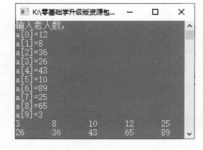

视频讲解

图 8.24　插入法排序

从该实例代码和运行结果可以看出：

（1）声明一个整型数组 a，并通过键盘为数组元素赋值。

（2）设置一个嵌套循环，第一层循环为后 9 个数组元素，将第二个元素赋值给中间变量，并记录前一个数组元素的下标位置。在第二层循环中，首先判断是否符合循环的条件，允许循环的条件是记录的下标位置大于或等于第一个数组元素的下标位置，并且中间变量的值小于之前设置下标位置的数组元素，如果满足循环条件，则将设置下标位置的数组元素赋值给当前的数组元素。

（3）将记录的数组元素下标位置向前移动一位，继续进行循环判断。内层循环结束以后，将中间变量中保存的数值赋值给当前记录的下标位置之后的数组元素，继续进行外层循环，将数组中下一个数组元素赋值给中间变量，再通过内层循环进行排序。

（4）以此类推，直到循环结束，这时就将数组元素按照从小到大的顺序重新排列了。

（5）循环输出数组中的元素，并在输出 5 个元素后进行换行，在下一行输出后面的 5 个元素。

训练十五　十二星座速配：根据速配值确定巨蟹座与哪个星座匹配（利用插入法排序），各星座的速配值如下：

白羊座 /50；金牛座 /90；双子座 /70；巨蟹座 /80；狮子座 /75；处女座 /89；天秤座 /55；天蝎座 /100；射手座 /40；摩羯座 /60；水瓶座 /45；双鱼座 /99。（资源包 \Code\Try\08\15）

8.5.5 折半法排序

视频讲解

📺 视频讲解：资源包 \Video\08\8.5.5 折半法排序 .mp4

折半法排序又被称为快速排序：先选择一个中间值 middle（在程序中使用数组中间值），然后把比中间值小的数据放在左边，比中间值大的数据放在右边（具体的实现是从两边找，找到一对后进行交换），并对两边分别递归进行这个操作。

说明　折半法又叫二分法，在 n 个数中排序，只需要排 $\log(n)$ 次。

下面以数字 9、6、15、4、2 为例，对这几个数字按从小到大进行折半法排序，每次排序结果如图 8.25 所示。

初 始 数 组	9	6	15	4	2
第一次排序后	9	6	2	4	15
第二次排序后	4	6	2	9	15
第三次排序后	4	2	6	9	15
第四次排序后	2	4	6	9	15

图 8.25　折半法排序结果

折半法排序过程如下：

（1）在第一次排序过程中，获取数组中间元素的值 15。

（2）从左侧取出数组元素与中间值进行比较，也就是取 9 与 15 进行比较，因为 9 比 15 小，所以位置不变。

（3）取 6 与 15 进行比较，因为 6 比 15 小，所以位置依然不变。

（4）从右侧取出数组元素与中间值进行比较，也就是取 2 与 15 比较，2 比 15 小，2 与 15 互换位置，此时就出现了第一次排序后的结果。

（5）看第一次排序后的结果中后面的三个数，取中间值 4，4 与 9 比较，4 小，所以 4 与 9 交换位置，就出现了第二次排序后的结果。

（6）再看第二次排序后的结果中的前 3 个数，取中间值 6，与 4 进行比较，4 小，不用变换位置，然后再与 2 进行比较，2 小，与 6 交换位置，此时出现了第三次排序后的结果。

（7）再看前 3 位数，取中间值 2，与 4 进行比较，2 小于 4，2 与 4 互换位置，最后出现了第 4 次排序后的结果。

至此，这 5 个数就按照从小到大的顺序排列好了。

下面通过实例来看一下如何通过程序使用折半法实现数组元素从小到大排序。

实例 16 输出前 8 名得票数	实例位置：资源包 \Code\SL\08\16
	视频位置：资源包 \Video\08\

在本实例中，首先声明一个整型数组，用于存储用户输入的数字，再定义一个函数，用于对数组元素进行排序，最后将排好序的数组输出。代码如下：

 为了实现折半法排序，需要使用函数的递归，这部分内容将会在第 9 章介绍，读者可以参考后面的内容进行学习。

```c
01  #include <stdio.h>                              /*包含头文件*/
02  /*声明函数*/
03  void CelerityRun(int left, int right, int array[]);
04
05  int main()                                      /*main()主函数*/
06  {
07      int i;                                      /*定义变量*/
08      int a[8];
09      printf("输入票数: \n");
10      for(i=0;i<8;i++)                            /*输入得票数据*/
11      {
12          printf("a[%d]=",i);
13          scanf("%d", &a[i]);
14      }
15
16      /*从小到大排序*/
17      CelerityRun(0,7,a);
18       printf("8名票数从少到多排序如下: \n");
19
20      /*输出数组*/
21      for(i=0;i<8;i++)
22      {
23          printf("%d\t",a[i]);                    /*输出制表位*/
24          if(i == 4)                              /*如果是第5个元素*/
25              printf("\n");                       /*输出换行*/
26      }
27  printf("\n");
28          return 0;                               /*程序结束*/
29  }
30
```

```
31  void CelerityRun(int left, int right, int array[])     /*定义函数*/
32  {
33      int i,j;                                            /*定义变量*/
34      int middle,iTemp;
35      i = left;
36      j = right;
37      middle = array[(left+right)/2];                     /*求中间值*/
38      do
39      {
40          while((array[i]<middle) && (i<right))           /*从左找小于中间值的数*/
41              i++;
42          while((array[j]>middle) && (j>left))            /*从右找大于中间值的数*/
43              j--;
44          if(i<=j)                                        /*找到了一对数值*/
45          {
46              iTemp = array[i];                           /*交换这对数值*/
47              array[i] = array[j];
48              array[j] = iTemp;
49              i++;
50              j--;
51          }
52      }while(i<=j);                                       /*如果两边的下标交错，就停止（完成一次）*/
53
54      /*递归左半边*/
55      if(left<j)
56          CelerityRun(left,j,array);
57      /*递归右半边*/
58      if(right>i)
59          CelerityRun(i,right,array);
60  }
```

运行程序，程序的运行结果如图 8.26 所示。

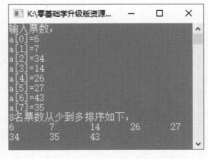

视频讲解

图 8.26　折半法排序运行结果

从该实例代码和运行结果可以看出：

（1）声明一个整型数组 a，并通过键盘为数组元素赋值。

（2）定义 CelerityRun 函数，用于对数组元素进行排序，函数的 3 个参数分别表示递归调用时数组第一个元素、最后一个元素的下标位置以及要排序的数组。声明两个整型变量 i 和 j，作为控制排序算法循环的条件，分别将两个参数赋值给变量 i 和 j，i 表示左侧下标，j 表示右侧下标。

（3）使用 do…while 语句设计外层循环，条件为 i 小于 j，表示如果两边的下标交错，就停止循环。内层两个循环分别用来比较中间值两侧的数组元素，当左侧的数值小于中间值时，取下一个元素与中间值进行比较，否则退出第一个内层循环；当右侧的数值大于中间值时，取前一个元素与中间值进行比较，否则退出第二个内层循环。

（4）判断 i 的值是否小于或等于 j，如果是，则交换以 i 和 j 为下标的两个元素值，继续进行外层循环。当外层循环结束以后，以数组第一个元素到以 j 为下标的元素为参数递归调用该函数，同时，以 i 为下标的数组元素到数组最后一个元素也作为参数递归调用该函数。

（5）以此类推，直到将数组元素按照从小到大的顺序重新排列为止。循环输出数组中的元素，并在输出 5 个元素后进行换行，在下一行输出后面的 5 个元素。

训练十六　利用折半法对以下几个化学物质的相对分子质量按从小到大进行排序：水分子（18）、氧气（32）、一氧化碳（28）、二氧化碳（44）、氮气（34）。（资源包 \Code\Try\08\16）

注意　以上所有的排序都必须保证数组中的数据是有序的。

8.5.6 排序算法的比较

视频讲解：资源包 \Video\08\8.5.6 排序算法的比较 .mp4

前面已经介绍了 5 种排序算法，在进行数组排序时应该根据需要进行选择。这 5 种排序算法的比较如表 8.1 所示。

表 8.1　5 种排序算法的比较

选择法	冒泡法	交换法	插入法	折半法
选择法在排序过程中一共需要进行 $n(n-1)/2$ 次比较，互相交换 $n-1$ 次。选择法排序简单，容易实现，适用于数量较少的排序	最好的情况是正序，因此只要比较一次即可；最坏的情况是逆序，需要比较 n^2 次。冒泡法是稳定的排序算法，当待排序列有序时，效果比较好	交换法和冒泡法类似，正序时最快，逆序时最慢，排列有序数据时效果最好	此算法需要经过 $n-1$ 次插入过程，如果数据恰好应该插入到序列的最后端，则不需要移动数据，可节省时间，因此，若原始数据基本有序，此算法具有较快的运算速度	当 n 较大时，折半法是速度较快的排序算法；但当 n 很小时，此算法往往比其他排序算法还要慢。折半法排序是不稳定的，对于有相同关键字的记录，排序后的结果可能会颠倒次序

插入法、冒泡法、交换法排序的速度较慢，但参加排序的序列局部或整体有序时，这 3 种排序算法能达到较快的速度；在这种情况下，折半法排序的速度反而会显得慢了。当 n（要排序元素的数量）较小时，若对稳定性不做要求，宜用选择法排序；若对稳定性有要求，宜用插入法或冒泡法排序。

8.6 字符串处理函数

在编写程序时，经常需要对字符和字符串进行操作，如转换字符的大小写、求字符串长度等，这些都可以使用字符函数和字符串函数来实现。C 语言标准函数库专门为其提供了一系列处理函数。在编写程序的过程中，合理有效地使用这些字符串函数，可以提高编程效率，同时也可以提高程序性能。本节将对字符串处理函数进行介绍。

8.6.1 字符串复制

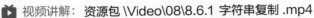

视频讲解：资源包 \Video\08\8.6.1 字符串复制 .mp4

在字符串的操作中，字符串复制是比较常用的操作之一。例如，在淘宝登录界面中，如果忘记登录密码，如图 8.27 所示，这时采取的方法是重新设置密码，就会用到字符串复制。

图 8.27　忘记淘宝登录密码

在 C 语言中，可以使用 strcpy() 函数完成上述重新设置密码的操作，strcpy() 函数的作用是复制特定长度的字符串到另一个字符串中。其语法格式如下：

```
strcpy(目的字符数组名, 源字符数组名);
```

该函数的功能是把源字符数组中的字符串复制到目的字符数组中。字符串结束符 "\0" 也一同被复制。

说明

（1）目的字符数组应该有足够的长度，否则不能全部装入所复制的字符串。

（2）"目的字符数组名"必须写成数组名形式；而"源字符数组名"可以是字符数组名，也可以是字符串常量（相当于把一个字符串赋予一个字符数组）。

（3）不能用赋值语句将一个字符串常量（初始化字符数组除外）或字符数组直接赋给一个字符数组。

下面通过一个实例来介绍 strcpy() 函数的使用。

实例 17　重新设置密码

实例位置：资源包 \Code\SL\08\17
视频位置：资源包 \Video\08\

丫蛋想要重新设置淘宝网的密码（26478632aaa）。具体代码如下：

```
01  #include<stdio.h>                  /*包含头文件*/
02  #include<string.h>                 /*包含strcpy()函数头文件*/
03
04  int main()                         /*main()主函数*/
05  {
```

```
06      char str1[30],str2[30];                    /*定义字符数组*/
07      printf("原来密码:\n");
08      gets(str1);                                /*输入原来密码*/
09      printf("重新设置密码:\n");
10      gets(str2);                                /*输入新密码*/
11      printf("原来密码:\n");
12      puts(str1);                                /*输出原来密码*/
13      printf("重新设置密码:\n");
14      puts(str2);                                /*输出新密码*/
15      strcpy(str1,str2);                         /*调用strcpy()函数实现字符串复制*/
16      printf("重新设置密码成功，新的密码如下:\n");
17      puts(str1);                                /*输出复制后的目的字符串*/
18
19      return 0;                                  /*程序结束*/
20  }
```

运行程序，字符串复制效果如图 8.28 所示。

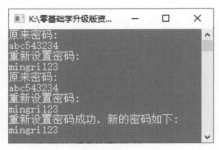

图 8.28　重新设置密码

从该实例代码和运行结果可以看出：

（1）在 main() 主函数体中定义了两个字符数组，分别用于存储源字符数组和目的字符数组。

（2）获取用户为两个字符数组赋值的字符串，并分别输出两个字符数组，调用 strcpy() 函数将源字符数组中的字符串赋值给目的字符数组。

（3）输出目的字符数组。

首先将字符串 "Where there is a will, there is a way." 保存到字符数组中，然后将其翻译成中文 "有志者事竟成"。（资源包 \Code\Try\08\17）

8.6.2 字符串连接

📹 视频讲解：资源包 \Video\08\8.6.2 字符串连接 .mp4

字符串连接就是将一个字符串连接到另一个字符串的末尾，使其组合成一个新的字符串。在字符串处理函数中，strcat() 函数就具有字符串连接功能，其语法格式如下：

```
strcat(目的字符数组名,源字符数组名);
```

该函数的功能就是把源字符数组中的字符串连接到目的字符数组中字符串的后面，并删去目的字符数组中原有的串结束符 "\0"。

说明　目的字符数组应有足够的长度，否则不能装下连接后的字符串。

下面通过一个实例介绍 strcat() 函数的使用。

实例 18　用 strcat() 函数连接语句	实例位置：资源包 \Code\SL\08\18 视频位置：资源包 \Video\08\

一位英国商贩前一句说："sell sell sell"，过了 30 秒后又说出 "apple"，请用 strcat() 函数将语句连接起来。具体代码如下：

```c
01  #include<stdio.h>              /*包含头文件*/
02  #include<string.h>             /*包含strcat()函数头文件*/
03  int main()                     /*main()主函数*/
04  {
05      char str1[30]="sell sell sell",str2[30]=" apple";  /*定义字符数组并赋初值*/
06      printf("输出前一句:\n");
07      puts(str1);                /*输出语句*/
08      printf("输出后一句:\n");
09      puts(str2);                /*输出语句*/
10      strcat(str1,str2);         /*调用strcat()函数进行字符串连接*/
11      printf("整句为:\n");
12      puts(str1);                /*输出连接后的目的字符串*/
13      return 0;                  /*程序结束*/
14  }
```

运行程序，字符串连接效果如图 8.29 所示。

视频讲解

图 8.29　字符串连接效果

从该实例代码和运行结果可以看出：

（1）在 main() 主函数体中定义两个字符数组，分别用于存储源字符数组和目的字符数组。

（2）获取用户为两个字符数组赋值的字符串，并分别输出两个字符数组，调用 strcat() 函数将源字符数组中的字符串连接到目的字符数组中字符串的后面。

（3）输出目的字符数组。

训练十八　写一个程序接收用户输入的目录和文件名，输出文件的全路径。（资源包 \Code\Try\08\18）

说明　字符串复制实质上是用源字符数组中的字符串覆盖目的字符数组中的字符串，而字符串连接则不存在覆盖的问题，只是单纯地将源字符数组中的字符串连接到目的字符数组中的字符串的后面。

8.6.3 字符串比较

视频讲解

▶ 视频讲解：资源包 \Video\08\8.6.3 字符串比较 .mp4

字符串比较就是将一个字符串与另一个字符串从首字母开始，按照 ASCII 码的顺序逐个进行比较。例如，在登录一个网站时，输入的账号将会和数据库中存储的账号进行比较，判断是否存在该用户，如果不存在该用户，页面中会输出提示信息，如图 8.30 所示。

图 8.30　登录界面

在 C 语言中，使用 strcmp() 函数来实现字符串的比较功能。strcmp() 函数的语法格式如下：

```
strcmp(字符数组名1,字符数组名2);
```

该函数的功能就是按照 ASCII 码的顺序比较两个数组中的字符串，并由函数返回值返回比较结果。返回值如下：

☑ 字符串 1 等于字符串 2，返回值为 0。
☑ 字符串 1 大于字符串 2，返回值为正数。
☑ 字符串 1 小于字符串 2，返回值为负数。

说明　当两个字符串进行比较时，若出现不同的字符，则以第一个不同字符的比较结果作为整个比较的结果。

常见错误　字符串比较绝对不能使用关系运算符，也不能使用赋值运算符进行赋值得到数据。例如，下面的两行语句都是错误的。

```
if(str[2]==mingri)…
str[2]=mingri;…
```

下面通过一个实例介绍 strcmp() 函数的使用。

实例位置：资源包 \Code\SL\08\19
视频位置：资源包 \Video\08\

实例 19　编写程序接收用户输入

写一个程序，接收用户的输入，当用户输入一个单词时，则输出这个单词；当用户输入"exit"时，则退出程序。具体代码如下：

```
01  #include<stdio.h>                      /*包含头文件*/
02  #include<string.h>                     /*包含strcmp()函数头文件*/
03
04  int main()                             /*main()主函数*/
05  {
06      char user[20]={"exit"};            /*定义字符数组*/
07      char ustr[20];                     /*定义用户输入的字符数组*/
08      while(strcmp(user,ustr)!=0)        /*与user比较不相等*/
09       {
10              printf("请输入字符串:\n");   /*提示信息*/
11              gets(ustr);                /*用户输入字符数组*/
12              puts(ustr);                /*显示用户输入的字符数组*/
13       }
14      return 0;                          /*程序结束*/
15  }
```

运行程序，字符串比较效果如图 8.31 所示。

图 8.31　与字符串比较结果

视 频 讲 解

训练十九

在银行取款时，需要用户输入密码，在密码输入正确后才能取款，正确的密码为 574824。写一个程序判断输入的密码是否正确。（资源包 \Code\Try\08\19）

8.6.4 字符串大小写转换

视 频 讲 解

▶ 视频讲解：资源包 \Video\08\8.6.4 字符串大小写转换 .mp4

在注册一些账号时，需要输入验证码，如图 8.32 所示，会遇到字符串的大小写转换的情况，一般会将验证码大小写自动转换，不用区分大小写，因此输入 yynd 或 YYND 都是可以注册的。在 C 语言中，也有相应的函数能够完成字符串的大小写转换，那就是 strupr() 和 strlwr() 函数。

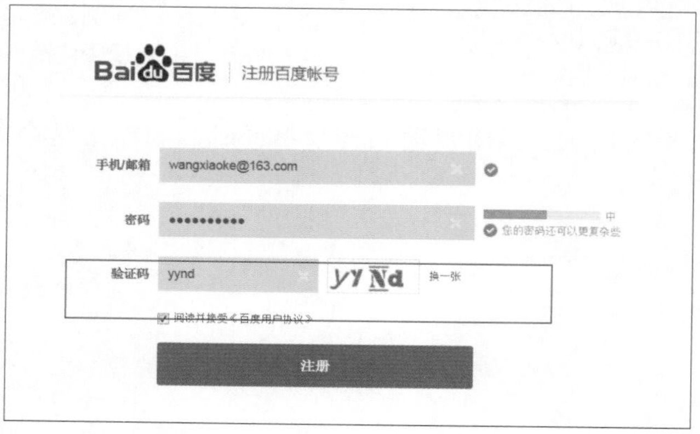

图 8.32　注册百度账号

strupr() 函数的语法格式如下：

```
strupr(字符串);
```

该函数的功能是将字符串中的小写字母变成大写字母，其他字母不变。

strlwr() 函数的语法格式如下：

```
strlwr(字符串);
```

该函数的功能是将字符串中的大写字母变成小写字母，其他字母不变。

下面通过一个实例介绍 strupr() 和 strlwr() 函数的使用。

实例 20　将输入的字符串中的小写字母全部转换为大写字母　　实例位置：资源包 \Code\SL\08\20
视频位置：资源包 \Video\08\

在本实例中首先定义两个字符数组，分别用来存储要转换的字符串和转换后的字符串，然后根据用户输入的操作指令调用 strupr() 函数，将输入的字符串中的小写字母全部转换为大写字母。具体代码如下：

```
01   #include<stdio.h>                              /*包含头文件*/
02   #include<string.h>
03
04   int main()                                     /*main()主函数*/
05   {
06       char text[20],change[20];                  /*定义字符数组*/
07       printf("输入一个字符串:\n");                /*显示输出*/
08       scanf("%s", &text);                        /*输入要转换的字符串*/
09       strcpy(change,text);                       /*复制要转换的字符串*/
10       strupr(change);                            /*将字符串中的小写字母转换为大写字母*/
11       printf("转换成大写字母的字符串为:%s\n",change);  /*输出转换后的字符串*/
12       return 0;                                   /*程序结束*/
13   }
```

运行程序，字符串大小写转换效果如图 8.33 所示。

图 8.33　字符串大小写转换效果

将张三的邮箱地址 ZhangSan@MRSOFT.COM 全部转换为小写。（资源包 \Code\Try\08\20）

8.6.5 获取字符串长度

▶ 视频讲解：资源包 \Video\08\8.6.5 获取字符串长度 .mp4

在使用字符串时，有时需要动态获取字符串的长度。例如，在注册账号时常常会遇到如图 8.34 所示的情况，要求输入的密码长度必须为 6 ～ 16 个字符。那么如何获取字符串的长度？

图 8.34　注册账号

在 C 语言中，虽然通过循环来判断字符串结束符"\0"也能获取字符串的长度，但是实现起来相对烦琐，在"string.h"头文件中提供了 strlen() 函数来计算字符串的长度。strlen() 函数的语法格式如下：

```
strlen(字符数组名);
```

该函数的功能是计算字符串的实际长度（不含字符串结束符"\0"），函数返回值为字符串的实际长度。

下面通过一个实例介绍 strlen() 函数的使用。

实例 21　判断用户输入的密码是否是 6 位	实例位置：资源包 \Code\SL\08\21 视频位置：资源包 \Video\08\

在本实例中，main() 主函数体首先定义两个字符数组，用来存储用户输入的字符串，然后调用 strlen() 函数计算字符串长度，使用 if…else 语句判断长度是否等于 6。具体代码如下：

```
01  #include<stdio.h>                    /*包含头文件*/
02  #include<string.h>
03
04  int main()                          /*main()主函数*/
05  {
06      char text[50];                   /*定义字符数组*/
07      printf("输入一个密码:\n");
08      scanf("%s", &text);              /*获取输入的字符串*/
```

```
09
10      if(strlen(text)==6)                              /*计算字符串长度并比较是否等于6*/
11          printf("输入密码是6位\n");
12      else
13          printf("输入密码不是6位\n");
14
15      return 0;                                         /*程序结束*/
16  }
```

运行程序，结果如图 8.35 所示。

视频讲解

图 8.35　strlen() 函数运行结果

训练二十一

英语老师要求同学用 how 造句，要求句子中的单词数不得少于 3 且不得多于 30，这样才算造句成功，否则输出造句失败。（资源包 \Code\Try\08\21）

8.7 小结

　　数组类型是构造类型的一种，数组中的每一个元素都属于同一种类型。本章首先介绍了一维数组、二维数组、字符数组及多维数组的定义和引用，使读者对数组有了充分的认识，然后通过实例介绍了 C 语言标准函数库中常用的字符串处理函数的使用。

本章 e 学码：关键知识点拓展阅读

初始化　　　　　　　　处理函数　　　　　　无限循环语句　　　命名规则

e 学码

第 **9** 章

函数

（ ▶️ 视频讲解：1 小时 54 分）

　　一个较大的程序一般应分为若干个程序模块，每一个模块用来实现一个特定的功能，程序模块也被称为子程序。在 C 语言中，子程序的作用是由函数实现的。

　　本章致力于使读者了解函数的概念，掌握函数的定义及其组成部分；熟悉函数的调用方式；了解内部函数和外部函数的作用范围，区分局部变量和全局变量的不同。

知识框架

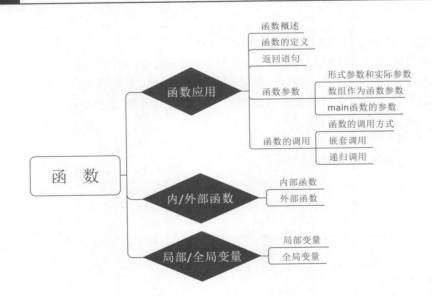

9.1 函数概述

▶ 视频讲解：**资源包 \Video\09\9.1 函数概述 .mp4**

提到函数，大家会想到数学函数，函数是数学中一个重要的内容，贯穿整个数学学习过程。在 C 语言中，函数是构成 C 程序的基本单元。函数中包含程序的可执行代码。

每个 C 程序的入口和出口都位于 main() 主函数中。编写程序时，并不是将所有内容都放在 main() 主函数中。为了方便规划、组织、编写和调试，一般的做法是将一个程序划分成若干个程序模块，每一个程序模块都完成一部分功能。这样，不同的程序模块可以由不同的人来完成，从而提高软件开发的效率。

也就是说，main() 主函数可以调用其他函数，其他函数也可以相互调用。在 main() 主函数中调用其他函数，这些函数执行完毕后又返回到 main() 主函数中。通常把这些被调用的函数称为下层函数。函数调用发生时，立即执行被调用的函数，而调用者则进入等待的状态，直到被调用函数执行完毕。函数可以有参数和返回值。

9.2 函数的定义

在程序中编写函数时，函数的定义是让编译器知道函数的功能。定义的函数包括函数头和函数体两部分。

9.2.1 函数定义的形式

▶ 视频讲解：**资源包 \Video\09\9.2.1 函数定义的形式 .mp4**

C 语言的库函数在编写程序时是可以直接调用的，如 printf() 输出函数。而自定义函数则必须由用户对其进行定义，在其函数的定义中完成函数特定的功能，这样才能被其他函数调用。

一个函数的定义分为函数头和函数体两个部分。函数定义的语法格式如下：

```
返回值类型　函数名(参数列表)
{
        函数体(函数实现特定功能的过程);
}
```

例如，定义一个函数的代码如下：

```
01  int AddTwoNumber(int iNum1,int iNum2)          /*函数头部分*/
02  {
03      /*函数体部分，实现函数的功能*/
04      int result;                                /*定义整型变量*/
05      result = iNum1+iNum2;                      /*进行加法操作*/
06      return result;                             /*返回操作结果，结束*/
07  }
```

下面具体分析函数的两个部分：函数头和函数体。

1. 函数头

函数头用来标识一个函数的开始，这是一个函数的入口处。函数头分成返回值类型、函数名和参数列表 3 个部分。

在上段代码中，函数头如图 9.1 所示。

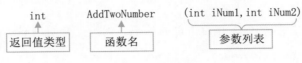

图 9.1　函数头

2. 函数体

函数体位于函数头的下方位置，由一对大括号括起来，大括号决定了函数体的范围。函数要实现的特定功能都是在函数体部分通过代码实现的，通过 return 语句返回实现的结果。

现在已经了解了定义一个函数应该使用怎样的语法格式。但是这个语法格式也不是绝对的，在定义函数时会有如下几种特殊的情况。

☑ 无参函数

无参函数也就是没有参数的函数。无参函数的语法格式如下：

```
返回值类型 函数名()
{
    函数体
}
```

通过代码来看一下无参函数。例如，使用上面的语法定义一个无参函数，代码如下：

```
01    void ShowTime()                                    /*函数头*/
02    {
03        printf("It's time to show yourself!");         /*显示一条信息*/
04    }
```

☑ 空函数

顾名思义，空函数就是没有任何内容的函数，也没有什么实际作用。但是空函数所处的位置是要放一个函数的，只是这个函数现在还未编写好，用这个空函数先占一个位置，以后用一个编写好的函数来取代它。空函数的形式如下：

```
类型说明符 函数名()
{
}
```

9.2.2 定义与声明

▶ 视频讲解：资源包 \Video\09\9.2.2 定义与声明 .mp4

在程序中编写函数时，要先对函数进行声明，再对函数进行定义。函数的声明是让编译器知道函数的名称、参数、返回值类型等信息。就像员工请假一样，一定要告诉自己的上级领导一声，这样领导才知道该员工为什么没来，这就相当于声明。而函数的定义是让编译器知道函数的功能，就像请假要告诉领导去做什么一样。

函数声明的格式由函数返回值类型、函数名、参数列表和分号 4 部分组成，其形式如下：

```
返回值类型　函数名(参数列表);
```

注意

在声明的最后要有分号";"作为语句的结尾。例如，声明一个函数的代码如下：

```
int ShowNumber(int iNumber);
```

使用一个函数之前要先进行声明，通过下面的实例来观察函数的使用。

实例 01　自定义做饭、钓鱼、写诗的函数　　实例位置：资源包 \Code\SL\09\01　视频位置：资源包 \Video\09\

通过本实例的代码可以看到函数声明与函数定义的位置及其在程序中的作用。具体代码如下：

```
01  #include<stdio.h>              /*包含头文件*/
02
03  void Cook();                   /*声明函数*/
04  void Fish();                   /*声明函数*/
05  void Poem();                   /*声明函数*/
06  int main()                     /*main()主函数*/
07  {
08      Cook();                    /*执行函数*/
09      Fish();                    /*执行函数*/
10      Poem();                    /*执行函数*/
11      return 0;                  /*程序结束*/
12  }
13  void Cook()                    /*自定义做饭函数*/
14  {
15      printf("会做饭\n");
16  }
17
18  void Fish()                    /*自定义钓鱼函数*/
19  {
20      printf("会钓鱼\n");
21  }
22
23  void Poem()                    /*自定义写诗函数*/
24  {
25      printf("会写诗\n");
26  }
```

运行程序，程序的运行结果如图 9.2 所示。

图 9.2　运行结果

从该实例代码和运行结果可以看出：

（1）在 main() 主函数的开头进行 Cook()、Fish()、Poem() 函数的声明，声明的作用是告知其函数将在后面进行定义。

（2）在 main() 主函数体中，调用 Cook()、Fish()、Poem() 函数进行输出操作。

（3）在 main() 主函数的定义之后就可以看到 Cook()、Fish()、Poem() 函数的定义。

编写函数 fun()：实现两值交换功能。（资源包 \Code\Try\09\01）

如果将函数的定义放在调用函数之前，就不需要进行函数的声明，此时函数的定义就包含函数的声明。

9.3 返回语句

返回就像主管向下级职员下达命令，职员去做，最后将结果报告给主管。

怎样将结果返回？在 C 语言程序的函数体中常会看到这样一句代码：

```
return 0;
```

这就是返回语句。返回语句有以下两个主要用途：

☑ 利用返回语句能立即从所在的函数中退出，即返回到调用的程序中。

☑ 返回语句能返回值。将函数值赋给调用的表达式中，当然有些函数也可以没有返回值，例如，返回值类型为 void 的函数就没有返回值。

9.3.1 无返回值函数

▶ 视频讲解：资源包 \Video\09\9.3.1 无返回值函数 .mp4

从函数返回就是返回语句的第一个主要用途。在程序中，有两种方法可以终止函数的执行，并返回到调用函数的位置。第一种方法是在函数体中，从第一句一直执行到最后一句，当所有的语句都执行完时，程序遇到结束符号"}"后返回。

实例 02 输出杜甫的《绝句》　　实例位置：资源包 \Code\SL\09\02
　　视频位置：资源包 \Video\09\

在本实例中，通过一个简单的函数，观察有关无返回值函数的应用，具体代码如下：

```
01  #include<stdio.h>        /*包含头文件*/
02
03  void Poem();             /*声明函数*/
04
05  int main()               /*main()主函数*/
06  {
07      Poem();              /*执行函数*/
08      return 0;            /*程序结束*/
09  }
10  void Poem()              /*自定义函数输出《绝句》诗句*/
```

```
11  {
12      printf("两个黄鹂鸣翠柳\n");
13      printf("一行白鹭上青天\n");
14      printf("窗含西岭千秋雪\n");
15      printf("门泊东吴万里船\n");
16  }
```

运行程序，程序的运行结果如图 9.3 所示。

图 9.3　《绝句》诗句运行结果

从该实例代码和运行结果可以看出：

（1）声明使用的函数，在主函数中调用 Poem() 函数。

（2）在 main() 主函数后可以看到自定义的 Poem() 函数，使用 printf() 函数将语句输出，因为函数返回值类型是 void，因此不需要返回值，程序结束即可。

第二种方法是 return 0 返回。

 编写一个程序，输出"最大的挑战和突破在于用人，而用人最大的突破是信任人"。（资源包 \Code\Try\09\02）

9.3.2 返回值

视频讲解：资源包 \Video\09\9.3.2 返回值 .mp4

通常，调用者希望能调用其他函数得到一个确定的值，这就是函数的返回值。例如，下面的代码：

```
01  int Minus(int iNumber1,int iNumber2)
02  {
03      int iResult;                    /*定义一个整型变量，用来存储返回的结果*/
04      iResult=iNumber1-iNumber2;      /*进行减法计算，得到计算结果*/
05      return result;                  /*return语句返回计算结果*/
06  }
07  int main()
08  {
09      int iResult;                    /*定义一个整型变量*/
10      iResult=Minus(9,4);             /*进行9-4的减法计算，并将结果赋值给变量iResult*/
11      return 0;                       /*程序结束*/
12  }
```

从上面的代码中可以看到，首先定义了一个进行减法操作的函数 Minus()，在 main() 主函数中通过调用 Minus() 函数将计算的结果赋值给在 main() 主函数中定义的变量 iResult。

下面对函数进行说明：

（1）函数的返回值都通过函数中的 return 语句获得，return 语句将被调用函数中的一个确定值返回到调用函数中，例如，在上面的代码中，Minus() 自定义函数的最后就是使用 return 语句将计算的结果返回到 main() 主函数调用它的位置。

return 语句后面需要有返回值，该返回值可以用小括号括起来，也可以省略括号，例如 return 0 和 return(0) 是相同的，在本书的实例中都将括号省略了。

（2）函数类型转换。定义函数的类型决定最终函数返回值的类型。

实例 03　编写函数返回体温值	实例位置：资源包 \Code\SL\09\03
	视频位置：资源包 \Video\09\

在本实例中，自定义的函数 getTemperature() 返回值类型与最终 return 语句返回值的类型一致，具体代码如下：

```
01   #include<stdio.h>                                /*包含头文件*/
02
03   int getTemperature();                            /*声明函数*/
04   int main()                                       /*main()主函数*/
05   {
06       getTemperature();                            /*调用函数*/
07       return 0;                                    /*程序结束*/
08   }
09
10   int getTemperature()                             /*自定义温度函数*/
11   {
12       int temperature;                             /*定义整型变量*/
13       printf("please input a temperature:\n");     /*输出提示信息*/
14       scanf("%d",&temperature);                    /*输入一个整型变量*/
15       printf("当前体温是: %d\n",temperature);       /*输出当前温度*/
16       return temperature;                          /*返回温度值*/
17   }
```

运行程序，程序的运行结果如图 9.4 所示。

图 9.4　返回体温运行结果

从该实例代码和运行结果可以看出：

（1）首先为程序声明一个 getTemperature() 函数，在主函数中调用自定义的 getTemperature() 函数。

（2）在 main() 主函数外是 getTemperature() 函数的定义，在其函数体中定义的是一个整型变量，用户根据提示信息输入数据，最后将数据返回。在这里可以看到，在 getTemperature() 函数中定义时是 int 型，所以返回的也是 int 型变量。

 编写函数，判断字符串是否为回文（指顺着读和倒着读是一样的内容）。若是，函数返回 1，否则返回 0。（资源包 \Code\Try\09\03）

 函数需要返回一个指定类型的数据，在编写程序的最后容易忘记使用 return 语句返回一个对应类型的数据。

9.4 函数参数

在调用函数时，大多数情况下，主调函数和被调用函数之间有数据传递关系，这就是前面提到的有参数的函数形式。函数参数的作用是传递数据给函数使用，函数利用接收的数据进行具体的操作处理。

函数参数在定义函数时放在函数名称的后面，如图 9.5 所示。

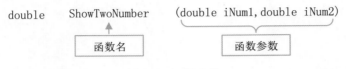

图 9.5　函数参数

9.4.1 形式参数与实际参数

📹 视频讲解：资源包 \Video\09\9.4.1 形式参数与实际参数 .mp4

在使用函数时，经常会用到形式参数和实际参数。两者都叫作参数，二者之间的区别将通过形式参数与实际参数的名称和作用来进行讲解，并通过一个比喻和实例进行深入理解。

1. 通过名称理解

☑ 形式参数：按照名称理解就是指形式上存在的参数。
☑ 实际参数：按照名称理解就是指实际存在的参数。

2. 通过作用理解

☑ 形式参数：在定义函数时，函数名后面括号中的变量名称为"形式参数"。在函数调用之前，传递给函数的值将被复制到这些形式参数中。
☑ 实际参数：在调用一个函数时，也就是真正使用一个函数时，函数名后面括号中的参数为"实际参数"。函数的调用者提供给函数的参数叫实际参数。实际参数是表达式计算的结果，并且被复制给函数的形式参数。通过图 9.6 可以更好地理解。

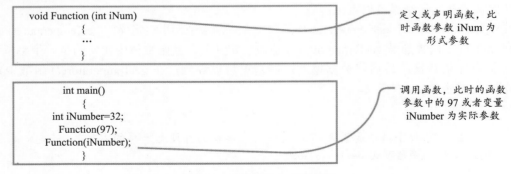

图 9.6　形式参数与实际参数

3. 通过一个比喻来理解形式参数和实际参数

定义函数时列表的参数就是形式参数，而调用函数时传递进来的参数就是实际参数，就像剧本选主角一样，剧本的角色相当于形式参数，而演角色的演员就相当于实际参数。

下面通过一个实例对形式参数和实际参数的用法进行深入理解。

实例 04　编程实现：导演为剧本选主角	实例位置：资源包 \Code\SL\09\04 视频位置：资源包 \Video\09\

在本实例中，模拟导演为剧本选主角，并输出确定参演剧本主角的名字，具体代码如下：

```
01  #include<stdio.h>
02  void Scrip(char* lead);                          /*声明函数*/
03
04  int main()
05  {
06      char cSelect[]="";                           /*定义字符数组变量*/
07      printf("导演选定主角是: ");                    /*输出信息提示*/
08      scanf("%s",&cSelect);                        /*输入字符串*/
09      Scrip(cSelect);                              /*将实际参数传递给形式参数*/
10      return 0;                                    /*程序结束*/
11  }
12
13  /*演员开始出演这个剧本*/
14  void Scrip(char* lead)                           /*lead为形式参数*/
15  {
16      printf("%s开始参演这个剧本\n",lead);            /*输出提示，参演剧本*/
17  }
```

运行程序，程序的运行结果如图 9.7 所示。

图 9.7　导演选择主角

从该实例代码和运行结果可以看出：

（1）声明程序中要用到的函数 Scrip()，在声明函数时 lead 变量是形式参数。

（2）在 main() 主函数中，定义一个字符数组变量，用来保存用户输入的字符。

（3）通过 printf() 库函数显示信息，表示剧本的导演开始选择主角。

（4）使用 scanf() 库函数在控制台中输入字符串，并将其字符串保存在 cSelect 变量中。

（5）cSelect 获得数据之后，调用 Scrip() 函数，将 cSelect 变量作为 Scrip() 函数的参数传递。此时的 cSelect 变量就是实际参数，而传递的对象就是形式参数。

（6）既然调用 Scrip() 函数，程序就会跳转到 Scrip() 函数的定义处。函数定义时的参数 lead 为形式参数，不过此时 lead 已经得到了 cSelect 变量传递给它的值。这样，在下面使用输出语句 printf() 输出 lead 变量时，显示的数据就是 cSelect 变量保存的数据。

（7）Scrip() 函数执行完回到 main() 主函数中，return 语句返回 0，程序结束。

编写登录函数，函数有两个形式参数：账号名和密码。如果账号名为"张三"，密码为"123"，则登录成功，否则登录失败。（资源包 \Code\Try\09\04）

如果所定义的函数没有要求返回值，也可以使用 return 结束程序。

视频讲解

9.4.2 数组作为函数参数

▶ 视频讲解：资源包 \Video\09\9.4.2 数组作为函数参数 .mp4

本节将讨论数组作为实际参数传递给函数的这种特殊情况。将数组作为函数参数进行传递，不同于标准的赋值调用的参数传递方法。

当数组作为函数的实际参数时，只传递数组的地址，而不是将整个数组赋值到函数中。当用数组名作为实际参数调用函数时，指向该数组的第一个元素的指针就被传递到函数中。

注意

在 C 语言中没有任何下标的数组名就是一个指向该数组第一个元素的指针。例如，定义一个具有 10 个元素的整型数组，代码如下：

```
int Count[10];                         /*定义整型数组*/
```

如果上面这行代码中的数组名 Count 没有下标，就与指向第一个元素的指针 *Count 是相同的。

声明函数参数时必须具有相同的类型，根据这一点，下面将对使用数组作为函数参数的各种情况进行详细讲解。

1. 数组名作为函数参数

可以用数组名作为函数参数。当数组作为函数的实际参数时，只传递数组的地址，而不是将整个数组赋值到函数中。当用数组名作为实际参数调用函数时，指向该数组的第一个元素的指针就被传递到函数中。

实例 05　编程实现：按照要求显示出所有素数

实例位置：资源包 \Code\SL\09\05
视频位置：资源包 \Video\09\

编写函数 int fun(int lim,int aa[])，函数功能是求出小于或等于 lim 的所有素数，并放在 aa 数组里，显示所有素数。在本实例中，通过使用数组名作为函数的实际参数和形式参数。具体代码如下：

```c
01  #include <stdio.h>                  /*包含头文件*/
02  int fun(int lim,int aa[])           /*自定义函数*/
03  {
04      int i,j=0,k=0;                   /*定义数组下标循环控制*/
05      for(i=2;i<lim;i++)               /*判断素数*/
06      {
07          for(j=2;j<i;j++)
08              if(i%j==0)
09                  break;
10              if(j==i)
11                      aa[k++]=i;
12
13      }
14      return k;                        /*程序结束*/
15
16  }
```

```
17  int main()                                /*main()主函数*/
18  {
19      int aa[100],i;                         /*定义变量*/
20      fun(100,aa);                           /*调用fun()函数*/
21      printf("100以内的素数有：\n");          /*显示信息*/
22      for(i=0;i<25;i++)                      /*循环数组显示所有的素数*/
23      {
24
25              printf("%d\t",aa[i]);          /*输出满足条件的数*/
26
27      }
28      printf("\n");                          /*换行输出*/
29      return 0;                              /*程序结束*/
30  }
```

运行程序，程序的运行结果如图 9.8 所示。

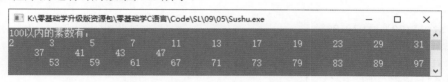

图 9.8　所有素数运行结果

从该实例代码和运行结果可以看出：

（1）自定义 int fun(int lim,int aa[]) 函数，在定义中可以看到函数参数中用数组的名称作为参数名。

（2）在 fun() 函数的定义中可以看到，通过使用形式参数 aa 对数组进行了赋值操作。判断数组中的每个元素数据是否为素数。

（3）在 main() 主函数中，定义一个具有 100 个元素的整型数组 aa。定义整型数组之后，调用 fun() 函数，这时可以看到 aa 数组作为函数参数传递数组的地址。

训练五　　定义一个函数，实现下列级数和：s=1/(1*2)+1/（2*3）+…+1/[n*(n+1)]。（资源包 \Code\Try\09\05）

注意　　在使用数组名作为函数参数时，一定要注意函数调用时参数的传递顺序。

2. 可变长度数组作为函数参数

可以将函数的参数声明成长度可变的数组。例如，声明方式的代码如下：

```
void  Function(int iArrayName[]);            /*声明函数*/
int iArray[10];                              /*定义整型数组*/
Function(iArray);                            /*将数组名作为实际参数进行传递*/
```

从上面的代码中可以看到，在定义和声明一个函数时将数组作为函数参数，并且没有指明数组此时的大小，这样就将函数参数声明为数组长度可变的数组。

实例 06 不使用库函数实现字符串连接功能

实例位置：资源包 \Code\SL\09\06
视频位置：资源包 \Video\09\

在本实例中，不使用编译器提供的函数（即库函数），实现字符串的连接功能，将函数的参数声明为可变长度数组。具体代码如下：

```c
01  #include<stdio.h>                          /*包含头文件*/
02  void _strcat(char str1[],char str2[])      /*自定义strcat()函数*/
03  {
04      int i,j;                               /*定义控制变量*/
05      for(i=0;str1[i]!='\0';i++);            /*字符数组1中循环*/
06          for(j=0;str2[j]!='\0';j++)         /*字符数组2中循环*/
07              str1[i+j]=str2[j];             /*字符串连接*/
08              str1[i+j]='\0';                /*结束*/
09  }
10  int main()                                 /*main()主函数*/
11  {
12      char str1[100],str2[100];              /*定义字符数组*/
13      printf("请输入字符串1:\n");            /*提示信息*/
14      gets(str1);                            /*输入字符串1*/
15      printf("请输入字符串2:\n");            /*提示信息*/
16      gets(str2);                            /*输入字符串2*/
17      _strcat(str1,str2);                    /*调用函数连接2个字符串*/
18      printf("连接后的字符串是: %s\n",str1); /*显示连接后的字符串*/
19      return 0;                              /*程序结束*/
20  }
```

运行程序，程序的运行结果如图 9.9 所示。

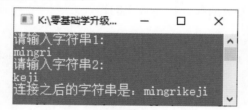

视频讲解

图 9.9 实现字符串连接功能

训练六

编写函数 fun（int a[][N]，int n），函数功能为：使数组左下半边角元素中的值乘以 n。例如：n = 3，a = {{1,9,7},{2,3,8},{4,5,6}}，运行程序得到的结果为：{{3,9,7},{6,9,8},{12,15,18}}。（资源包 \Code\Try\09\06）

3. 使用指针作为函数参数

最后一种方式是将函数参数声明为一个指针。

说明

将函数参数声明为一个指针的方法，也是 C 语言程序比较专业的写法。

例如，声明一个函数参数为指针时，传递数组方法如下：

```
void  Function(int* pPoint);                          /*声明函数*/
```

从上面的代码中可以看到，在声明 Function() 函数时指针作为函数参数。在调用函数时，可以直接将指针作为函数的实际参数进行传递。

实例 07 编程实现：删除字符串中的所有空格

实例位置：资源包 \Code\SL\09\07
视频位置：资源包 \Video\09\

在本实例中，编写一个函数，该函数用来删除字符串中的空格。具体代码如下：

```
01  #include<stdio.h>                                  /*包含头文件*/
02  void allitrim(char *str)                           /*自定义函数*/
03  {
04      char *p=str;                                   /*定义指针*/
05      while(*p!=0)                                    /*字符串不为空*/
06      {
07          if(*p==' ')                                /*如果是空格*/
08          {
09              char *q=p;                             /*定义指针，保存没有空格的字符串*/
10              while(*q!=0)                            /*循环保存字符串*/
11              {
12                  *q=*(q+1);
13                  q++;
14              }
15          }
16          else
17          {
18              p++;                                   /*向下一位查找*/
19          }
20      }
21  }
22  int main()                                         /*主函数*/
23  {
24      char orig[80];                                 /*定义变量*/
25      printf("输入字符串：");                         /*信息提示*/
26      while(gets(orig)&&orig[0]!='\0')               /*循环字符串直到结束*/
27      {
28          printf("输出字符串：");                     /*提示*/
29          allitrim(orig);                            /*调用函数*/
30          puts(orig);                                /*输出改变后的字符串*/
31      }
32      puts("bye!");                                  /*字符为空输出的信息*/
33      return 0;                                       /*程序结束*/
34  }
```

运行程序，程序的运行结果如图 9.10 所示。

图 9.10　删除空格运行结果

从该实例代码和运行结果可以看出：

（1）在程序的开始处声明函数时，将指针作为函数参数。

（2）在 main() 主函数中，首先定义一个具有 80 个元素的数组。将数组名作为 allitrim() 函数的参数。在 allitrim() 函数的定义中，可以看到定义的函数参数也为指针。在 allitrim() 函数体内，通过循环对指针进行赋值操作。

（3）虽然 str 是指针，但也可以使用数组表示。在 main() 主函数中调用 allitrim() 函数时就使用数组表示指针。

训练七　编写函数，将字符串转为大写。（资源包 \Code\Try\09\07）

9.4.3　main() 主函数的参数

▶ 视频讲解：资源包 \Video\09\9.4.3 main() 主函数的参数 .mp4

在前面介绍函数定义的内容中，在讲解函数体时提到过 main() 主函数的有关内容，下面在此基础上对 main() 主函数的参数进行介绍。

在运行程序时，有时需要将必要的参数传递给主函数。main() 主函数的形式参数如下：

```
main(int argc, char* argv[])
```

两个特殊的内部形式参数 argc 和 argv 是用来接收命令行实际参数的，这是只有 main() 主函数具有的参数。

☑　argc 参数保存命令行的参数个数，是整型变量。这个参数的值至少是 1，因为至少程序名就是第一个实际参数。

☑　argv 参数是一个指向字符数组的指针，这个数组中的每一个元素都指向命令行实际参数。所有命令行实际参数都是字符串，任何数字都必须由程序转变成为适当的格式。

实例 08　程序去哪里了	实例位置：资源包 \Code\SL\09\08 视频位置：资源包 \Video\09\

在本实例中，通过使用 main() 主函数的参数，输出本程序的路径及名称。具体代码如下：

```
01  #include<stdio.h>
02
03  int main(int argc,char* argv[])
04  {
05      printf("%s\n",argv[0]);              /*输出程序的位置*/
06      return 0;                            /*程序结束*/
07  }
```

运行程序，程序的运行结果如图 9.11 所示。

图 9.11　main() 主函数的参数使用

利用 main() 主函数参数给程序添加权限判断。用户运行程序的同时需要输入账号和密码，并输出相应的提示。(提示：先生成 .exe 文件，然后使用 cmd 运行。)(资源包 \Code\Try\09\08)

9.5 函数的调用

在生活中，为了能完成某项特殊的工作，需要使用特定功能的工具。那么就要先去制作这个工具，工具制作完成后，才可以使用。函数就像要完成某项功能的工具，而使用函数的过程就是函数的调用。

9.5.1 函数的调用方式

▶ 视频讲解：资源包 \Video\09\9.5.1 函数的调用方式 .mp4

一种工具不止有一种使用方式，就像雨伞一样，它既可以遮雨，也可以遮阳，函数的调用也是如此。函数的调用方式有 3 种，包括函数语句调用、函数表达式调用和函数参数调用。下面对这 3 种情况进行介绍。

1. 函数语句调用

把函数的调用作为一个语句就称为函数语句调用。函数语句调用是最常使用的调用函数的方式。

实例 09　输出《论语》一则	实例位置：资源包 \Code\SL\09\09
	视频位置：资源包 \Video\09\

本实例使用语句调用函数方式，通过调用函数完成显示一条信息的功能，输出《论语》中一则：三人行，必有我师焉，择其善者而从之，其不善者而改之，进而观察函数语句调用的使用方式。具体代码如下：

```
01  #include<stdio.h>                    /*包含头文件*/
02
03  void Display()                       /*定义函数*/
04  {
05      printf("三人行，必有我师焉，择其善者而从之，其不善者而改之\n");/*实现显示一条信息功能*/
06  }
07
08  int main()                           /*main()主函数*/
09  {
10      Display();                       /*函数语句调用*/
11      return 0;                        /*程序结束*/
12  }
```

在介绍定义与声明函数时曾说明，如果在使用函数之前定义函数，那么此时的函数定义已经包含函数声明。

运行程序，程序的运行结果如图 9.12 所示。

图 9.12　输出《论语》一则运行结果

视频讲解

训练九　编写一个函数，输出 2 元店广告词："2 块钱，你买不了吃亏，买不了上当，买啥啥便宜，买不买都过来看一看，本店商品一律 2 元"。（资源包 \Code\Try\09\09）

2. 在表达式中调用函数

函数出现在一个表达式中，这时要求函数必须返回一个确定的值，而这个值则作为参加表达式运算的一部分。

实例 10　实现欧姆定律的计算功能　　实例位置：资源包 \Code\SL\09\10　视频位置：资源包 \Video\09\

在本实例中，定义一个函数，其功能是利用欧姆定律（$R=U/I$）计算电阻值，并在表达式中调用该函数，使得函数的返回值参加运算得到新的结果。具体代码如下：

```
01  #include<stdio.h>                          /*包含头文件*/
02
03  /*声明函数，函数进行计算*/
04  void TwoNum(float iNum1, float iNum2);
05
06  int main()
07  {
08      TwoNum(5,10);                           /*调用函数*/
09      return 0;                               /*程序结束*/
10  }
11
12  void TwoNum(float iNum1, float iNum2)       /*定义函数*/
13  {
14      float iTempResult;                      /*定义整型变量*/
15      iTempResult=iNum1/iNum2;                /*进行计算，并将结果赋值给iTempResult*/
16      printf("电阻值是%f\n",iTempResult);     /*显示输出电阻值*/
17  }
```

运行程序，程序的运行结果如图 9.13 所示。

图 9.13　实现欧姆定律的计算功能

视频讲解

从该实例代码和运行结果可以看出：

（1）对要使用的函数先进行声明操作。

（2）在 main() 主函数中，调用 TwoNum() 函数来计算数值 5 与 10 的相除运算。

（3）定义函数 TwoNum()，在该函数中，定义变量用来存储计算的结果，利用表达式计算欧姆值，并且将运算结果赋值给变量 iTempResult。在该函数中使用 printf() 函数对所得到的结果进行输出显示。

编写函数，输入两个向量坐标，判断是否平行，平行条件为向量坐标相等。（例如：两个向量坐标为（a，b）和（x，y），满足平行条件的公式为 a*y-b*x=0。）（**资源包 \Code\Try\09\10**）

训练十

3. 把函数作为参数使用

函数调用作为一个函数的实际参数，即将函数返回值作为实际参数传递到函数中使用。函数出现在一个表达式中，这时要求函数返回一个确定的值，这个值用作参加表达式的运算。

实例 11 判断体温是否正常	实例位置：资源包 \Code\SL\09\11
	视频位置：资源包 \Video\09\

本实例是编写 getTemperature() 函数返回体温值，将其返回的结果传递给 judgeTemperature() 函数。把函数作为参数使用，在程序中定义 getTemperature() 函数，又定义 judgeTemperature() 函数，而 judgeTemperature() 的参数是 getTemperature()。具体代码如下：

```
01   #include<stdio.h>                                    /*包含头文件*/
02
03   void judgeTemperature(int temperature);             /*声明函数*/
04   int getTemperature();                               /*声明函数*/
05
06   int main()                                          /*main()主函数*/
07   {
08       judgeTemperature(getTemperature());             /*调用函数*/
09       return 0;                                       /*程序结束*/
10   }
11   int getTemperature()                                /*定义体温函数*/
12   {
13       int temperature;                                /*定义整型变量*/
14       printf("please input a temperature:\n");        /*输出提示信息*/
15       scanf("%d",&temperature);                       /*输入体温*/
16       printf("当前体温是：%d\n",temperature);            /*输出当前体温值*/
17       return temperature;                             /*返回体温值*/
18   }
19
20   void judgeTemperature(int temperature)              /*自定义体温正常函数*/
21   {
22       if(temperature<=37.3f&& temperature>=36)        /*判断体温值是否正常*/
23               printf("体温正常\n");
24       else
25               printf("体温不正常\n");
26   }
```

运行程序，程序的运行结果如图 9.14 所示。

视频讲解

图 9.14 体温是否正常运行结果

训练十一　编写 login() 函数，函数有两个参数：账号名和密码。如果账号名为"张三"，密码为"123"，则返回 1，表示登录成功，否则返回 0，表示登录失败。将 login() 函数的结果传入 welcome() 函数中，根据登录结果显示对应的提示。（资源包 \Code\Try\09\11）

9.5.2 嵌套调用

▶ 视频讲解：资源包 \Video\09\9.5.2 嵌套调用 .mp4

在 C 语言中，函数的定义都是互相平行、独立的。也就是说，在定义函数时，一个函数体内不能包含定义的另一个函数。例如，下面的代码是错误的：

```
01  int main()
02  {
03      void Display()                          /*错误！！！不能在函数内定义函数*/
04      {
05          printf("I want to show the Nesting function");
06      }
07      return 0;
08  }
```

从上面的代码中可以看到，在 main() 主函数中定义了一个 Display() 函数，目的是输出一句提示。但 C 语言是不允许进行嵌套定义的，因此，进行编译时就会出现如图 9.15 所示的错误提示。

error C2143: syntax error : missing ';' before '{'

图 9.15　错误提示

虽然 C 语言不允许进行嵌套定义，但是可以嵌套调用函数。也就是说，在一个函数体内可以调用另外一个函数。例如，使用下列代码进行函数的嵌套调用：

```
01  void ShowMessage()                          /*定义函数*/
02  {
03      printf("The ShowMessage function");
04  }
05
06  void Display()
07  {
08      ShowMessage();                          /*正确，在函数体内进行函数的嵌套调用*/
09  }
```

用一个比喻来理解，某公司的 CEO 决定该公司要完成一个方向的目标，但是要完成这个目标就需要将任务传达给公司的经理们，公司中的经理将要做的内容再传达给下级的副经理们，副经理再传达给下属的职员，职员按照上级的指示进行工作，最终完成目标，其过程如图 9.16 所示。

图 9.16　嵌套过程图

实例 12 编程实现：执行总裁 CEO 目标	实例位置：资源包 \Code\SL\09\12
	视频位置：资源包 \Video\09\

在本实例中，利用嵌套函数模拟上述比喻中描述的过程，其中将每一个职位的人要做的事情封装成一个函数，通过调用函数完成最终目标。具体代码如下：

```
01  #include<stdio.h>
02  void CEO();                                   /*声明函数*/
03  void Manager();
04  void AssistantManager();
05  void Clerk();
06  int main()
07  {
08      CEO();                                    /*调用CEO的作用函数*/
09      return 0;
10  }
11  void CEO()
12  {
13      /*输出信息，表示调用CEO函数进行相应的操作*/
14      printf("CEO 给经理安排任务\n");
15      Manager();                                /*调用Manager的功能函数*/
16  }
17  void Manager()
18  {
19      /*输出信息，表示调用Manager函数进行相应的操作*/
20      printf("经理给副经理安排任务\n");
21      AssistantManager();                       /*调用AssistantManager的作用函数*/
22  }
23  void AssistantManager()
24  {
25      /*输出信息，表示调用AssistantManager函数进行相应的操作*/
26      printf("副经理给职员安排任务\n");
27      Clerk();                                  /*调用Clerk的作用函数*/
28  }
29  void Clerk()
30  {
31      /*输出信息，表示调用Clerk函数进行相应的操作*/
32      printf("职员执行任务\n");
33  }
```

运行程序，程序的运行结果如图 9.17 所示。

图 9.17 执行 CEO 目标运行结果

从该实例代码和运行结果可以看出：

（1）在程序中声明将要使用的函数，其中的 CEO 代表公司总裁，Manager 代表经理，Assistant-Manager 代表副经理，Clerk 代表职员。

（2）main() 主函数的下面是有关函数的定义。先来看一下 CEO() 函数，通过输出一条信息来表示这个函数的功能和作用，在此函数体中嵌套调用了 Manager() 函数。Manger() 函数和 CEO() 函数运行的步骤是相似的，只是最后又在 Manager() 函数体内调用了 AssistantManager() 函数。在 AssistantManager() 函数中调用了 Clerk() 函数。注意，在函数嵌套调用时，一定要在使用前进行原型声明。

（3）在 main() 中调用了 CEO() 函数，于是程序的整个流程按照步骤（2）进行，直到 return 0 语句返回，程序结束。

 训练十二　利用函数的嵌套调用计算 s=1^2!+ 2^2!+ 3^2!。（资源包 \Code\Try\09\12）

9.5.3 递归调用

▶ 视频讲解：资源包 \Video\09\9.5.3 递归调用 .mp4

C 语言的函数都支持递归，也就是说，每个函数都可以直接或者间接地调用自己。所谓间接调用，是指在递归函数调用的下层函数中再调用自己。递归关系如图 9.18 所示。

图 9.18　递归调用过程

递归之所以能实现，是因为函数的每个执行过程在栈中都有自己的形式参数和局部变量的副本，这些副本和该函数的其他执行过程不发生关系。

这种机制是当代大多数程序设计语言实现子程序结构的基础，也使得递归成为可能。假定某个调用函数调用了一个被调用函数，再假定被调用函数又反过来调用了调用函数，那么第二个调用就称为调用函数的递归，因为它发生在调用函数的当前执行过程运行完毕之前，而且，因为原先的调用函数、现在的被调用函数在栈中较低的位置有它独立的一组参数和自变量，原先的参数和变量将不受任何影响，所以递归能正常工作。

例如：有 5 个人坐在一起，猜第五个人的年龄，他说比第四个人大 2 岁，问第四个人的年龄，他说比第三个人大 2 岁，问第三个人的年龄，他说比第二个人大 2 岁，问第二个人的年龄，他说比第一个人大 2 岁，问第一个人的年龄，他说他 10 岁，岁数的示意图如图 9.19 所示，一层调用一层。

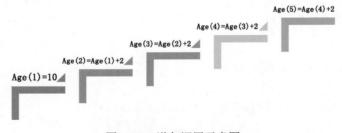

图 9.19　递归调用示意图

实例 13　字符串数组的逆序名单	实例位置：资源包 \Code\SL\09\13
	视频位置：资源包 \Video\09\

在本实例中，定义一个字符串数组，为其赋值为一系列人物的名称，通过递归函数的调用，最后实现逆序显示排列的名单。具体代码如下：

```
01  #include<stdio.h>
02
03  void DisplayNames(char** cNameArray);          /*声明函数*/
04
05  char* cNames[]=                                /*定义字符串数组*/
06  {
07      /*为字符串进行赋值*/
08      "Aaron",
09      "Jim",
10      "Charles",
11      "Sam",
12      "Ken",
13      "end"                                      /*设定结束标志*/
14  };
15
16  int main()
17  {
18      DisplayNames(cNames);                      /*调用递归函数*/
19      return 0;
20  }
21
22  void DisplayNames(char** cNameArray)
23  {
24      if(*cNameArray=="end")                     /*判断结束标志*/
25      {
26          return ;                               /*函数结束返回*/
27      }
28      else
29      {
30          DisplayNames(cNameArray+1);            /*调用递归函数*/
31          printf("%s\n",*cNameArray);            /*输出字符串*/
32      }
33  }
```

运行程序，程序的运行结果如图 9.20 所示。

图 9.20 逆序名单运行结果

从该实例代码和运行结果可以看出：

（1）声明要用到的递归函数，递归函数的参数声明为指针的指针。

（2）定义一个全局字符串数组，并且为其进行赋值。其中的一个字符串数组元素 end 作为字符串数组的结尾标志。

（3）在 main() 主函数中调用递归函数 DisplayNames()。

（4）接下来是有关 DisplayNames() 函数的定义。在 DisplayNames() 的函数体中，通过一个 if 语句判断此时要输出的字符串是否是结束字符，如果是结束标志 end 字符，那么使用 return 语句返回。如果不满足要求，则执行下面的 else 语句，在语句块中先调用的是递归函数，在函数参数处可以看到传递的字符串数组元素发生了改变，传递下一个数组元素。如果调用递归函数，则又开始判断传递进来的字符串是否是数组的结束标志。最后输出字符串数组的元素。

程序调用流程如图 9.21 所示，通过此图会使读者对程序有更清晰的认识。

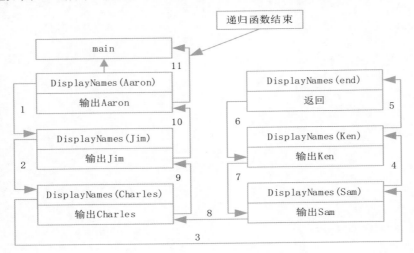

图 9.21　程序调用流程图

训练十三　利用函数的递归实现汉诺（Hanoi）塔问题（有 3 个立柱垂直矗立在地面，给这 3 个立柱分别命名为 "A" "B" "C"。开始的时候立柱 A 上有 64 个圆盘，这 64 个圆盘大小不一，并且按从小到大的顺序依次摆放在立柱 A 上，现在的问题是要将立柱 A 上的 64 个圆盘移到立柱 C 上，并且每次只允许移动一个圆盘，在移动过程中始终保持大盘在下，小盘在上）。（资源包 \Code\Try\09\13）

9.6 内部函数和外部函数

函数是 C 语言程序中的最小单位，往往把一个函数或多个函数保存为一个文件，这个文件称为源文件。定义一个函数，该函数就会被另外的函数所调用。但当一个源程序由多个源文件组成时，可以指定函数不能被其他文件调用。这样，C 语言又把函数分为两类：一类是内部函数，另一类是外部函数。

9.6.1 内部函数

视频讲解

▶ 视频讲解：资源包 \Video\09\9.6.1 内部函数 .mp4

定义一个函数，如果希望这个函数只被所在的源文件使用，那么就称这样的函数为内部函数。内部函数又被称为静态函数。使用内部函数时，可以使函数只局限在函数所在的源文件中，如果在不同的源文件中有同名的内部函数，则这些同名的函数是互不干扰的。就像图 9.22 所示的两个重名的人一样，虽然名字相同，但是所在的班级不同，所以他们互不干扰。

图 9.22 重名小朋友

在定义图 9.22 所示的两个小朋友的名字函数时，要在函数返回值和函数名前面加上关键字 static 进行修饰，一般形式如下：

```
static   返回值类型   函数名(参数列表)
```

例如，定义其中的一个小朋友名字的内部函数，代码如下：

```
static char  *Name1(char *str1)
```

在函数的返回值类型 char* 前加上关键字 static，就将原来的函数修饰成内部函数。

> 多学两招
> 使用内部函数的好处是，不同的开发者可以编写不同的函数，而不必担心所使用的函数是否会与其他源文件中的函数同名，因为内部函数只可以在它所在的源文件中使用，所以，即使不同的源文件中有相同的函数名，也没有关系。

例如：使用内部函数，先通过一个函数对字符串进行赋值，再通过一个函数对字符串进行输出显示。代码如下：

```
01   #include<stdio.h>
02
03   static char* GetString(char* pString)        /*定义赋值函数*/
04   {
05       return pString;                          /*返回字符*/
06   }
07
08   static void ShowString(char* pString)         /*定义输出函数*/
09   {
10       printf("%s\n",pString);                   /*显示字符串*/
11   }
12
13   int main()
14   {
15       char* pMyString;                          /*定义字符串变量*/
16       pMyString=GetString("Hello MingRi!");     /*调用函数为字符串赋值*/
17       ShowString(pMyString);                    /*显示字符串*/
18
19       return 0;
20   }
```

运行程序，程序的运行结果如图 9.23 所示。

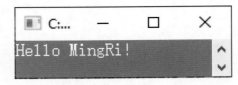

图 9.23　内部函数运行结果

9.6.2 外部函数

视频讲解

▶ 视频讲解：资源包 \Video\09\9.6.2 外部函数 .mp4

　　与内部函数相反的就是外部函数，外部函数是可以被其他源文件调用的函数。定义外部函数时使用关键字 extern 进行修饰。在使用一个外部函数时，要先用 extern 声明所用的函数是外部函数。

　　例如，函数头可以写成下面的形式：

```
extern int Add(int iNum1,int iNum2);
```

　　这样，Add() 函数就可以被其他源文件调用进行加法运算。

注意

在 C 语言中定义函数时，如果不指明函数是内部函数还是外部函数，那么默认将函数指定为外部函数。也就是说，定义外部函数时可以省略关键字 extern。书中的多数实例所使用的函数都为外部函数。

> **实例 14　编写外部函数，输出一句话**　　　　实例位置：资源包 \Code\SL\09\14
> 视频位置：资源包 \Video\09\

　　在本实例中，使用外部函数完成和在 9.6.1 节中使用内部函数时相同的功能，只是所用的函数不包含在同一个源文件中。先通过一个函数对字符串进行赋值，再通过一个函数对字符串进行输出显示。具体代码如下：

```
01   #include<stdio.h>                                  /*包含头文件*/
02
03   extern char* GetString(char* pString);            /*声明外部函数*/
04   extern void ShowString(char* pString);            /*声明外部函数*/
05
06   int main()
07   {
08       char* pMyString;                              /*定义字符串变量*/
09       pMyString=GetString("我们必须在别人改变之前改变自己");   /*调用函数为字符串赋值*/
10       ShowString(pMyString);                        /*显示字符串*/
11       return 0;
12   }
13   extern void ShowString(char* pString)
14   {
15       printf("%s\n",pString);                       /*显示字符串*/
16   }
17   extern char* GetString(char* pString)
```

```
18  {
19      return pString;                                    /*返回字符*/
20  }
```

运行程序，程序的运行结果如图 9.24 所示。

图 9.24　外部函数运行结果

从该实例代码和运行结果可以看出：

（1）在 main() 主函数前，首先声明两个函数，其中使用 extern 关键字说明函数为外部函数。然后在 main() 主函数体中调用这两个函数，GetString() 函数用于对 pMyString 变量进行赋值，而 ShowString() 函数用来输出变量。

（2）在主函数下面对 GetString() 函数进行定义，通过对传入的参数执行返回操作，完成对变量的赋值功能。

（3）对 ShowString() 函数进行定义，在函数体中使用 printf() 函数对传递的参数进行显示。

使用外部函数计算应用题：一个三角形中 3 个内角度数之比为 2：3：3，求每个内角的度数。
训练十四　（资源包 \Code\Try\09\14）

9.7 局部变量和全局变量

在讲解有关局部变量和全局变量的知识之前，先来了解有关作用域方面的内容。作用域的作用就是决定程序中的哪些语句是可用的。换句话说，就是在程序中的可见性。作用域包括局部作用域和全局作用域，局部变量具有局部作用域，而全局变量具有全局作用域。接下来具体看一下有关局部变量和全局变量的内容。

9.7.1 局部变量

视频讲解：资源包 \Video\09\9.7.1 局部变量 .mp4

在一个函数内部定义的变量是局部变量。上述所有实例中绝大多数的变量都是局部变量，这些变量声明在函数内部，无法被其他函数所使用。函数的形式参数也属于局部变量，作用范围仅限于函数内部的所有语句块。局部变量的作用域就像图 9.25 所示的无线 Wi-Fi，只有在 Wi-Fi 的覆盖范围内才可以成功连接 Wi-Fi。

图 9.25　连接 Wi-Fi

说明　在语句块内声明的变量仅在该语句块内部起作用，当然也包括嵌套在其中的子语句块。

图 9.26 表示的是在不同情况下局部变量的作用范围。

```
int Funtion1(int iA)
{
    ...                        } iA的作用范围
}

int Funtion2(int iB)
{
    float fB1,fB2;             } iB、fB1和fB2
    ...                          的作用范围
}

int main()
{
    int iD;
    for(iD=0;iD<10;iD++)
    {
        char cD;              } cD的作用范围    } iD的作用范围
        ...
    }
    return 0;
}
```

图 9.26　局部变量的作用范围

实例 15　模拟美团外卖商家的套餐

实例位置：资源包 \Code\SL\09\15
视频位置：资源包 \Video\09\

例如，某米线店套餐：考神套餐 13 元，单人套餐 9.9 元，情侣套餐 20 元。

本实例使用局部变量编写程序，在不同的位置定义一些变量，并为其赋值来表示变量所在的位置，最后输出显示其变量值，通过输出的信息来观察局部变量的作用范围。具体代码如下：

```
01  #include<stdio.h>                                    /*包含头文件*/
02
03  int main()                                           /*main()主函数*/
04  {
05      int merchant1;                                   /*定义变量*/
06      printf("米线店套餐如下: 1: 考神套餐 2: 单人套餐 3: 情侣套餐\n");
07
08      if(merchant1=1)
09      {
10          /*iNumber2的作用域在if语句块中*/
```

```
11              int iNumber2;
12              printf("考神套餐13元\n");
13
14              if(iNumber2=2)
15              {
16                      /*iNumber3的作用域在if语句块中*/
17                      int iNumber3;
18                      printf("单人套餐9.9元\n");
19                      if(iNumber3=3)
20                      {
21                              printf("情侣套餐20元\n");/*将3个都在此作用域的函数进行输出*/
22                      }
23              }
24      }
25      return 0;
26 }
```

运行程序，显示效果如图 9.27 所示。

图 9.27　美团卖家套餐运行结果

从该实例代码和运行结果可以看出：

（1）在程序中有 3 个作用范围，main() 主函数是其中最大的作用范围，因为定义变量 merchant 1 在 main() 主函数中，所以 merchant 1 的作用范围是在整个 main() 主函数体中。

（2）iNumber2 定义在第一个 if 语句块中，因此它的作用范围就是在第一个 if 语句块内。变量 iNumber3 在最内部的嵌套层，因此作用范围只在最里面的 if 语句块中。

（3）一个局部变量的作用范围可以由包含变量的一对大括号所限定，这样就可以更好地观察到局部变量的作用域。

使用局部变量编写程序，模拟场景：两位女士合租一套房子，她俩的房间里都有自己的柜子，其中一位屋里是实木柜，另一位是简易柜，这两位女士分别使用自己屋里的柜子。（资源包 \Code\Try\09\15）

训练十五

在 C 语言中位于不同作用域的变量可以使用相同的标识符，也就是可以为变量起相同的名称。如果内层作用域中定义的变量和已经声明的某个外层作用域中的变量有相同的名称，在内层中使用这个变量名，那么内层作用域中的变量将屏蔽外层作用域中的那个变量，直到结束内层作用域为止。这就是局部变量的屏蔽作用。

实例 16　屏蔽作用　　　　　　　　　　　　实例位置：资源包 \Code\SL\09\16
　　　　　　　　　　　　　　　　　　　　　　视频位置：资源包 \Video\09\

在本实例中，不同的语句块定义了 3 个相同名称的变量，通过输出变量值来演示有关局部变量的屏蔽效果。具体代码如下：

```
01  #include<stdio.h>
02
03  int main()                                  /*main()主函数*/
04  {
05      int iNumber1=1;                         /*第一个iNumber1定义位置*/
06      printf("%d\n",iNumber1);                /*输出变量值*/
07
08      if(iNumber1>0)
09      {
10          int iNumber1=2;                     /*第二个iNumber1定义位置*/
11          printf("%d\n",iNumber1);            /*输出变量值*/
12
13          if(iNumber1>0)
14          {
15              int iNumber1=3;                 /*第3个iNumber1定义位置*/
16              printf("%d\n",iNumber1);        /*输出变量值*/
17          }
18
19          printf("%d\n",iNumber1);            /*输出变量值*/
20      }
21
22      printf("%d\n",iNumber1);                /*输出变量值*/
23      return 0;
24  }
```

运行程序，显示效果如图 9.28 所示。

图 9.28　局部变量屏蔽作用的运行结果

从该实例代码和运行结果可以看出：

（1）在 main() 主函数中，定义了第一个整型变量 iNumber1，将其赋值为 1，赋值之后使用 printf() 函数输出变量 iNumber1。在程序的运行结果中可以看到，此时 iNumber1 的值为 1。

（2）使用 if 语句进行判断，这里使用 if 语句的目的在于划分出一段语句块。因为位于不同作用域的变量可以使用相同的标识符，所以在 if 语句块中也定义一个 iNumber1 变量，并将其赋值为 2。再次使用 printf() 函数输出变量 iNumber1 的值，观察程序的运行结果发现，第二个输出的值为 2。此时值为 2 的变量在此作用域中就将值为 1 的变量屏蔽掉。

（3）在 if 语句中再次进行嵌套，其嵌套语句中定义相同标识符的 iNumber1 变量，为了进行区分，将其赋值为 3。调用 printf() 函数输出变量 iNumber1，从程序运行的结果可以看出，显示结果为 3。由此看出值为 3 的变量将值为 2 与 1 的两个变量都进行了屏蔽。

（4）在最深层嵌套的 if 语句结束之后，使用 printf() 函数进行输出，发现此时显示的值为 2。由此说明此时已经不在值为 3 的变量作用范围，而在值为 2 的作用范围。

（5）当 if 语句结束之后，输出变量值，此时显示的变量值为 1，说明离开了值为 2 的作用范围，不再对值为 1 的变量产生屏蔽作用。

训练十六　小红经常更换电脑桌面的主题背景，于是她将喜欢各种风格的壁纸整理一下，但是由于风格太多，所以编写了程序将所有的风格输出，例如，输出下表中的风格壁纸。（资源包 \Code\Try\09\16）

风景
蓝天白云
奇幻梦境

9.7.2 全局变量

视频讲解

▶ 视频讲解：资源包 \Video\09\9.7.2 全局变量 .mp4

　　程序的编译单位是源文件，通过 9.7.1 节的介绍可以了解到在函数中定义的变量被称为局部变量。如果一个变量在所有函数的外部声明，这个变量就是全局变量。顾名思义，全局变量是可以在程序中的任何位置进行访问的变量。

注意　全局变量不属于某个函数，而属于整个源文件。但如果外部文件要使用，就要用 extern 关键字进行引用修饰。

　　定义全局变量的作用是增加函数间数据联系的渠道。由于同一个文件中的所有函数都能引用全局变量的值，因此，如果在一个函数中改变了全局变量的值，就能影响到其他函数，相当于各个函数间有直接传递通道。

　　例如，有一家全国连锁商店机构，商店所使用的价格是全国统一的。全国各地有很多这样的连锁商店，当进行价格调整时，应该确保每一家连锁商店的价格是相同的。全局变量就像其中所要设定的价格，而函数就像每一家连锁店，当全局变量进行修改时，函数中使用的该变量都将被更改。

　　为了使读者更清楚地掌握其概念，使用下面的实例模拟上面商店的比喻进行理解和分析。

实例 17　编程模拟连锁店大调价	实例位置：资源包 \Code\SL\09\17 视频位置：资源包 \Video\09\

　　在本实例中，使用全局变量模拟某面包房连锁店全国价格的调整，使用函数表示连锁店，并在函数中输出一条消息，表示连锁店中的价格。具体代码如下：

```
01  #include<stdio.h>
02
03  int iGlobalPrice=10;              /*设定商店的初始价格*/
04
05  void Store1Price();              /*声明函数，代表1号连锁店*/
```

```
06    void Store2Price();                                /*代表2号连锁店*/
07    void Store3Price();                                /*代表3号连锁店*/
08    void ChangePrice();                                /*更改连锁店的统一价格*/
09
10    int main()
11    {
12        /*先显示价格改变之前所有连锁店手撕面包的价格*/
13        printf("手撕面包原价格是 : %d\n",iGlobalPrice);
14        Store1Price();                                 /*显示1号连锁店该产品的价格*/
15        Store2Price();                                 /*显示2号连锁店该产品的价格*/
16        Store3Price();                                 /*显示3号连锁店该产品的价格*/
17        /*调用函数，改变连锁店手撕面包的价格*/
18        ChangePrice();
19        /*显示提示，显示修改后的价格*/
20        printf("手撕面包当前价格是: %d\n",iGlobalPrice);
21        Store1Price();                                 /*显示1号连锁店该产品的当前价格*/
22        Store2Price();                                 /*显示2号连锁店该产品的当前价格*/
23        Store3Price();                                 /*显示3号连锁店该产品的当前价格*/
24        return 0;
25    }
26    /*定义1号连锁店手撕面包的价格函数*/
27    void Store1Price()
28    {
29        printf("1号连锁店手撕面包的价格是: %d\n",iGlobalPrice);
30    }
31    /*定义2号连锁店手撕面包的价格函数*/
32    void Store2Price()
33    {
34        printf("2号连锁店手撕面包的价格是: %d\n",iGlobalPrice);
35    }
36    /*定义3号连锁店手撕面包的价格函数*/
37    void Store3Price()
38    {
39        printf("3号连锁店手撕面包的价格是: %d\n",iGlobalPrice);
40    }
41    /*定义更改连锁店手撕面包的价格函数*/
42    void ChangePrice()
43    {
44        printf("手撕面包的价格调整后为: ");
45        scanf("%d",&iGlobalPrice);
46    }
```

运行程序，显示效果如图 9.29 所示。

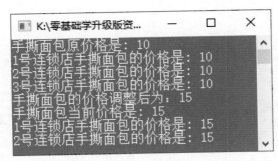

视频讲解

图 9.29 使用全局变量模拟连锁店商品调价的运行结果

从该实例代码和运行结果可以看出：

（1）在程序中，定义了一个全局变量 iGlobalPrice 来表示所有连锁店的价格，为了可以形成对比，初始化值为 10。定义 3 个函数，分别代表 3 个连锁店的价格，例如，Store1Price 代表 1 号连锁店；定义 ChangePrice() 函数用来改变全局变量的值，也就代表对所有连锁店进行调价。

（2）在 main() 主函数中，首先显示连锁店的初始价格，之后通过一条信息提示更改 iGlobalPrice 变量。当全局变量被修改后，将所有连锁店当前的价格再进行输出和对比。

（3）通过这个程序的运行结果可以看出，全局变量增加了函数间数据联系的渠道，当修改一个全局变量时，所有函数中的该变量都会改变。

训练十七　将钱包中的总金额设为全局变量，定义一个 pay(int number) 付款方法，每次付款之后，都会减少钱包中的总金额，付款三次之后，钱包中还剩多少钱？（资源包 \Code\Try\09\17）

9.8 小结

本章主要讲解 C 语言中函数的相关内容，包括：函数的定义、函数的返回语句、函数参数、函数调用、内部函数和外部函数、局部变量和外部变量以及函数应用。

通过讲解函数定义，帮助读者学会定义一个函数。通过返回语句和函数参数的介绍，使读者更深一步了解函数的细节部分。只知道如何定义函数是不够的，通过介绍函数的调用，将函数的各种调用方式与方法进行详细说明。接下来讲解内部函数和外部函数，以及局部变量和全局变量的知识，更深入地探讨细节部分。最后讲解一些常用的函数，通过将常用的函数放入实例中进行演示，便于读者轻松地了解函数的功能。函数是 C 语言的重点部分，希望读者对此部分的知识多加理解。

本章 e 学码：关键知识点拓展阅读

| ctype.h | math.h | 作用域 | 级数和 |

e 学码

第10章

指针

（ ▶ 视频讲解：1 小时 31 分）

本章概览

指针是 C 语言的一个重要组成部分，是 C 语言的核心、精髓所在，用好指针可以在 C 语言编程中起到事半功倍的效果。一方面，可以提高程序的编译效率和执行速度，实现动态的存储分配；另一方面，使用指针可使程序更灵活，便于表示各种数据结构，编写高质量的程序。

知识框架

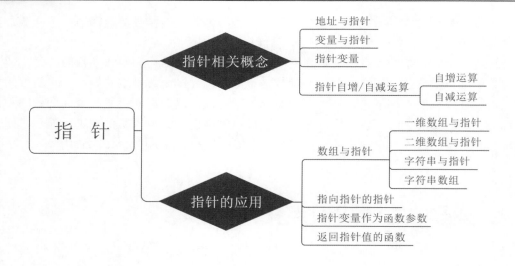

10.1 指针相关概念

指针是 C 语言显著的优点之一，其使用起来十分灵活，并且能提高某些程序的效率，但如果使用不当，就很容易导致系统出现错误。许多程序"挂死"往往都是由于错误地使用指针造成的。

10.1.1 地址与指针

📹 视频讲解：资源包 \Video\10\10.1.1 地址与指针 .mp4

系统的内存就好比带有编号的小房间，如果想使用内存，就需要得到房间编号。图 10.1 定义了一个整型变量 i，一个整型变量需要 4 字节，所以编译器为变量 i 分配的编号为 1000 ～ 1003。

地址就是内存单元中对每字节的编号，如图 10.1 所示的 1000、1001、1002 和 1003 就是地址，为了进一步说明，来看图 10.2。

图 10.2 所示的 1000、1004 等就是内存单元的地址，而 0、1 就是内存单元的内容，换种说法，就是基本整型变量 i 在内存中的地址从 1000 开始。因为基本整型占 4 字节，所以变量 j 在内存中的起始地址为 1004。变量 i 的内容为 0，变量 j 的内容为 1。

图 10.1　变量在内存中的存储　　　　图 10.2　变量存放

这里仅将指针看作内存中的一个地址，在多数情况下，这个地址是内存中另一个变量的位置，如图 10.3 所示。

在程序中定义了一个变量，在进行编译时就会给该变量在内存中分配一个地址，通过访问这个地址，可以找到所需的变量，这个变量的地址被称为该变量的"指针"。图 10.3 所示的地址 1000 是变量 i 的指针。

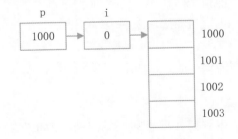

图 10.3　指针

10.1.2 变量与指针

📹 视频讲解：资源包 \Video\10\10.1.2 变量与指针 .mp4

变量的地址是变量和指针二者之间连接的纽带，如果一个变量包含另一个变量的地址，则可以理解成第一个变量指向第二个变量。所谓"指向"，就是通过地址来体现的。因为指针变量是指向一个变量的地址，所以将一个变量的地址值赋给这个指针变量后，这个指针变量就"指向"了该变量。例如，将变量 i 的地址存放到指针变量 p 中，p 就指向 i，其关系如图 10.4 所示。

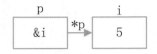

图 10.4　地址与指针

在程序代码中，一般是通过变量名对内存单元进行存取操作的，但是代码经过编译后已经将变量名转换为该变量在内存中的存放地址，对变量值的存取都是通过地址进行的。如对图 10.2 中的变量 i 和变量 j 进行如下操作：

```
i+j;
```

其含义是：首先根据变量名与地址的对应关系，找到变量 i 的地址 1000，然后从 1000 开始读取 4 字节数据放到 CPU 寄存器中，再找到变量 j 的地址 1004，从 1004 开始读取 4 字节数据放到 CPU 的另一个寄存器中，通过 CPU 的加法中断计算出结果。

在低级语言的汇编语言中，都是直接通过地址来访问内存单元的，在高级语言中一般使用变量名访问内存单元，但 C 语言作为高级语言，提供了通过地址来访问内存单元的方式。

10.1.3 指针变量

▶ 视频讲解：资源包 \Video\10\10.1.3 指针变量 .mp4

由于通过地址能访问指定的内存单元，可以说地址"指向"该内存单元。地址可以被形象地称为指针，意思是通过指针能找到内存单元。一个变量的地址又称为该变量的指针。如果有一个变量专门用来存放另一个变量的地址，它就是指针变量。指针变量与变量在内存中的关系如图 10.5 所示。通过 1000 这个地址能访问 2000 的内存单元，再通过 2000 找到对应的数据，以此类推。

1000	2000	p1 → 2000	1.13
1001	2001	p2 → 2001	5.20
1002	2002	p3 → 2002	5.21
1003	2003	p4 → 2003	666

图 10.5　指针变量与变量在内存中的关系

在 C 语言中，有专门用来存放内存单元地址的变量类型，即指针类型。下面将针对如何定义一个指针变量、如何为一个指针变量赋值，以及如何引用指针变量这 3 方面内容分别进行介绍。

1. 指针变量的一般形式

如果有一个变量专门用来存放另一变量的地址，则它被称为指针变量。图 10.4 所示的 p 就是一个指针变量。如果一个变量包含指针（指针等同于一个变量的地址），则必须对它进行说明。定义指针变量的一般形式如下：

类型说明 * 变量名；

其中，"*"表示该变量是一个指针变量，变量名即定义的指针变量名，类型说明表示本指针变量所指向的变量的数据类型。定义指针变量的示例如图 10.6 所示。

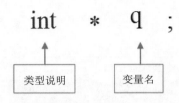

图 10.6　指针变量

2．指针变量的赋值

指针变量同普通变量一样，使用之前不仅需要定义，而且必须赋予具体的值。未经赋值的指针变量不能使用。给指针变量所赋的值与给其他变量所赋的值不同，给指针变量的赋值只能赋予地址，而不能赋予任何其他数据，否则将引起错误。C 语言中提供了地址运算符"&"来表示变量地址。其一般形式为：

& 变量名；

如 &a 表示变量 a 的地址，&b 表示变量 b 的地址。给一个指针变量赋值可以有以下两种方法。

（1）定义指针变量的同时就进行赋值，例如：

```
int a;
int *p=&a;
```

（2）先定义指针变量，再赋值，例如：

```
int a;
int *p;
p=&a;
```

注意

这两种赋值语句的区别：如果在定义完指针变量之后再赋值，则应注意不要加"*"。

实例 01　输出变量地址	实例位置：资源包 \Code\SL\10\01
	视频位置：资源包 \Video\10\

本实例先定义一个变量，之后以十六进制形式输出变量地址。具体代码如下：

```
01  #include<stdio.h>                        /*包含头文件*/
02  int main()                               /*main()主函数*/
03  {
04      int a;                               /*定义整型数据*/
05      int *ipointer1;                      /*声明指针变量*/
06      printf("请输入数据：\n");             /*输出提示*/
```

```
07        scanf("%d",&a);                               /*输入数*/
08        ipointer1 = &a;                               /*将地址赋给指针变量*/
09        printf("转换十六进制为: %x\n",&(*ipointer1));   /*以十六进制形式输出*/
10        return 0;                                      /*程序结束*/
11    }
```

程序运行结果如图 10.7 所示。

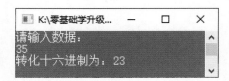

视 频 讲 解

图 10.7 输出变量地址运行结果

训练一

模拟场景：输出标准答案，假设 Z 同学是班级里写作业最好的同学，大家都喜欢抄他的答案，一天 A 同学找 Z 同学：把作业借我参考一下，Z 回答说：标准答案在 Y 那里，Y 说答案是 10。（提示：利用指针将答案输出。）（**资源包 \Code\Try\10\01**）

通过实例 01 可以发现程序中采用的赋值方式是上述第二种方法，即：先定义，再赋值。

常见错误

容易出现把一个数值赋予指针变量的情况，错误示例如下：

```
int *p;
p=1002;
```

3. 指针变量的引用

引用指针变量是对变量进行间接访问的一种形式。对指针变量的引用形式如下：

```
*指针变量
```

其含义是引用指针变量所指向的值。

实例 02　利用指针编写程序将两个数交换　　　实例位置：资源包 \Code\SL\10\02
　　　　　　　　　　　　　　　　　　　　　　　　　视频位置：资源包 \Video\10\

本实例定义一个 swap() 函数，要求它的参数是指针类型，所要实现的功能是将两个数进行交换，具体代码如下：

```
01    #include<stdio.h>                    /*包含头文件*/
02    void swap(int *a,int *b)             /*自定义交换函数*/
03    {
04        int t=*a;                        /*实现两个数交换*/
05        *a=*b;
06        *b=t;
07    }
08    int main()                           /*main()主函数*/
09    {
```

```
10      int x=1,y=9;                              /*定义变量并初始化*/
11      swap(&x,&y);                              /*调用函数交换值*/
12      printf("交换数据是: x=%d,y=%d\n",x,y);     /*输出交换后的值*/
13      return 0;                                 /*程序结束*/
14  }
```

程序运行结果如图 10.8 所示。

视频讲解

图 10.8　两个数交换运行结果

训练二　使用指针比较两个数的大小。（**资源包 \Code\Try\10\02**）

4.　"&" 和 "*" 运算符

在介绍指针变量的过程中用到了 "&" 和 "*" 两个运算符，运算符 "&" 是一个返回操作数地址的单目运算符，叫作取地址运算符，例如：

```
p=&i;
```

就是将变量 i 的内存地址赋给 p，这个地址是该变量在计算机内部的存储位置。

运算符 "*" 是单目运算符，叫作指针运算符，其作用是返回指定地址内变量的值。在图 10.4 中提到过 p 中装有变量 i 的内存地址，如果把变量 i 的值赋给 q，假如变量 i 的值是 5，则 q 的值也是 5，代码如下：

```
q=*p;
```

5.　"&*" 和 "*&" 的区别

通过以下两条语句来分析 "&*" 和 "*&" 的区别，代码如下：

```
int a;
p=&a;
```

"&" 和 "*" 的运算符优先级别相同，按自右而左的方向结合。因此 "&*p" 先进行 "*" 运算，"*p" 相当于变量 a；再进行 "&" 运算，"&*p" 就相当于取变量 a 的地址。"*&a" 先进行 "&" 运算，"&a" 就是取变量 a 的地址，然后执行 "*" 运算，"*&a" 就相当于取变量 a 所在地址的值，实际就是变量 a。下面通过两个实例来具体介绍。

实例 03　输出 i、j、c 的地址　　实例位置：资源包 \Code\SL\10\03
　　　　　　　　　　　　　　　　　　视频位置：资源包 \Video\10\

本实例定义了 3 个指针变量 p、q 和 n，并且使用 "&*" 计算 "c=i+j"，计算后分别输出变量 i、j、c 的地址值，具体代码如下：

零基础学C语言（升级版）

```
01  #include<stdio.h>                              /*包含头文件*/
02  int main()                                     /*main()主函数*/
03  {
04      long i,j,c;                                /*定义变量*/
05      long *p,*q,*n;                             /*定义指针变量*/
06      printf("please input the numbers:\n");     /*提示用户输入数据*/
07      scanf("%ld,ld",&i,&j);                     /*输入数据*/
08      c=i+j;                                     /*实现两个数相加*/
09      p=&i;                                      /*将地址赋给指针变量*/
10      q=&j;
11      n=&c;
12      printf("%ld\n",&*p);                       /*输出变量i的地址*/
13      printf("%ld\n",&*q);                       /*输出变量j的地址*/
14      printf("%ld\n",&*n);                       /*输出变量c的地址*/
15      return 0;                                  /*程序结束*/
16  }
```

程序运行结果如图10.9所示。

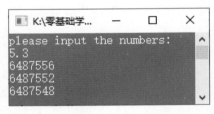

图10.9 "&*"的使用

视频讲解

训练三

某工程队修一条公路，第一天修600米，第二天修全长的20%，第三天修全长的25%，这三天共修了全长的75%，求这条公路全长多少米。编写程序计算并输出此公路总长变量的内存地址。（资源包 \Code\Try\10\03）

实例04 *& 的使用

实例位置：资源包 \Code\SL\10\04
视频位置：资源包 \Video\10\

9头小猪要渡河，但只有一艘一次能载3头小猪的木船，如果只有一头小猪会划木船，那么9头小猪至少几次能全部渡过河？将计算结果利用 *& 输出。具体代码如下：

```
01  #include<stdio.h>                          /*包含头文件*/
02  int main()                                 /*main()主函数*/
03  {
04      int a=6/(3-1)+1;                       /*计算几次能渡过河*/
05      int *p;                                /*定义指针变量*/
06          p=&a;                              /*将地址赋给指针变量*/
07          printf("至少%d次能全部渡过河\n",*&a); /*利用*&输出次数*/
08          return 0;                          /*程序结束*/
09  }
```

200

程序运行结果如图 10.10 所示。

图 10.10　"*&" 的使用

训练四

如果杯子的底面积是 60 平方厘米，杯子装上 8 厘米高的水，杯子和水的总质量为 0.6 千克（水的密度是每立方米 10^3 千克，重力加速度 g 的值为每千克 10 牛顿），利用 *& 计算并输出水对杯子产生压强的大小。（资源包 \Code\Try\10\04）

10.1.4　指针自增 / 自减运算

视频讲解

▶ 视频讲解：资源包 \Video\10\10.1.4 指针自增 / 自减运算 .mp4

指针的自增 / 自减运算不同于普通变量的自增 / 自减运算。也就是说，并非简单地加 1 或减 1，下面通过实例进行具体分析。

实例 05　指针自增，地址变化了	实例位置：资源包 \Code\SL\10\05
	视频位置：资源包 \Video\10\

本实例定义一个指针变量，将这个变量进行自增运算，利用 printf() 函数将地址输出，具体代码如下：

```
01  #include<stdio.h>                         /*包含头文件*/
02  int main()                                /*main()主函数*/
03  {
04      int i;                                /*定义整型变量*/
05      int *p;                               /*定义指针变量*/
06      printf("please input the number:\n"); /*提示信息*/
07      scanf("%d",&i);                       /*输入数据*/
08      p=&i;                                 /*将变量i的地址赋给指针变量*/
09      printf("the result1 is: %d\n",p);     /*输出p的地址*/
10      p++;                                  /*地址加1，这里的1并不代表1字节*/
11      printf("the result2 is: %d\n",p);     /*输出p++后的地址*/
12  }
```

程序运行结果如图 10.11 所示。

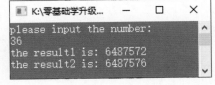

图 10.11　int 类型指针自增 / 自减运行结果

基本整型变量 i 在内存中占 4 字节，指针 p 指向变量 i 的地址，这里的 p++ 不是简单地在地址上加 1，而是指向下一个存放基本整型数据的地址。

指针都按照它所指向的数据类型的直接长度进行增或减。可以将实例 05 用图 10.12 来形象地表示。

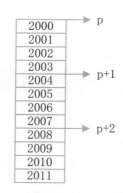

图 10.12　指向整型变量的指针

将实例 05 的代码修改如下：

```
01  #include<stdio.h>
02  int main()
03  {
04      short i;
05      short *p;
06      printf("please input the number:\n");
07      scanf("%d",&i);
08      p=&i;                            /*将变量i的地址赋给指针变量*/
09      printf("the result1 is: %d\n",p);
10      p++;                            /*地址加1，这里的1并不代表1字节*/
11      printf("the result2 is: %d\n",p);
12  }
```

程序运行结果如图 10.13 所示。这也再次证明，p++ 不是简单地在地址上加 1，而是指向下一个存放数据的地址。

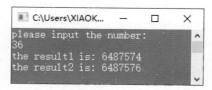

图 10.13　short 类型指针自增／自减运行结果

 利用指针统计 "I have a dream." 的单词个数。（资源包 \Code\Try\10\05）

10.2 数组与指针

系统需要提供一定量连续的内存来存储数组中的各元素，内存都有地址，指针变量就是存放地址的变量，如果把数组的地址赋给指针变量，就可以通过指针变量来引用数组。下面就介绍如何用指针来引用一维数组及二维数组元素。

10.2.1 一维数组与指针

📹 视频讲解：资源包 \Video\10\10.2.1 一维数组与指针 .mp4

当定义一个一维数组时，系统会在内存中为该数组分配一个存储空间，其数组的名称就是数组在内存中的首地址。若再定义一个指针变量，并将数组的首地址传给指针变量，则该指针就指向了这个一维数组。例如：

```
int *p,a[10];
p=a;
```

这里 a 是数组名，也就是数组的首地址，将它赋给指针变量 p，也就是将数组 a 的首地址赋给 p。也可以写成如下形式：

```
int *p,a[10];
p=&a[0];
```

上面的语句是将数组 a 中首个元素的地址赋给指针变量 p。由于 a[0] 的地址就是数组的首地址，因此两条赋值操作的效果完全相同。

实例 06 输出数组中的元素	实例位置：资源包 \Code\SL\10\06
	视频位置：资源包 \Video\10\

本实例是使用指针变量输出数组中的每个元素，具体代码如下：

```
01  #include<stdio.h>                        /*包含头文件*/
02  int main()                               /*main()主函数*/
03  {
04      int *p,*q,a[5],b[5],i;               /*定义变量*/
05      p=&a[0];                             /*将数组元素赋给指针*/
06      q=b;
07      printf("please input array a:\n");   /*提示输入数组a*/
08      for(i=0;i<5;i++)                     /*输入数组a*/
09          scanf("%d",&a[i]);
10          printf("please input array b:\n");   /*提示输入数组b*/
11      for(i=0;i<5;i++)                     /*输入数组b*/
12          scanf("%d",&b[i]);
13          printf("array a is:\n");         /*提示输出数组a*/
14      for(i=0;i<5;i++)
15          printf("%5d",*(p+i));            /*利用指针输出数组a中的元素*/
16          printf("\n");
17          printf("array b is:\n");         /*提示输出数组b*/
18      for(i=0;i<5;i++)
19          printf("%5d",*(q+i));
20      printf("\n");                        /*换行*/
21  }
```

程序运行结果如图 10.14 所示。

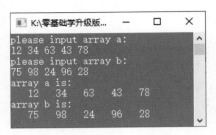

图 10.14　输出数组元素

训练六　使用指针寻找字符串"Life is brief, and then you die, you know ？"中","的位置。（资源包 \Code\ Try\10\06）

实例 06 中第 5、6 行有如下两条语句：

```
p=&a[0];
q=b;
```

这两种表示方法都是将数组的首地址赋给指针变量。

通过指针的方式来引用一维数组中的元素，代码如下：

```
int *p,a[5];
p=&a[0];
```

针对上面的语句，相关的知识介绍如下：

☑ p+n 与 a+n 表示数组元素 a[n] 的地址，即 &a[n]。对整个数组 a 来说，共有 5 个元素，n 的取值为 0 ～ 4，则数组元素的地址就可以表示为 p+0 ～ p+4 或 a+0 ～ a+4。

☑ 表示数组中的元素用到了前面介绍的数组元素的地址，用 *(p+n) 和 *(a+n) 来表示数组中的各元素。

实例 06 中第 15 行语句：

```
printf("%5d",*(p+i));
```

和第 19 行语句：

```
printf("%5d",*(q+i));
```

分别表示输出数组 a 和数组 b 中对应的元素。

实例 06 中使用指针指向一维数组及通过指针引用数组元素的过程可以通过图 10.15 和图 10.16 来表示。

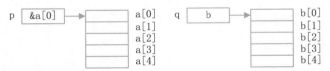

图 10.15　指针指向一维数组

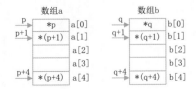

图 10.16　通过指针引用数组元素

在 C 语言中，可以用 a+n 表示数组元素的地址，*(a+n) 表示数组元素，这样就可以将实例 06 中第 13 ～ 20 行代码改成如图 10.17 所示的形式。

```
printf("array a is:\n");
for(i=0;i<5;i++)
            printf("%5d",*(a+i));
        printf("\n");
        printf("array b is:\n");
for(i=0;i<5;i++)
    printf("%5d",*(b+i));
                printf("\n");
```

图 10.17　代码段 1

程序运行的结果与实例 06 的运行结果一样。

表示指针的移动可以使用 "++" 和 "--" 这两个运算符。利用 "++" 运算符可将实例 06 中第 13 ～ 20 行代码改写成如图 10.18 所示的形式。

还可将实例 06 的代码进一步改写，运行结果仍相同，在图 10.18 的基础上修改实例 06 的第 7 ～ 12 行代码，修改后的代码如图 10.19 所示。

```
printf("array a is:\n");
for(i=0;i<5;i++)
            printf("%5d",*p++);
        printf("\n");
        printf("array b is:\n");
for(i=0;i<5;i++)
    printf("%5d",*q++));
                printf("\n");
```

图 10.18　代码段 2

```
printf("please input array a:\n");
for(i=0;i<5;i++)
    scanf("%d",p++);
printf("please input array b:\n");
for(i=0;i<5;i++)
    scanf("%d",q++);
p=a;
q=b;
```

图 10.19　代码段 3

由图 10.19 所示的程序与实例 06 的程序对比可以看出，在输出数组元素时需要使用指针变量，则需加上如下语句：

```
p=a;
q=b;
```

这两个语句的作用是将指针变量 p 和 q 重新指向数组 a 和数组 b 在内存中的起始位置。若没有该语句，而直接使用 *p++ 的方法输出，则此时将会出现错误。

10.2.2 二维数组与指针

视频讲解

▶ 视频讲解：资源包 \Video\10\10.2.2 二维数组与指针 .mp4

定义一个 3 行 5 列的二维数组，其在内存中的存储形式如图 10.20 所示。

	&a[0][0] a[0]+0 ↓ 2000	&a[0][1] a[0]+1 ↓ 2004	&a[0][2] a[0]+2 ↓ 2008	&a[0][3] a[0]+3 ↓ 2012	&a[0][4] a[0]+4 ↓ 2016
a &a[0] → 2000	1	2	3	4	5
a+1 &a[1] → 2020	6	7	8	9	10
a+2 &a[2] → 2040	11	12	13	14	15

图 10.20　二维数组

从图 10.20 中可以看到几种表示二维数组中元素地址的方法，下面逐一进行介绍。

&a[0][0] 既可以看作数组 0 行 0 列的首地址，也可以看作二维数组的首地址。&a[m][n] 就是第 m 行 n 列元素的地址。a[0]+n 表示第 0 行第 n 个元素的地址。

实例 07　将输入的数以二维数组形式显示

实例位置：资源包 \Code\SL\10\07
视频位置：资源包 \Video\10\

例如，输入数据：23，15，37，89，49，42，44，30，59，10，75，89，29，40，6。将这些数据以 3 行 5 列的二维数组的形式显示。具体代码如下：

```
01   #include<stdio.h>
02   int main()
03   {
04       int a[3][5],i,j;
05       printf("please input:\n");
06       for(i=0;i<3;i++)                           /*控制二维数组的行数*/
07       {
08           for(j=0;j<5;j++)                       /*控制二维数组的列数*/
09           {
10               scanf("%d",a[i]+j);                /*给二维数组元素赋初值*/
11           }
12       }
13       printf("the array is:\n");
14       for(i=0;i<3;i++)
15       {
16           for(j=0;j<5;j++)
17           {
18               printf("%5d",*(a[i]+j));           /*输出数组中的元素*/
19           }
20           printf("\n");
21       }
22   }
```

程序运行结果如图 10.21 所示。

图 10.21　指针输出二维数组

将 5 个班的语文平均成绩、数学平均成绩和英语平均成绩保存到一个二维数组中并输出。（资源包 \Code\Try\10\07）

训练七

在运行结果仍相同的前提下，还可以将程序代码修改如下：

```
01   #include<stdio.h>
02   int main()
03   {
04       int a[3][5],i,j,*p;
05       p=a[0];
06       printf("please input:\n");
07       for(i=0;i<3;i++)                    /*控制二维数组的行数*/
08       {
09               for(j=0;j<5;j++)            /*控制二维数组的列数*/
10               {
11                       scanf("%d",p++);    /*为二维数组中的元素赋值*/
12               }
13       }
14       p=a[0];                             /*p为第一个元素的地址*/
15       printf("the array is:\n");
16       for(i=0;i<3;i++)
17       {
18               for(j=0;j<5;j++)
19               {
20                       printf("%5d",*p++); /*输出二维数组中的元素*/
21               }
22               printf("\n");
23       }
24   }
```

&a[0] 是第 0 行的首地址，当然 &a[n] 就是第 n 行的首地址。

实例08 输出 3 行 5 列的二维数组中的第 3 行元素

实例位置：资源包 \Code\SL\10\08
视频位置：资源包 \Video\10\

本实例定义了一个 3 行 5 列的二维数组，利用指针将这个二维数组的第 3 行元素输出，具体代码如下：

```
01   #include<stdio.h>
02   int main()
03   {
04       int a[3][5],i,j,(*p)[5];
05       p=&a[0];
06       printf("please input:\n");
07       for(i=0;i<3;i++)                    /*控制二维数组的行数*/
08               for(j=0;j<5;j++)            /*控制二维数组的列数*/
09                       scanf("%d",(*(p+i))+j);   /*为二维数组中的元素赋值*/
10       p=&a[2];                            /*p为第一个元素的地址*/
11       printf("the third line is:\n");
12               for(j=0;j<5;j++)
13               printf("%5d",*((*p)+j));    /*输出二维数组中的元素*/
14               printf("\n");
15   }
```

程序运行结果如图 10.22 所示。

视频讲解

图 10.22　输出第 3 行元素

 a+n 表示第 n 行的首地址。

注意

 某语文考试卷中有这样一道填空题：春眠不觉晓，处处闻啼鸟，＿＿＿＿＿＿＿，花落知多少。
训练八　编写程序在古诗《春晓》中找出答案，并将答案输出在控制台中。（资源包 \Code\Try\10\08）

实例 09　输出停车场中第 2 行的停车号

实例位置：资源包 \Code\SL\10\09
视频位置：资源包 \Video\10\

某停车场有 3×3 个停车位，利用指针将第 2 行的停车号输出，具体代码如下：

```
01  #include<stdio.h>
02  int main()
03  {
04      int a[3][3],i,j;
05      printf("please input:\n");
06      for(i=0;i<3;i++)                        /*控制二维数组的行数*/
07          for(j=0;j<3;j++)                    /*控制二维数组的列数*/
08              scanf("%d",*(a+i)+j);           /*为二维数组中的元素赋值*/
09              printf("the second line is:\n");
10          for(j=0;j<3;j++)
11              printf("%5d",*(*(a+1)+j));      /*输出二维数组中的元素*/
12              printf("\n");
13  }
```

程序运行结果如图 10.23 所示。

视频讲解

图 10.23　显示停车场第 2 行停车号

 某校班级有 5×5 个座位，输出位置最好的一行座位号。（提示：第 2 行最受欢迎。）（资源包 \Code\
训练九　Try\10\09）

在 10.2.1 节中讲过如何利用指针来引用一维数组，这里在一维数组的基础上介绍如何通过指针来
引用一个二维数组中的元素。

☑ *(*(a+n)+m) 表示第 n 行第 m 列元素。

☑ *(a[n]+m) 表示第 n 行第 m 列元素。

多学两招　利用指针引用二维数组中元素的关键要记住 *(a+i) 与 a[i] 是等价的。

10.2.3 字符串与指针

📺 视频讲解：资源包 \Video\10\10.2.3 字符串与指针 .mp4

　　访问一个字符串可以通过两种方式，一种方式是使用字符数组来存放一个字符串，从而实现对字符串的操作；另一种方式是下面将要介绍的使用字符指针指向一个字符串，此时可以不定义数组。

实例 10　输出 "hello"	实例位置：资源包 \Code\SL\10\10 视频位置：资源包 \Video\10\

　　本实例定义一个字符型指针变量，并将这个指针变量初始化，具体代码如下：

```
01  #include<stdio.h>              /*包含头文件*/
02  int main()                     /*main()主函数*/
03  {
04      char *string="hello";      /*定义指针并初始化*/
05      printf("%s",string);       /*输出字符串*/
06      printf("\n");              /*换行*/
07      return 0;                  /*程序结束*/
08  }
```

　　程序运行结果如图 10.24 所示。

图 10.24　使用字符型指针变量的运行结果

　　从该实例代码和运行结果可以看出：

　　程序中定义了字符型指针变量 string，用字符串常量为其赋初值。注意，这里并不是把所有的字符都存放到 string 中，而是把该字符串中第一个字符的地址赋给指针变量 string，如图 10.25 所示。

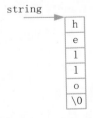

图 10.25　字符指针

　　实例 10 的第 4 行语句：

```
char *string="hello";
```

等价于下面两条语句：

```
char *string;
string="hello";
```

训练十　输出"grasp now,don't mourn the past,not to sorrow in the future."（把握现在，不必哀悼过去，更不要忧愁未来）。（资源包 \Code\Try\10\10）

实例 11　利用指针实现字符串的复制

实例位置：资源包 \Code\SL\10\11
视频位置：资源包 \Video\10\

在本实例中，在不使用 strcpy() 函数的情况下，利用指针实现字符串的复制，具体代码如下：

```
01  #include<stdio.h>                                      /*包含头文件*/
02  int main()                                             /*main()主函数*/
03  {
04      char str1[]="you are beautiful",str2[30],*p1,*p2;   /*定义变量，并为字符数组赋值*/
05      p1=str1;                                           /*将字符串str1第一个字符的地址赋值给p1*/
06      p2=str2;                                           /*将字符串str2第一个字符的地址赋值给p2*/
07      while(*p1!='\0')                                   /*结束标志*/
08      {
09          *p2=*p1;
10          p1++;                                          /*指针移动*/
11          p2++;
12      }
13      *p2='\0';                                          /*在字符串的末尾加结束符*/
14      printf("Now the str2 is:\n");
15      puts(str2);                                        /*输出字符串*/
16  }
```

程序运行结果如图 10.26 所示。

从该实例代码和运行结果可以看出：

（1）实例 11 中定义了两个指向字符型数据的指针变量。首先让 p1 和 p2 分别指向字符串 str1 和字符串 str2 的第一个字符的地址。将 p1 所指向的内容赋给 p2 所指向的元素，然后 p1 和 p2 分别加 1，指向下一个元素，直到 *p1 的值为 "\0" 为止。

（2）这里有一点需要注意，就是 p1 和 p2 的值是同步变化的，如图 10.27 所示。若 p1 处在 p11 的位置，则 p2 就处在 p21 的位置；若 p1 处在 p12 的位置，则 p2 就处在 p22 的位置。

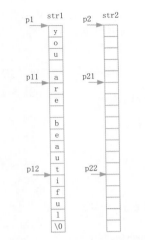

图 10.26　利用指针复制字符串运行结果

图 10.27　p1 和 p2 同步变化

输出"很多事先天注定，那是命；但你决定怎样去面对，那是运。"（资源包 \Code\Try\10\11）

训练十一

10.2.4　字符串数组

视频讲解：资源包 \Video\10\10.2.4 字符串数组 .mp4

8.3 节中介绍了字符数组，这里提到的字符串数组有别于字符数组。字符数组是一个一维数组，而字符串数组是以字符串作为数组元素的数组，可以将其看成一个二维字符数组。例如，下面定义一个简单的字符串数组，代码如下：

```
01   char country[5][20]=
02   {
03       "China",
04       "Japan",
05       "Russia",
06       "Germany",
07       "Switzerland"
08   }
```

字符串数组变量 country 被定义为含有 5 个字符串的数组，每个字符串的长度要小于 20（这里要考虑字符串最后的"\0"）。

通过观察上面定义的字符串数组可以发现，像 "China" 和 "Japan" 这样的字符串的长度仅为 5，加上字符串结束符也仅为 6，而内存中却要给它们分别分配一个 20 字节的空间，这样就会造成资源浪费。为了解决这个问题，可以使用指针数组，使每个指针都指向所需要的字符常量，这种方法虽然需要在数组中保存字符指针，而且也占用空间，但要远少于字符串数组需要的空间。

指针数组就是一个数组，其元素均为指针类型数据。也就是说，指针数组中的每一个元素都相当于一个指针变量。一维指针数组的定义形式如下：

类型名 *数组名[数组长度]

211

实例 12 利用指针数组输出 12 个月	实例位置：资源包 \Code\SL\10\12
	视频位置：资源包 \Video\10\

本实例定义了一个指针数组，并且为这个指针数组赋初值，将 12 个月输出，具体代码如下：

```
01  #include<stdio.h>              /*包含头文件*/
02  int main()                     /*main()主函数*/
03  {
04      int i;                     /*定义循环控制变量*/
05      char *month[]=
06      {
07          "January",             /*给指针数组中的元素赋初值*/
08          "February",
09          "March",
10          "April",
11          "May",
12          "June",
13          "July",
14          "August",
15          "September",
16          "October",
17          "November",
18          "December"
19      };
20      for(i=0;i<12;i++)
21          printf("%s\n",month[i]);   /*输出指针数组中的各元素*/
22  }
```

程序运行结果如图 10.28 所示。

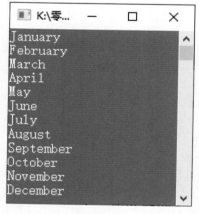

视频讲解

图 10.28 输出 12 个月

训练十二　在小学六年级英语期末考试中，有一道题是根据汉语填写英语，汉语题目是语文、数学、英语、化学、生物、物理，填写的英语分别为 Chinese、Math、English、Chemistry、Biology、Physics，请用字符串数组输出填写的英文。（资源包 \Code\Try\10\12）

10.3 指向指针的指针

📹 视频讲解：资源包 \Video\10\10.3 指向指针的指针 .mp4

　　一个指针变量可以指向整型变量、实型变量和字符类型变量，也可以指向指针类型变量。当指针变量用于指向指针类型变量时，则称之为指向指针的指针变量，如图 10.29 所示。

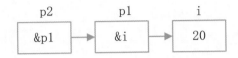

图 10.29　指向指针的指针 1

　　整型变量 i 的地址是 &i，将其值传递给指针变量 p1，则 p1 指向 i；同时，将 p1 的地址 &p1 传递给 p2，则 p2 指向 p1。这里的 p2 就是指向指针变量的指针变量，即指针的指针。指向指针的指针变量定义如下：

```
类型标识符 **指针变量名；
```

　　例如：

```
int * *p;
```

　　其含义为定义一个指针变量 p，它指向另一个指针变量，该指针变量又指向一个基本整型变量。由于指针运算符 * 是自右至左结合的，所以上述定义相当于：

```
int *(*p);
```

　　既然知道了如何定义指向指针的指针，那么可以将图 10.29 用图 10.30 更形象地表示出来。

图 10.30　指向指针的指针 2

　　下面看一下指向指针变量的指针变量在程序中是如何应用的。

实例 13　输出化学元素周期表中前 20 个元素中的金属元素	实例位置：资源包 \Code\SL\10\13 视频位置：资源包 \Video\10\

　　在本实例中，定义了一个指向指针的指针，利用这个指针将指针数组的元素输出，具体代码如下：

```
01   #include<stdio.h>                    /*包含头文件*/
02   int main()                           /*main()主函数*/
03   {
04       int i;                           /*定义循环控制变量*/
05           char **p;                     /*定义指针变量*/
06           char *element[]=
07           {
08               "锂",                      /*给指针数组中的元素赋初值*/
09               "铍",
10               "钠",
11               "镁",
```

```
12                  "铝",
13                  "钾",
14                  "钙"
15      };
16       for(i=0;i<7;i++)        /*输出指针数组中的各元素*/
17       {
18              p=element+i;
19              printf("%s\n",*p);
20       }
21       return 0;
22  }
```

程序运行结果如图 10.31 所示。

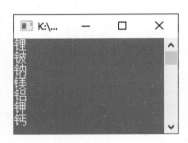

视频讲解

图 10.31　输出化学元素周期表前 20 个元素中的金属元素

训练十三

小红想要在淘宝网买件衣服，因为她有某卖家的优惠券，所以联系客服找她想要买的衣服。于是客服给她一个链接，找到衣服的价格是 559 元。编程模拟场景找到衣服价格。（提示：使用 int **p。）
（资源包 \Code\Try\10\13）

10.4　指针变量作为函数参数

视频讲解

📹 视频讲解：资源包 \Video\10\10.4 指针变量作为函数参数 .mp4

通过前面第 9 章的介绍可知，整型变量、实型变量、字符型变量、数组名和数组元素等均可作为函数参数。此外，指针变量也可以作为函数参数，这里进行具体介绍。

首先通过一个实例来介绍如何用指针变量作为函数参数。

实例 14　交换两个变量值	实例位置：资源包 \Code\SL\10\14
	视频位置：资源包 \Video\10\

本实例利用指针自定义一个交换函数，在主函数中，利用指针变量让用户输入数据，并将输入的数据进行交换，具体代码如下：

```
01  #include <stdio.h>                              /*包含头文件*/
02  void swap(int *a,int *b)                        /*自定义交换函数*/
03  {
04      int tmp;
05      tmp=*a;
06      *a=*b;
07      *b=tmp;
08  }
```

```
09    int main()                              /*main()主函数*/
10    {
11         int x,y;                           /*定义两个整型变量*/
12         int *p_x,*p_y;                     /*定义两个指针变量*/
13         printf("请输入两个数: \n");
14         scanf("%d",&x);                    /*输入数值*/
15         scanf("%d",&y);
16         p_x=&x;                            /*将地址赋给指针变量*/
17         p_y=&y;
18         swap(p_x,p_y);                     /*调用函数*/
19         printf("x=%d\n",x);                /*输出结果*/
20         printf("y=%d\n",y);
21    }
```

程序运行结果如图 10.32 所示。

图 10.32　交换两个数的值

从该实例代码和运行结果可以看出：

swap() 函数是用户自定义函数，在 main() 主函数中调用该函数交换变量 a 和 b 的值，swap() 函数的两个形式参数被传入了两个地址值，也就是传入了两个指针变量。在 swap() 函数的函数体内使用整型变量 tmp 作为中间变量，将两个指针变量所指向的数值进行交换。在 main() 主函数中首先获取输入的两个数值，分别传递给变量 x 和 y，调用 swap() 函数将变量 x 和 y 的数值互换。

将实例 14 的程序代码修改为：

```
01    #include<stdio.h>
02    void swap(int a,int b)
03    {
04         int tmp;
05         tmp=a;
06         a=b;
07         b=tmp;
08    }
09    int main()
10    {
11         int x,y;
12         printf("请输入两个数: \n");
13         scanf("%d",&x);
14         scanf("%d",&y);
15         swap(x,y);
16         printf("x=%d\n",x);
17         printf("y=%d\n",y);
18    }
```

程序运行结果如图 10.33 所示。

图 10.33　交换值运行结果

从该实例代码和运行结果可以看出：

程序并没有交换 x 和 y 的数值，这涉及数值传递概念。在函数调用过程中，主调用函数与被调用函数之间有一个数值传递过程。函数调用中发生的数据传递是单向的，只能把实际参数的值传递给形式参数，在函数调用过程中，形式参数的值发生改变，实际参数的值不会发生变化，因此这段代码同样不能实现 x 和 y 的数值互换。通过指针传递参数可以减少值传递带来的开销，也可以使函数调用不产生值传递。

训练十四　已知长方体的长、宽、高，求长方体的正、侧、顶三个面的面积。要求设计一个函数，参数为长方体长、宽、高的指针。（资源包 \Code\Try\10\14）

下面来介绍嵌套的函数调用是如何使用指针变量作为函数参数的。

实例 15　将输入的数从大到小输出　　　　实例位置：资源包 \Code\SL\10\15
　　　　　　　　　　　　　　　　　　　　　　视频位置：资源包 \Video\10\

本实例使用嵌套函数实现功能，在定义的排序函数中嵌套了自定义交换函数，实现了数据按从大到小进行排序的功能，具体代码如下：

```
01  #include<stdio.h>
02  void swap(int *p1, int *p2)                      /*自定义交换函数*/
03  {
04      int temp;
05      temp = *p1;
06      *p1 = *p2;
07      *p2 = temp;
08  }
09  void exchange(int *pt1, int *pt2, int *pt3)      /*3个数由大到小排序*/
10  {
11      if (*pt1 <  *pt2)
12          swap(pt1, pt2);                          /*调用swap()函数*/
13      if (*pt1 <  *pt3)
14          swap(pt1, pt3);
15      if (*pt2 <  *pt3)
16          swap(pt2, pt3);
17  }
18  int main()
19  {
20      int a, b, c,  *q1,  *q2,  *q3;
21      puts("Please input three key numbers you want to rank:");
```

```
22        scanf("%d,%d,%d", &a, &b, &c);
23        q1 = &a;                            /*将变量a地址赋给指针变量q1*/
24        q2 = &b;
25        q3 = &c;
26        exchange(q1, q2, q3);               /*调用exchange函数*/
27        printf("\n%d,%d,%d\n", a, b, c);
28    }
```

程序运行结果如图 10.34 所示。

图 10.34　将输入的 3 个数按从大到小顺序输出

从该实例代码和运行结果可以看出：

（1）程序创建了一个自定义函数 swap()，用于实现交换两个变量的值；还创建了一个 exchange() 函数，其作用是将 3 个数由大到小排序，在 exchange() 函数中还调用了前面自定义的 swap() 函数，这里的 swap() 和 exchange() 函数都以指针变量作为形式参数。

（2）程序运行时，通过键盘输入 3 个数并保存在变量 a、b、c 中，分别将 a、b、c 的地址赋给 q1、q2、q3，调用 exchange() 函数，将指针变量作为实际参数，将实际参数变量的值传递给形式参数变量，此时 q1 和 pt1 都指向变量 a，q2 和 pt2 都指向变量 b，q3 和 pt3 都指向变量 c；在 exchange() 函数中又调用了 swap() 函数，当执行 swap(pt1,pt2) 时，pt1 指向了变量 a，pt2 指向了变量 b。这一过程如图 10.35 所示。

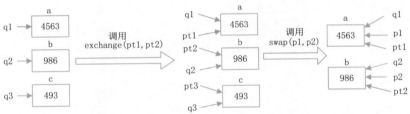

图 10.35　嵌套调用时指针的指向情况

训练十五

编写函数 order（int *a，int *b），判断两个数的大小，让 *a 指向较小的数，*b 指向较大的数。（资源包 \Code\Try\10\15）

在 C 语言中，实际参数变量和形式参数变量之间的数据传递是单向的"值传递"方式。指针变量作为函数参数也是如此，调用函数不可能改变实际参数指针变量的值，但可以改变实际参数指针变量所指向变量的值。

在 10.2 节介绍了指向数组的指针变量的定义和使用，这里介绍如何使指向数组的指针变量作为函数参数。形式参数和实际参数均为指针变量。

实例 16　将某银行一周收纳的钱数汇总　　实例位置：资源包 \Code\SL\10\16
　　　　　　　　　　　　　　　　　　　　　　视频位置：资源包 \Video\10\

本实例利用指针编写函数，汇总银行一周收纳的钱数，具体代码如下：

```
01  #include<stdio.h>                              /*包含头文件*/
02  void SUM(int *p,int n)                          /*自定义函数*/
03  {
04      int i,sum=0;                                /*定义变量*/
05      for(i=0;i<n;i++)                            /*循环每个数*/
06          sum=sum+*(p+i);                         /*相加*/
07      printf("面值的总数是:%d\n",sum);            /*输出*/
08  }
09  int main()                                      /*main()主函数*/
10  {
11      int *pointer,a[7],i;                        /*定义变量*/
12      pointer=a;
13      printf("please input:\n");                  /*提示*/
14      for(i=0;i<7;i++)                            /*输入一周内每天的总金额*/
15          scanf("%d",&a[i]);
16      SUM(pointer,7);                             /*调用SUM()函数*/
17      return 0;                                   /*程序结束*/
18  }
```

程序运行结果如图 10.36 所示。

视频讲解

图 10.36　一周收纳钱数汇总

从该实例代码和运行结果可以看出：

在自定义函数 SUM() 中使用了指针变量作为形式参数，在主函数中，实际参数 pointer 是一个指向一维数组 a 的指针，虚实结合，被调用函数 SUM() 中的形式参数 p 得到 pointer 的值，指向了内存中存放的一维数组。

训练十六　利用指针变量作为函数参数编写程序：根据输入的每个班级的人数，求刚入学的初中新生的总人数。（资源包 \Code\Try\10\16）

冒泡排序是 C 语言中比较重要的一种算法，下面具体分析如何用指针变量作为函数参数来实现冒泡排序。

实例 17　使用指针实现冒泡排序　　　实例位置：资源包 \Code\SL\10\17
　　　　　　　　　　　　　　　　　　　　　　视频位置：资源包 \Video\10\

冒泡排序的基本思想：如果要对 n 个数进行冒泡排序，则要进行 n-1 轮比较，在第一轮比较中要进行 n-1 次两两比较，在第 j 轮比较中要进行 n-j 次两两比较。具体代码如下：

```
01  #include<stdio.h>
02  void order(int *p,int n)
03  {
04      int i,t,j;
05      for(i=0;i<n-1;i++)
06              for(j=0;j<n-1-i;j++)
07                  if(*(p+j)>*(p+j+1))          /*判断相邻两个元素的大小*/
08                  {
09                          t=*(p+j);
10                          *(p+j)=*(p+j+1);
11                          *(p+j+1)=t;          /*借助中间变量t进行值互换*/
12                  }
13                  printf("排序后的数组:");
14                  for(i=0;i<n;i++)
15                  {
16                          if(i%5==0)           /*以每行5个元素的形式输出*/
17                                  printf("\n");
18                          printf("%5d",*(p+i));  /*输出数组中排序后的元素*/
19                  }
20                  printf("\n");
21  }
22  int main()
23  {
24      int a[20],i,n;
25      printf("请输入数组元素的个数:\n");
26      scanf("%d",&n);                          /*输入数组元素的个数*/
27      printf("请输入各个元素:\n");
28      for(i=0;i<n;i++)
29              scanf("%d",a+i);                 /*给数组元素赋初值*/
30      order(a,n);                              /*调用order()函数*/
31  }
```

程序运行结果如图 10.37 所示。

视 频 讲 解

图 10.37　利用指针实现冒泡排序

训练十七　　使用指针实现选择法排序，对 10 个数进行升序排序。（资源包 \Code\Try\10\17）

　　前面的实例 16 和实例 17 都是用一个指向数组的指针变量作为函数参数。在 10.3 节介绍过指向指针的指针，这里就通过一个实例介绍如何用指向指针的指针作为函数参数。

实例 18　按字母顺序排序

本实例实现对表示 12 个月的英文单词按字母顺序进行排序，具体代码如下：

```c
01  #include<stdio.h>
02  #include<string.h>
03  sort(char *strings[], int n)                          /*自定义排序函数*/
04  {
05      char *temp;
06      int i, j;
07      for(i = 0; i < n; i++)
08      {
09          for(j = i + 1; j < n; j++)
10          {
11              if(strcmp(strings[i], strings[j]) > 0)/*比较两个字符串的大小*/
12              {
13                  temp = strings[i];
14                  strings[i] = strings[j];
15                  strings[j] = temp;    /*如果前面的字符串比后面的大，则互换*/
16              }
17          }
18      }
19  }
20  int main()
21  {
22      int n = 12;
23      int i;
24      char **p;                          /*定义字符型指向指针的指针*/
25      char *month[] =
26      {
27          "January",
28          "February",
29          "March",
30          "April",
31          "May",
32          "June",
33          "July",
34          "August",
35          "September",
36          "October",
37          "November",
38          "December"
39
40      };
41      p = month;
42      sort(p, n);                        /*调用排序函数*/
43      printf("排序后的12个月如下: \n");
44      for (i = 0; i < n; i++)
45          printf("%s\n", month[i]);      /*输出排序后的字符串*/
46  }
```

程序运行结果如图 10.38 所示。

视频讲解

图 10.38　按字母顺序排列 12 个月运行结果

训练十八

大福源超市员工为水果区重新摆放水果，店长要求按照水果英文名称升序的顺序摆放，水果名称及其单价如下：

苹果（apple）：3.50　　橘子（tangerine）：2.50　　柚子 (grapefriu)：3.00　　香蕉 (banana)：2.00

橙子 (orange)：2.99　　菠萝（pineapple）：4.99　　葡萄 (grape)：5.00　　　火龙果 (pitaia)：6.80

请编写程序按照水果英文名称的首字母升序将水果排序。（资源包 \Code\Try\10\18）

下面将通过一个二维数组使用指针变量作为函数参数的实例来加深对该部分知识的理解。

实例 19　找出二维数组每行中最大的数并求和

实例位置：资源包 \Code\SL\10\19
视频位置：资源包 \Video\10\

本实例定义了一个二维数组，利用指针将每行最大的数输出，并将最大元素进行相加运算，具体代码如下：

```
01  #include<stdio.h>
02  #define N 4
03  void max(int (*a)[N],int m)          /*自定义max()函数，求二维数组中每行最大的数*/
04  {
05          int value,i,j,sum=0;
06          for(i=0;i<m;i++)
07          {
08                  value=*(*(a+i));                /*将每行中的首个元素赋给value*/
09                  for(j=0;j<N;j++)
10                          if(*(*(a+i)+j)>value) /*判断其他元素是否小于value的值*/
11                                  value=*(*(a+i)+j);/*将比value大的数重新赋给value*/
12                          printf("第%d行：最大数是：%d\n",i,value);
13                          sum=sum+value;
14          }
15          printf("\n");
16          printf("每行中最大数相加之和是：%d\n",sum);
```

```
17   }
18   int main()
19   {
20       int a[3][N],i,j;
21       int (*p)[N];
22       p=&a[0];
23       printf("please input:\n");
24       for(i=0;i<3;i++)
25             for(j=0;j<N;j++)
26                   scanf("%d",&a[i][j]);    /*给数组中的元素赋值*/
27             max(p,3);                          /*调用max()函数，指针变量作为函数参数*/
28   }
```

程序运行结果如图 10.39 所示。

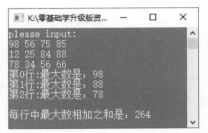

图 10.39　输出每行最大值以及求和结果的运行结果

训练十九　模拟电影院售票，假如座位已售情况如下（1 表示未售，0 表示已售），利用指针变量作为函数参数，编写程序求出剩余票数。（资源包 \Code\Try\10\19）

0 1 1 0
1 1 1 1
1 0 1 1
1 1 1 1

（1）数组名就是这个数组的首地址，因此也可以将数组名作为实际参数传递给形式参数。如实例 17 中的语句：

```
order(a,n);                                                  /*调用order()函数*/
```

该语句就是直接使用数组名作为函数参数的。

（2）当形式参数为数组时，实际参数也可以为指针变量。可将实例 17 的实现代码改写成如下形式：

```
01   #include<stdio.h>
02   void order(int a[],int n)
03   {
04       int i,t,j;
05       for(i=0;i<n-1;i++)
06             for(j=0;j<n-1-i;j++)
07                   if(*(a+j)>*(a+j+1))    /*判断相邻两个元素的大小*/
08                   {
```

```
09                                t=*(a+j);
10                                *(a+j)=*(a+j+1);
11                                *(a+j+1)=t;            /*借助中间变量t进行值互换*/
12                            }
13                    printf("排序后的数组:");
14                    for(i=0;i<n;i++)
15                    {
16                        if(i%5==0)                   /*以每行5个元素的形式输出*/
17                            printf("\n");
18                        printf("%5d",*(a+i));         /*输出数组中排序后的元素*/
19                    }
20                    printf("\n");
21  }
22  int main()
23  {
24      int a[20],i,n;
25      int *p;
26      p=a;
27      printf("请输入数组元素的个数:\n");
28      scanf("%d",&n);                       /*输入数组元素的个数*/
29      printf("请输入各个元素:\n");
30      for(i=0;i<n;i++)
31          scanf("%d",p++);                  /*给数组元素赋初值*/
32      p=a;
33      order(p,n);                           /*调用order()函数*/
34  }
```

在本程序中，形式参数是数组，而实际参数是指针变量。注意上述程序中第 32 行语句：

```
p=a;
```

该语句不可缺少，如果将其省略，则后面调用 order() 函数时，参数 p 指向的就不是 a 数组，这点需要注意。

10.5 返回指针值的函数

视频讲解

▶ 视频讲解：资源包 \Video\10\10.5 返回指针值的函数 .mp4

指针变量也可以指向一个函数。一个函数在编译时被分配一个入口地址，该入口地址被称为函数的指针。可以先用一个指针变量指向函数，然后通过该指针变量调用此函数。

一个函数可以返回一个整型值、字符值、实型值等，也可以返回指针型的数据，即地址。其概念与 9.3 节中介绍的类似，只是返回值的类型是指针类型而已。返回指针值的函数简称为指针函数。

定义指针函数的一般形式为：

```
类型名 *函数名(参数列表);
```

定义指针函数的示例如图 10.40 所示。

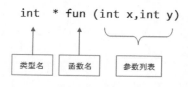

图 10.40 返回指针值的函数

实例 20 求长方形的周长

实例位置：资源包 \Code\SL\10\20
视频位置：资源包 \Video\10\

在本实例中，输入长方形的长为 40、宽为 25，计算长方形的周长。具体代码如下：

```
01  #include<stdio.h>              /*包含头文件*/
02  int per(int a,int b);          /*声明函数*/
03  int main()                     /*main()主函数*/
04  {
05      int iWidth,iLength,iResult; /*定义变量*/
06      printf("请输入长方形的长:\n"); /*提示*/
07      scanf("%d",&iLength);       /*输入长度*/
08      printf("请输入长方形的宽:\n"); /*提示*/
09      scanf("%d",&iWidth);        /*输入宽度*/
10      iResult=per(iWidth,iLength); /*调用函数*/
11      printf("长方形的周长是:");    /*提示*/
12      printf("%d\n",iResult);     /*输出结果*/
13  }
14  int per(int a,int b)           /*自定义函数*/
15  {
16      return (a+b)*2;            /*返回计算结果*/
17  }
```

程序运行结果如图 10.41 所示。

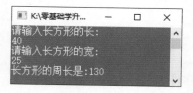

视频讲解

图 10.41 求长方形周长的运行结果

在实例 20 中用前面讲过的方式自定义了一个 per() 函数，用来求长方形的面积。下面就来看一下在实例 20 的基础上如何使用返回值为指针的函数。

```
01  #include<stdio.h>
02  int *per(int a,int b);
03  int Perimeter;
04  int main()
05  {
06      int iWidth,iLength;
07      int *iResult;
08      printf("请输入长方形的长:\n");
09      scanf("%d",&iLength);
```

```
10      printf("请输入长方形的宽:\n");
11      scanf("%d",&iWidth);
12      iResult=per(iWidth,iLength);
13      printf("长方形的周长是:");
14      printf("%d\n",*iResult);
15   }
16   int *per(int a,int b)
17   {
18      int *p;
19      p=&Perimeter;
20      Perimeter=(a+b)*2;
21      return p;
22   }
```

在程序中自定义了一个返回指针值的函数:

```
int *per(int x,int y)
```

将指向存放着所求长方形周长的变量的指针变量返回。

注意　这个程序本身并不需要写成这种形式,因为对该问题使用这种方式编写程序并不简便,这样写只是为了起到讲解的作用。

训练二十　师徒两个人合做一批零件,徒弟做了 9 个零件,比师傅少做 21 个。计算这批零件一共有多少个,将数据利用指针返回。(资源包 \Code\Try\10\20)

10.6 小结

本章主要介绍了指针的相关概念及数组与指针。在指针的相关概念中,要理解变量与指针之间的区别,重点掌握指针变量的相关概念及用法;数组与指针部分主要介绍了指针与一维数组、二维数组、字符串及字符串数组之间的关系,通常情况下,把数组、字符串的首地址赋予指针变量。另外,还讲解了指向指针的指针、如何使用指针变量作为函数参数、返回指针值的函数等相关内容,其中使用指针变量作为函数参数在编写程序过程中用得比较多,希望读者能够很好地掌握。

本章 e 学码:关键知识点拓展阅读

变量的地址	内存单元	首地址	引用

e 学码

第11章

结构体与链表

（ ▶ 视频讲解：1 小时）

　　迄今为止，程序中所用的都是基本类型的数据。在编写程序时，简单的变量类型是不能满足程序中各种复杂数据的要求的。因此，C 语言还提供了构造类型的数据，例如结构体。构造类型的数据是由基本类型按照一定规则组成的。

　　本章致力于使读者了解结构体的概念，掌握如何定义结构体及其使用方式。学会定义结构体数组、结构体指针及包含结构的结构。最后结合结构体的具体应用进行更为深刻的理解。

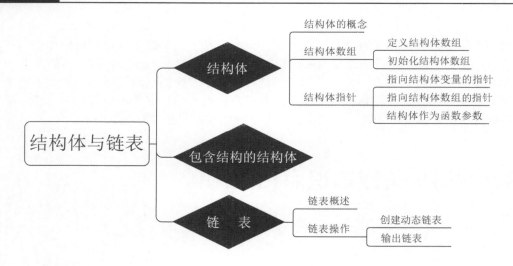

11.1 结构体

在此之前所介绍的数据类型都是基本类型，如整型（int）、字符型（char）等。但是在一些情况下，这些基本类型是不能满足编写者使用要求的。此时，编写者可以将一些有关的变量组织起来定义成一个结构（structure），用来表示一个有机的整体或一种新的类型，这样程序就可以像处理内部的基本数据那样对结构进行各种操作。

11.1.1 结构体类型的概念

▶ 视频讲解：资源包 \Video\11\11.1.1 结构体类型的概念 .mp4

"结构体"是一种构造类型，它是由若干"成员"组成的，其中的每一个成员可以是一个基本数据类型，也可以是一个构造类型。既然结构体是一种新的类型，就需要先对其进行构造，这里称这种操作为声明一个结构体。声明结构体的过程就好比生产商品的过程，只有商品生产出来了，才可以使用该商品。

假如在程序中要使用"水果"这样一个类型，一般的水果具有名称、颜色、价格和产地等特点，如图 11.1 所示。

图 11.1 "水果"类型

通过图 11.1 可以看到，"水果"这种类型并不能使用之前学习过的任何一种类型表示，这时就要自己定义一种新的类型，将这种自己指定的结构称为结构体。

声明结构体时使用的关键字是 struct，其一般形式为：

```
struct 结构体名
{
        成员列表
};
```

关键字 struct 表示声明结构，其后的结构体名表示该结构的类型名。大括号中的变量构成结构的成员，也就是一般形式中的成员列表。

注意　在声明结构体时，要注意大括号最后面有一个分号 ";"，在编程时千万不要忘记。

例如，声明图 11.1 所示的结构体，代码如下：

```
01   struct Fruit
02   {
03       char cName[10];        /*名称*/
04       char cColor[10];       /*颜色*/
05       int iPrice;            /*价格*/
```

```
06        char cArea[20];                                    /*产地*/
07   };
```

上面的代码使用关键字 struct 声明一个名为 Fruit 的结构类型，在结构体中定义的变量是 Fruit 结构的成员，这些变量分别表示名称、颜色、价格和产地，可以根据结构成员中不同的作用选择与其对应的类型。

11.1.2 结构体变量的定义

📹 视频讲解：资源包 \Video\11\11.1.2 结构体变量的定义 .mp4

在 11.1.1 节中介绍了如何使用 struct 关键字来构造一个新的类型结构，以满足程序的设计要求。使用构造出来的类型才是构造新类型的目的。

声明一个结构体表示的是创建一种新的类型名，需要用新的类型名再定义变量。定义的方式有 3 种。

（1）先声明结构体类型，再定义变量。

在 11.1.1 节中声明的 Fruit 结构体类型就是先声明结构体类型，如果想要使用这个结构体，就需要用 struct Fruit 定义结构体变量，如图 11.2 所示。

图 11.2　定义结构体变量

 为了使规模较大的程序更便于被修改和使用，常常将结构体类型的声明放在一个头文件中，这样在其他源文件中如果需要使用该结构体类型，则可以用 #include 命令将该头文件包含到多学两招　源文件中。

（2）在声明结构类型时，定义变量。

这种定义变量的一般形式为：

```
struct 结构体名
{
        成员列表；
}变量名列表 ;
```

可以看到，在一般形式中将定义的变量的名称放在声明结构体的末尾处。但是需要注意的是，变量的名称要放在最后的分号前面。

例如，使用 struct Fruit 结构体类型名，代码如下：

```
01   struct Fruit
02   {
03        char cName[10];                                    /*名称*/
04        char cColor[10];                                   /*颜色*/
05        int iPrice;                                        /*价格*/
06        char cArea[20];                                    /*产地*/
07   }fruit1;                                                /*定义结构体变量*/
```

说明　　定义的变量可以有多个。

（3）直接定义结构体类型变量。

其一般形式为：

```
struct
{
        成员列表
}变量名列表;
```

可以看出，这种方式没有给出结构体名称，如定义图 11.1 中水果的变量 fruit，代码如下：

```
01   struct
02   {
03        char cName[10];                          /*产品名称*/
04        char cColor[10];                         /*颜色*/
05        int iPrice;                              /*价格*/
06        char cArea[20];                          /*产地*/
07   }fruit;                                       /*定义结构体变量*/
```

11.1.3 结构体变量的引用

视频讲解

▶ 视频讲解：资源包 \Video\11\11.1.3 结构体变量的引用 .mp4

定义结构体类型变量以后，就可以引用这个变量。就像图 11.1 所示的水果，既然生产出水果，就得使用它，才能体现水果的价值。

对结构体变量进行赋值、存取或运算，实质上就是对结构体成员的操作。引用结构成员的一般形式为：

```
结构变量名.成员名
```

在引用结构体成员时，可以在结构变量名的后面加上成员运算符 "." 和成员的名字。例如：

```
fruit.cName="apple";
fruit.iPrice=5;
```

上面的赋值语句就是对 fruit 结构体变量中的成员 cName 和 iPrice 两个变量进行赋值。

常见错误　　经常会出现直接将一个结构体变量作为一个整体进行输入和输出的情况。例如，将 fruit 进行如下输出的情况是错误的：

```
printf("%s%s%s%d%s",fruit);
```

实例 01　定义表示汽车的一个结构体　　　　实例位置：资源包 \Code\SL\11\01
　　　　　　　　　　　　　　　　　　　　　　　视频位置：资源包 \Video\11\

在本实例中先声明结构体类型，表示商品，然后定义结构体变量，再对变量中的成员进行赋值，最后将结构体变量中保存的信息进行输出。具体代码如下：

```
01   #include "stdio.h"                           /*包含头文件*/
02   #include<string.h>
```

```
03   struct Car                                      /*声明结构体*/
04   {
05       char name[64];                              /*汽车品牌名*/
06       char color[20];                             /*颜色*/
07       float length;                               /*长度*/
08       int seniority;                              /*承载量*/
09   };
10   int main()                                      /*main()主函数*/
11   {
12       struct Car a_car;                           /*定义结构体变量*/
13       strcpy(a_car.name, "路虎");                 /*将汽车品牌名复制给结构体变量*/
14       strcpy(a_car.color, "黑色");                /*将汽车颜色复制给结构体变量*/
15       a_car.length = 4.85f;                       /*汽车长度*/
16       a_car.seniority = 5;                        /*汽车承载量*/
17       printf("车牌名:%s\n",a_car.name);           /*输出结构体成员*/
18       printf("颜色是:%s\n",a_car.color);          /*输出结构体成员*/
19       printf("车长:%f米\n",a_car.length);         /*输出结构体成员*/
20       printf("可承载%d人\n",a_car.seniority);     /*输出结构体成员*/
21       return 0;                                   /*程序结束*/
22   }
```

运行程序，显示结果如图 11.3 所示。

图 11.3　汽车结构体运行结果

从该实例代码和运行结果可以看出：

（1）在源文件中，先声明结构体变量类型，用来表示汽车这种特殊的类型，在结构体中定义了有关的成员。

（2）在 main() 主函数中，先使用 struct Car 定义结构体变量 a_car。然后利用 strcpy() 函数将相关信息复制给结构体变量。

（3）使用 printf() 函数将其进行输出显示。

定义表示老师的一个结构体，结构体的成员有姓名、年龄、教龄；使用该结构体定义一个老师，并赋值后输出。（资源包 \Code\Try\11\01）

11.1.4 结构体类型的初始化

📹 视频讲解：资源包 \Video\11\11.1.4 结构体类型的初始化 .mp4

结构体类型与其他基本类型一样，也可以在定义结构体变量时指定初始值。例如：

```
01   struct Student
02   {
03       char cName[20];
```

```
04        char cSex;
05        int iGrade;
06  }student1={"HanXue","W",3};                          /*定义变量并设置初始值*/
```

注意　在初始化时，定义的变量后面使用等号，接着将其初始化的值放在大括号中，并且每一个数据都要与结构体的成员列表的顺序一一对应。

实例 02　利用结构体显示学生信息　　　　实例位置：资源包 \Code\SL\11\02
　　　　　　　　　　　　　　　　　　　　　　　　视频位置：资源包 \Video\11\

在本实例中，演示两种初始化结构体的方式，一种是在声明结构体后，直接定义结构体变量并初始化，另一种是在定义结构体变量后进行初始化。具体代码如下：

```
01  #include<stdio.h>
02
03  struct Student                                        /*学生结构体*/
04  {
05        char cName[20];                                 /*姓名*/
06        char cSex;                                      /*性别*/
07        int iGrade;                                     /*年级*/
08  }student1={"HanXue",'W',3};                           /*定义变量并设置初始值*/
09  int main()
10  {
11        struct Student student2={"WangJiasheng",'M',3}; /*定义变量并设置初始值*/
12
13        /*将第一个结构体中的数据输出*/
14        printf("the student1's information:\n");
15        printf("Name: %s\n",student1.cName);
16        printf("Sex: %c\n",student1.cSex);
17        printf("Grade: %d\n",student1.iGrade);
18        /*将第二个结构体中的数据输出*/
19        printf("the student2's information:\n");
20        printf("Name: %s\n",student2.cName);
21        printf("Sex: %c\n",student2.cSex);
22        printf("Grade: %d\n",student2.iGrade);
23        return 0;
24  }
```

运行程序，显示效果如图 11.4 所示。

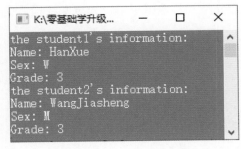

图 11.4　显示学生信息

从该实例代码和运行结果可以看出：

（1）声明结构体时定义 student1，并对其进行初始化操作，将要赋值的内容放在后面的大括号中，每一个数据都与结构体中的成员数据相对应。

（2）在 main() 主函数中，先使用声明的结构体类型 struct Student 定义变量 student2，并进行初始化的操作。最后将两个结构体变量中的成员进行输出，并比较二者数据的区别。

训练二

在函数中声明结构体，直接定义该结构体的指针，之后用该指针改变结构体中成员的值。（资源包 \Code\Try\11\02）

11.2 结构体数组

前文介绍过当要定义 10 个整型变量时，可以将这 10 个变量定义成数组的形式。结构体变量中也可以存放一组数据，例如，在实例 02 中显示了两个学生的信息，如果要显示多个学生的信息怎么办？在程序中，同样可以使用数组的形式，此时称数组为结构体数组。

结构体数组与之前介绍的数组的区别就在于，数组中的元素是根据要求定义的结构体类型，而不是基本类型。

11.2.1 定义结构体数组

📹 视频讲解：资源包 \Video\11\11.2.1 定义结构体数组 .mp4

定义一个结构体数组的方式与定义结构体变量的方法相同，只是将结构体变量替换成数组。定义结构体数组的一般形式如下：

```
struct 结构体名
{
        成员列表;
}数组名;
```

例如，定义 3 个学生信息的结构体数组，代码如下：

```
01   struct Student                                    /*学生结构体*/
02   {
03         char name[20];                              /*姓名*/
04         int num;                                    /*学号*/
05         char Sex;                                   /*性别*/
06   } student[3];                                     /*定义结构体数组*/
```

这种定义结构体数组的方式是声明结构体类型的同时定义结构体数组，可以看到，结构体数组和结构体变量的位置是相同的。

就像定义结构体变量那样，定义结构体数组也可以先声明结构体类型，再定义结构体数组：

```
struct Student
{
        char name[20];
        int num;
        char Sex;
};
```

在主函数中定义结构体数组如下：

```
struct Student student[5];                                   /*定义结构体数组*/
```

或者直接定义结构体数组，代码如下：

```
01  struct                                                   /*学生结构*/
02  {
03      char cName[20];                                      /*姓名*/
04      int iNumber;                                         /*学号*/
05      char cSex;                                           /*性别*/
06      int iGrade;                                          /*年级*/
07  } student[5];                                            /*定义结构体数组*/
```

　　上面的代码都是定义一个数组，其中的元素为 struct Student 类型的数据，每个数据中又都有 4 个成员变量，如图 11.5 所示。

　　数组中各数据在内存中的存储是连续的，如图 11.6 所示。

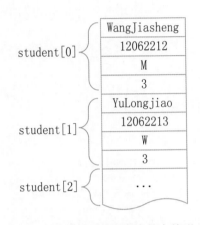

	cName	iNumber	cSex	iGrade
student[0]	WangJiasheng	12062212	M	3
student[1]	YuLongjiao	12062213	W	3
student[2]	JiangXuehuan	12062214	W	3
student[3]	ZhangMeng	12062215	W	3
student[4]	HanLiang	12062216	M	3

图 11.5　结构体数组

图 11.6　数组数据在内存中的存储形式

11.2.2 初始化结构体数组

　　▶ 视频讲解：资源包 \Video\11\11.2.2 初始化结构体数组 .mp4

　　与初始化基本类型的数组相同，也可以为结构体数组进行初始化操作。初始化结构体数组的一般形式为：

```
struct 结构体名
{
        成员列表;
}数组名={初始值列表};
```

　　例如，为学生信息结构体数组进行初始化操作，代码如下：

```
01  struct Student                                           /*学生结构体*/
02  {
03      char cName[20];                                      /*姓名*/
04      int iNumber;                                         /*学号*/
05      char cSex;                                           /*性别*/
06      int iGrade;                                          /*年级*/
```

```
07    } student[5]={{"WangJiasheng",12062212,'M',3},      /*定义数组并设置初始值*/
08        {"YuLongjiao",12062213,'W',3},
09        {"JiangXuehuan",12062214,'W',3},
10        {"ZhangMeng",12062215,'W',3},
11        {"HanLiang",12062216,'M',3}};
```

在对数组进行初始化时，最外层的大括号表示所列出的是数组中的元素。因为每一个元素都是结构类型，所以每一个元素都使用大括号，其中包含每一个结构体元素的成员数据。

在定义数组 student 时，也可以不指定数组中的元素个数，这时编译器会根据数组后面的初始化值列表中给出的元素个数，来确定数组中元素的个数。例如：

```
student[]={…};
```

定义结构体数组时，可以先声明结构体类型，再定义结构体数组。

实例 03 展示汽博会上部分品牌车的信息

实例位置：资源包 \Code\SL\11\03
视频位置：资源包 \Video\11\

本实例定义车的一个结构体，并初始化，输出汽车的品牌名和报价，具体代码如下：

```
01    #include<stdio.h>                                    /*包含头文件*/
02    struct car                                           /*汽车结构体*/
03    {
04        char cName[20];                                  /*汽车品牌名*/
05        int  iNumber;                                    /*汽车报价*/
06    } car[5]={{"宝马",491000},                           /*定义数组并初始化*/
07            {"大众",80000},
08            {"路虎",1150000},
09            {"五菱",50000},
10            {"一汽",107800}};
11    int main()                                           /*main()主函数*/
12    {
13        int i;                                           /*循环控制变量*/
14        for(i=0;i<5;i++)                                 /*使用for语句进行循环*/
15        {
16            printf("NO%d car:\n",i+1);
17            /*输出数组中的元素数据*/
18            printf("名字是: %s, 最低报价: %d元\n",car[i].cName,car[i].iNumber);
19            printf("\n");                                /*空格行*/
20        }
21        return 0;                                        /*程序结束*/
22    }
```

运行程序，显示效果如图 11.7 所示。

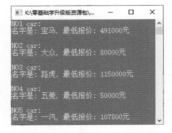

图 11.7 展示汽博会汽车信息

视频讲解

从该实例代码和运行结果可以看出：

（1）将汽车所需要的信息声明为 struct car 结构体类型，同时定义结构体数组 car，并为其初始化数据。需要注意的是，所给数据的类型要与结构体中成员变量的类型相符。

（2）定义的数组包含 5 个元素，输出时使用 for 语句进行循环输出操作。其中定义变量 i 控制循环操作。因为数组的下标是从 0 开始的，所以为变量 i 赋值为 0。

训练三　某网站"双 11"做促销活动，利用结构体数组编写程序，将销量前 5 名的信息输出，销量前 5 名的产品及销售数量如下。（资源包 \Code\Try\11\03）

产　品	销　量
面膜	1458792365
洁面	325656550
洗发露	324655854
护发素	256897412
卸妆液	155655655

11.3 结构体指针

一个指向变量的指针表示的是变量所占内存中的起始地址。如果一个指针指向结构体变量，那么该指针指向的是结构体变量的起始地址。同样，指针变量也可以指向结构体数组中的元素。

11.3.1 指向结构体变量的指针

视频讲解

▶ 视频讲解：资源包 \Video\11\11.3.1 指向结构体变量的指针 .mp4

由于指针指向结构体变量的地址，因此可以使用指针来访问结构体中的成员。定义结构体指针的一般形式为：

```
结构体类型  *指针名；
```

例如，定义一个指向 struct Student 结构体类型的 pStruct 指针变量如下：

```
struct Student *pStruct；
```

使用指向结构体变量的指针访问成员有以下两种方法。

☑ 第一种方法是使用点运算符引用结构成员，代码如下：

```
(*pStruct).成员名
```

结构体变量可以使用点运算符对其中的成员进行引用。*pStruct 表示指向的结构体变量。因此使用点运算符可以引用结构体中的成员变量。

注意

*pStruct 一定要使用括号括起来，因为点运算符的优先级是最高的，如果不使用括号，就会先执行点运算，然后才执行 * 运算。

例如，pStruct 指针指向了 Student 结构体变量，引用其中的成员，代码如下：

```
(*pStruct).iNumber=12061212;
```

实例 04 输出某一书架信息

实例位置：资源包 \Code\SL\11\04
视频位置：资源包 \Video\11\

本实例用结构体定义一个书架，先为这个结构体定义变量并进行初始化赋值，然后使用指针指向该结构体变量，最后通过指针引用变量中的成员进行显示。具体代码如下：

```
01  #include<stdio.h>                                    /*包含头文件*/
02  struct Book                                          /*定义书架结构体*/
03  {
04      char cName[20];                                  /*书架类别*/
05      int  iNumber;                                    /*书架编号*/
06      char cS[20];                                     /*图书编号*/
07  }book={"electric",56,"134-467"};                     /*对结构体变量初始化*/
08  int main()                                           /*main()主函数*/
09  {
10      struct  Book* pStruct;                           /*定义结构体类型指针*/
11      pStruct=&book;                                   /*指针指向结构体变量*/
12      printf("-----the bookcase's information-----\n"); /*提示信息*/
13      printf("书架类别是: %s\n",(*pStruct).cName);       /*使用指针输出结构体成员*/
14      printf("书架编号: %d\n",(*pStruct).iNumber);
15      printf("图书编号: %s\n",(*pStruct).cS);
16      return 0;                                        /*程序结束*/
17  }
```

运行程序，显示效果如图 11.8 所示。

图 11.8 显示书架信息

视频讲解

从该实例代码和运行结果可以看出：

（1）首先在程序中声明结构体类型，同时定义变量 book，为变量进行初始化的操作。然后定义结构体指针变量 pStruct，并执行 "pStruct=&book;" 操作，使指针指向 book 变量。

（2）首先输出消息提示，然后在 printf() 函数中使用指向结构体变量的指针引用成员变量，将书架的信息进行输出。

说明

声明结构体的位置可以放在 main() 主函数外，也可以放在 main() 主函数内。

训练四

某公司招来一位新职员，公司规定员工必须有自己的工位号和所属部门，公司部门主管为了给新员工做工牌，需要知道员工所有的信息，利用结构体类型指针编写程序，将新员工的所有信息输出。（资源包 \Code\Try\11\04）

☑ 第二种方法是使用指向运算符引用结构成员，代码如下：

```
pStruct ->成员名;
```

例如，使用指向运算符引用一个变量的成员，代码如下：

```
pStruct->iNumber=12061212;
```

假如 student 为结构体变量，pStruct 为指向结构体变量的指针，可以看出以下 3 种形式的效果是等价的。

➢ student. 成员名。
➢ (*pStruct). 成员名。
➢ pStruct ->成员名。

注意

在使用"->"引用成员时，要注意分析以下情况：
（1）pStruct -> iGrade，表示指向的结构体变量中成员 iGrade 的值。
（2）pStruct -> iGrade++，表示指向的结构体变量中成员 iGrade 的值，使用后该值加 1。
（3）++pStruct -> iGrade，表示指向的结构体变量中成员 iGrade 的值加 1，计算后再使用。

实例 05　模拟某网站主页中毛呢外套的信息	实例位置：资源包 \Code\SL\11\05 视频位置：资源包 \Video\11\

在本实例中，首先定义结构体变量，但不对其进行初始化操作，然后使用指针指向结构体变量，并为其成员进行赋值操作。具体代码如下：

```
01   #include<stdio.h>                                      /*包含头文件*/
02   #include<string.h>
03
04   struct Sweat                                           /*定义衣服结构体*/
05   {
06       char cName[20];                                    /*衣服类别*/
07       int  iNumber;                                      /*衣服价格*/
08       char cColor[20];                                   /*衣服颜色*/
09   }sweat;                                                /*定义变量*/
10
11   int main()                                             /*main()主函数*/
12   {
13
14       struct Sweat* pStruct;                             /*定义结构体类型指针*/
15       pStruct=&sweat;                                    /*指针指向结构体变量*/
16       strcpy(pStruct->cName,"毛呢外套");                  /*赋值类别*/
17       pStruct->iNumber=599;                              /*赋值价格*/
18       strcpy(pStruct->cColor,"粉色");                     /*赋值颜色*/
19
20       printf("-----the sweat's information-----\n");     /*提示信息*/
21       printf("种类: %s\n",sweat.cName);                   /*输出结构体成员*/
22       printf("价格: %d元\n",sweat.iNumber);
23       printf("颜色: %s\n",sweat.cColor);
24       return 0;                                          /*程序结束*/
25   }
```

运行程序，显示效果如图 11.9 所示。

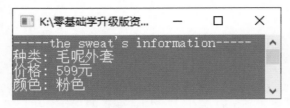

图 11.9　某网站主页毛呢外套的信息

从该实例代码和运行结果可以看出：

（1）在程序中使用了 strcpy() 函数将一个字符串常量复制到成员变量中，使用该函数时，要在程序中包含头文件 string.h。

（2）在为成员赋值时，使用的是指向运算符引用的成员变量，在程序的最后使用结构体变量和点运算符直接将成员的数据进行输出。输出的结果表示使用指向运算符为成员变量赋值成功。

训练五　张伟过年回家，在中国铁路 12306 网站上抢完票后在火车站取票，利用结构体类型指针编写程序输出票上的信息。（资源包 \Code\Try\11\05）

11.3.2 指向结构体数组的指针

📹 视频讲解：资源包 \Video\11\11.3.2 指向结构体数组的指针 .mp4

结构体指针变量不但可以指向一个结构体变量，还可以指向结构体数组，此时指针变量的值就是结构体数组的首地址。

结构体指针变量也可以直接指向结构体数组中的元素，这时指针变量的值就是该结构体数组元素的地址。例如，使用图 11.5 上面定义的结构体数组 student[5]，使用结构体指针指向该数组，代码如下：

```
struct Student* pStruct;
pStruct=student;
```

因为数组不使用下标时表示的是数组的第一个元素的地址，所以指针指向数组的首地址。如果想利用指针指向第 3 个元素，则在数组名后附加下标，然后在数组名前使用取地址符号 &，例如：

```
pStruct=&student[2];
```

> **实例 06　定义一个班级结构体，输出学生的信息**
> 实例位置：资源包 \Code\SL\11\06
> 视频位置：资源包 \Video\11\

在本实例中，使用之前声明的学生结构体类型定义结构体数组，并对其进行初始化操作。通过指向该数组的指针，将其中元素的数据进行输出显示。具体代码如下：

```
01  #include<stdio.h>
02
03  struct Student                                          /*学生结构体*/
04  {
05      char cName[20];                                     /*姓名*/
06      int iNumber;                                        /*学号*/
07      char cSex;                                          /*性别*/
08      int iGrade;                                         /*年级*/
09  }student[5]={{"WangJiasheng",12062212,'M',3},
10              {"YuLongjiao",12062213,'W',3},
11              {"JiangXuehuan",12062214,'W',3},
12              {"ZhangMeng",12062215,'W',3},
13              {"HanLiang",12062216,'M',3}};               /*定义数组并设置初始值*/
14
15  int main()
16  {
17          struct Student* pStruct;
18          int index;
19          pStruct=student;
20          for(index=0;index<5;index++,pStruct++)
21          {
22                  printf("NO%d student:\n",index+1);       /*首先输出学生的编号*/
23                  /*使用变量index做下标，输出数组中的元素*/
24                  printf("Name: %s, Number: %d\n",pStruct->cName,pStruct->iNumber);
25                  printf("Sex: %c, Grade: %d\n",pStruct->cSex,pStruct->iGrade);
26                  printf("\n");                            /*空格行*/
27          }
28          return 0;
29  }
```

运行程序，显示效果如图 11.10 所示。

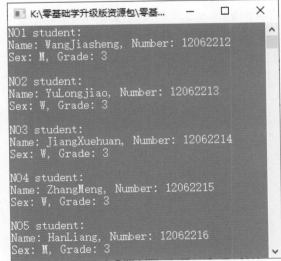

图 11.10　输出学生信息

从该实例代码和运行结果可以看出：

（1）在代码中定义了一个结构体数组 student[5]，定义结构体指针变量 pStruct 指向该数组的首地址。使用 for 语句对数组元素进行循环操作。

（2）在循环语句块中，pStruct 刚开始时指向数组的首地址，也就是第一个元素的地址，因此使用 pStruct-> 引用的是第一个元素中的成员。使用输出函数显示成员变量表示的数据。

（3）当一次循环结束之后，循环变量进行自增操作，同时 pStruct 也执行自增运算。这里需要注意的是，pStruct++ 表示 pStruct 的增加值为一个数组元素的大小，也就是说，pStruct++ 表示的是数组中的第二个元素 student[1]。

注意　(++pStruct)->Number 与 (pStruct++)->Number 的区别在于，前者是先执行 ++ 操作，使得 pStruct 指向下一个元素的地址，再取得该元素的成员值；而后者是先取得当前元素的成员值，再使得 pStruct 指向下一个元素的地址。

训练六　定义一个冰箱结构体，它有一个成员类型是"螺丝"结构体数组，代表这台冰箱中的所有螺丝；再编写代码，输出所有螺丝的长度。例如：螺丝的长度是 10 毫米和 8 毫米。（资源包 \Code\Try\11\06）

11.3.3 结构体作为函数参数

视频讲解

📹 视频讲解：资源包 \Video\11\11.3.3 结构体作为函数参数 .mp4

函数是有参数的，可以将结构体变量的值作为一个函数的参数。使用结构体作为函数的参数有 3 种形式：使用结构体变量作为函数参数；使用指向结构体变量的指针作为函数参数；使用结构体变量的成员作为函数参数。

1. 使用结构体变量作为函数参数

使用结构体变量作为函数的实际参数时，采取的是"值传递"，它会将结构体变量所占内存单元的内容全部按顺序传递给形式参数，形式参数也必须是同类型的结构体变量。例如：

```
void Display(struct Student stu);
```

在形式参数的位置使用结构体变量，但是函数调用期间，形式参数也要占用内存单元。这种传递方式在空间和时间上开销都比较大。

另外，根据函数参数传值方式，如果在函数内部修改了变量中成员的值，则改变的值不会返回到主调函数中。

实例 07　输出学生的成绩　　　实例位置：资源包 \Code\SL\11\07
　　　　　　　　　　　　　　　　　视频位置：资源包 \Video\11\

在本实例中，声明一个简单的结构体类型，表示学生成绩，编写一个函数，将该结构体类型变量作为函数的参数。具体代码如下：

```
01  #include<stdio.h>
02
03  struct Student                                      /*学生结构体*/
04  {
```

```
05      char cName[20];                                /*姓名*/
06      float fScore[3];                               /*分数*/
07  }student={"SuYuQun",98.5f,89.0,93.5f};             /*定义变量*/
08

09  void Display(struct Student stu)                   /*形式参数为结构体变量*/
10  {
11      printf("-----Information-----\n");             /*提示信息*/
12      printf("Name: %s\n",stu.cName);                /*引用结构体成员*/
13      printf("Chinese: %.2f\n",stu.fScore[0]);
14      printf("Math: %.2f\n",stu.fScore[1]);
15      printf("English: %.2f\n",stu.fScore[2]);
16      /*计算平均分数*/
17      printf("Average score:%.2f\n",(stu.fScore[0]+stu.fScore[1]+stu.fScore[2])/3);
18  }
19

20  int main()
21  {
22      Display(student);        /*调用函数，将结构体变量作为实际参数进行传递*/
23      return 0;
24  }
```

运行程序，显示效果如图 11.11 所示。

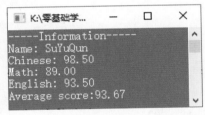

视频讲解

图 11.11　输出学生成绩

从该实例代码和运行结果可以看出：

（1）在程序中声明一个简单的结构体，表示学生的分数信息，在这个结构体中先定义了一个字符数组表示名称，还定义了一个实型数组表示 3 个学科的分数。

（2）在声明结构体的最后同时定义变量，并进行初始化。接着定义一个 Display() 函数，其中用结构体变量作为函数的形式参数。

（3）在函数体中，使用参数 stu 引用结构体中的成员，输出学生的姓名和 3 个学科的成绩，并在最后通过表达式计算出平均成绩。在 main() 主函数中，使用 student 结构体变量作为参数，调用 Display() 函数。

训练七

写一个函数 eat()，该函数传入一个食物结构体参数，输出吃的食物是什么。（资源包 \Code\Try\11\07）

2. 使用指向结构体变量的指针作为函数参数

在使用结构体变量作为函数的参数时，在传值的过程中空间和时间的开销比较大，有一种更好的传递方式，就是使用结构体变量的指针作为函数参数进行传递。

在传递结构体变量的指针时，只是将结构体变量的首地址进行传递，并没有将变量的副本进行传递。例如，声明一个传递结构体变量指针的函数，代码如下：

```
void Display(struct Student *stu);
```

这样使用形式参数 stu 指针就可以引用结构体变量中的成员了。这里需要注意的是，因为传递的是变量的地址，如果在函数中改变成员中的数据，那么返回主调用函数时变量会发生改变。

实例08 编写程序修改英语成绩

实例位置：资源包 \Code\SL\11\08
视频位置：资源包 \Video\11\

因操作失误，某位同学的英语成绩被录错，编写程序修改英语成绩。本实例先使用结构体变量的指针作为函数的参数，并在函数中改动结构体成员的数据，再对其进行输出。具体代码如下：

```
01  #include<stdio.h>
02
03  struct Student                                  /*学生结构体*/
04  {
05      char cName[20];                             /*姓名*/
06      float fScore[3];                            /*分数*/
07  }student={"SuYuQun",98.5f,89.0,93.5f};          /*定义变量*/
08
09  void Display(struct Student* stu)               /*形式参数为结构体变量的指针*/
10  {
11      printf("-----Information-----\n");          /*提示信息*/
12      printf("Name: %s\n",stu->cName);            /*使用指针引用结构体变量中的成员*/
13      printf("English: %.2f\n",stu->fScore[2]);   /*输出英语的分数*/
14      stu->fScore[2]=90.0f;                       /*更改成员变量的值*/
15  }
16
17  int main()
18  {
19      struct Student* pStruct=&student;           /*定义结构体变量指针*/
20      Display(pStruct);                           /*调用函数，结构体变量作为实际参数进行传递*/
21      printf("Changed English: %.2f\n",pStruct->fScore[2]);
22      return 0;
23  }
```

运行程序，显示效果如图 11.12 所示。

视频讲解

图 11.12　修改英语成绩

从该实例代码和运行结果可以看出：

（1）函数的参数是结构体变量的指针，因此在函数体中要通过使用指向运算符 "->" 引用成员的数据。为了简化操作，只将英语成绩进行输出，并且最后更改成员的数据。

（2）在 main() 主函数中，先定义结构体变量指针，并将结构体变量的地址传递给指针，将指针作为函数的参数进行传递。函数调用完后，再显示一次变量中的成员数据。

（3）通过输出结果可以看到，在函数中通过指针改变成员的值，在返回主调用函数中值会发生变化。

说明

在程序中为了直观地看出函数传递的参数是结构体变量的指针，定义了一个指针变量指向结构体。实际上，可以直接传递结构体变量的地址作为函数的参数，如"Display(&student);"。

训练八

定义汽车的一个结构体，结构体中包含剩余的汽油升数。定义一个加油的函数，将汽车作为函数参数，每执行一次该函数，汽车剩余的汽油升数都会加 2。（资源包 \Code\Try\11\08）

3. 使用结构体变量的成员作为函数参数

使用这种方式为函数传递参数与普通的变量作为实际参数是一样的，是传值方式传递。例如：

```
Display(student.fScore[0]);
```

注意

在传值时，实际参数要与形式参数的类型一致。

11.4 包含结构的结构

视 频 讲 解

📹 视频讲解：资源包 \Video\11\11.4 包含结构的结构 .mp4

在介绍有关结构体变量的定义时，曾说明结构体中的成员不仅可以是基本类型，也可以是结构体类型。就像图 11.13 所示的汽车里的零件，可以把汽车看成一个结构，而零件也可以看成一个结构，就相当于汽车结构包含了零件结构。

图 11.13　包含结构的结构示意图

又如，定义一个学生信息结构体类型，其中的成员包括姓名、学号、性别、出生日期。其中，成员出生日期就属于一个结构体类型，因为出生日期包括年、月、日这 3 个成员。这样，学生信息这个结构体类型就是包含结构的结构。

实例 09　显示某位同学的生日等信息	实例位置：资源包 \Code\SL\11\09 视频位置：资源包 \Video\11\

在本实例中，定义两个结构体类型，一个表示日期，另一个表示学生的个人信息。其中，日期结构体是个人信息结构中的成员。通过个人信息结构类型表示学生的基本信息内容。具体代码如下：

```
01  #include<stdio.h>
02
03  struct date                                         /*时间结构*/
04  {
05      int year;                                       /*年*/
06      int month;                                      /*月*/
07      int day;                                        /*日*/
08  };
09
10  struct student                                      /*学生信息结构*/
11  {
12      char name[30];                                  /*姓名*/
13      int num;                                        /*学号*/
14      char sex;                                       /*性别*/
15      struct date birthday;                           /*出生日期*/
16  }student={"SuYuQun",12061212,'W',{1986,12,6}};      /*为结构变量初始化*/
17
18  int main()
19  {
20      printf("-----Information-----\n");
21      printf("Name: %s\n",student.name);              /*输出结构成员*/
22      printf("Number: %d\n",student.num);
23      printf("Sex: %c\n",student.sex);
24      printf("Birthday: %d,%d,%d\n",student.birthday.year,
25      student.birthday.month,student.birthday.day);   /*将成员结构体数据输出*/
26      return 0;
27  }
```

运行程序，显示效果如图 11.14 所示。

视频讲解

图 11.14　显示学生生日等信息

从该实例代码和运行结果可以看出：

（1）在程序中，在为包含结构的结构 struct student 类型初始化时要注意，因为出生日期是结构体，所以要使用大括号将赋值的数据包含在内。

（2）在引用成员结构体变量的成员时，例如，student.birthday 表示引用 student 变量中的成员 birthday，而 student.birthday.year 表示 student 变量中结构体变量 birthday 的成员 year 变量的值。

训练九　尝试设计一个结构体来表示一辆小轿车，在该结构体中设计发动机的一个结构体。（资源包 \Code\Try\11\09）

11.5 链表

　　数据是信息的载体，是描述客观事物属性的数、字符，以及所有能输入到计算机中并被计算机程序识别和处理的集合。数据结构是指数据对象以及其中的相互关系和构造方法。在数据结构中有一种线性存储结构被称为线性表，本节将会根据结构体的知识介绍有关线性表的链式存储结构（也称其为链表）。

11.5.1 链表概述

视频讲解

　📹 视频讲解：资源包 \Video\11\11.5.1 链表概述 .mp4

　　链表是一种常见的数据结构。前面介绍过使用数组存放数据，但是使用数组时要先指定数组中包含元素的个数，即为数组的长度。如果向这个数组中加入的元素个数超过了数组的大小，便不能将内容完全保存。例如，在定义一个班级的人数时，如果小班是 30 人，普通班级是 50 人，且定义班级人数时使用的是数组，那么要定义数组的个数为最大，也就是最少为 50 个元素，否则不满足最大时的情况。这种方式非常浪费空间。

　　这时就希望有一种存储方式，其存储元素的个数是不受限定的，当添加元素时，存储的个数就会随之改变，这种存储方式就是链表。

　　链表结构的示意图如图 11.15 所示。

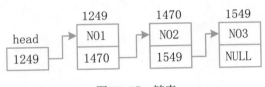

图 11.15　链表

　　从图 11.15 中可以看出：

　　（1）在链表中有一个头指针变量，图中 head 表示的就是头指针，这个指针变量保存一个地址。从图 11.15 中的箭头可以看到，该地址为一个变量的地址。也就是说，头指针指向一个变量，这个变量称为元素。

　　（2）在链表中每一个元素包括数据部分和指针部分。数据部分用来存放元素所包含的数据，而指针部分用来指向下一个元素。最后一个元素的指针指向 NULL，表示指向的地址为空。

　　（3）从链表的示意图中可以看到，head 头指针指向第一个元素，第一个元素中的指针又指向第二个元素，第二个元素的指针又指向第 3 个元素的地址，第 3 个元素的指针就指向为空。

　　根据对链表的描述，可以想象到链表就像铁链，一环扣一环，然后通过头指针寻找链表中的元素。

　　这就好比在一个幼儿园中，老师拉着第一个小朋友的手，第一个小朋友又拉着第二个小朋友的手，这样下去在幼儿园中的小朋友就连成了一条线。最后一个小朋友没有拉着任何人，他的手是空着的，他就好像是链表中的链尾，而老师就是头指针，通过老师就可以找到这个队伍中的任何一个小朋友。

　　📥 注意　在链表这种数据结构中，必须利用指针才能实现。因此，链表中的结点应该包含一个指针变量来保存下一个结点的地址。

　　例如，设计一个表示班级的结构体，其中结构体中的结点指针表示学生，代码如下：

```
01   struct Student
02   {
03       char cName[20];                              /*姓名*/
04       int iNumber;                                 /*学号*/
05       struct Student* pNext;                       /*指向下一个结点的指针*/
06   };
```

可以看到学生的姓名和学号属于数据部分，而 pNext 就是指针部分，用来保存下一个结点的地址。要向链表中添加一个结点时，操作的过程是怎样的呢？首先来看一组实例图，如图 11.16 所示。

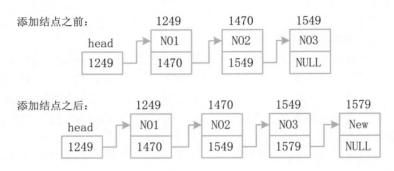

图 11.16　结点添加过程

当有新的结点要添加到链表中时，原来最后一个结点的指针将保存新添加的结点地址，而新结点的指针指向空（NULL），当添加完成后，新结点将成为链表中的最后一个结点。从添加结点的过程中就可以看出，不用担心链表的长度会超出范围。

11.5.2　创建动态链表

📹 视频讲解：资源包 \Video\11\11.5.2 创建动态链表 .mp4

从本节开始讲解链表相关的具体操作，从对链表的概述中可以看出，链表并不是一开始就设定好大小的，而是根据结点的多少来决定的，因此链表的创建过程是一个动态的创建过程。动态创建一个结点时，要为其分配内存，在介绍如何创建链表前先来了解一些有关动态创建会使用的函数。

1. malloc() 函数

malloc() 函数的原型如下：

```
void *malloc(unsigned int size);
```

该函数的功能是在内存中动态地分配一块 size 大小的内存空间。malloc() 函数会返回一个指针，该指针指向分配的内存空间，如果出现错误，则返回 NULL。

2. calloc() 函数

calloc() 函数的原型如下：

```
void *calloc(unsigned int size);
```

该函数的功能是在内存中动态分配若干个长度为 size 的连续内存空间数组。calloc() 函数会返回一个指针，该指针指向动态分配的连续内存空间地址。当分配空间错误时，就返回 NULL。

3. free() 函数

free() 函数的原型如下：

```
void free(void *ptr);
```

该函数的功能是使用由指针 ptr 指向的内存单元，使部分内存单元能被其他变量使用。ptr 是最近一次调用 calloc() 或 malloc() 函数时返回的值。free() 函数无返回值。

动态分配的相关函数已经介绍完了，现在开始介绍如何建立动态的链表。

所谓建立动态链表，就是指在程序运行过程中从无到有地建立起一个链表，即首先一个一个地分配结点的内存空间，然后输入结点中的数据并建立结点间的相连关系。

例如，在链表概述中介绍过可以先将一个班级里的学生作为链表中的结点，然后将所有学生的信息存放在链表结构中。学生链表如图 11.17 所示。

图 11.17　学生链表

首先创建结点结构，表示每一个学生，代码如下：

```
01  struct Student
02  {
03      char cName[20];                              /*姓名*/
04      int iNumber;                                 /*学号*/
05      struct Student* pNext;                       /*指向下一个结点的指针*/
06  };
```

然后定义一个 Create() 函数，用来创建链表。该函数将会返回链表的头指针，代码如下：

```
01  int iCount;                                      /*全局变量表示链表长度*/
02
03  struct Student* Create()
04  {
05      struct Student* pHead=NULL;                  /*初始化链表头指针为空*/
06      struct Student* pEnd,*pNew;
07      iCount=0;                                     /*初始化链表长度*/
08      pEnd=pNew=(struct Student*)malloc(sizeof(struct Student));
09      printf("please first enter Name ,then Number\n");
10      scanf("%s",&pNew->cName);
11      scanf("%d",&pNew->iNumber);
12      while(pNew->iNumber!=0)
13      {
14          iCount++;
15          if(iCount==1)
16          {
17              pNew->pNext=pHead;                   /*使得指向为空*/
18              pEnd=pNew;                           /*跟踪新加入的结点*/
19              pHead=pNew;                          /*头指针指向首结点*/
20          }
```

```
21              else
22          {
23                  pNew->pNext=NULL;                    /*新结点的指针为空*/
24                  pEnd->pNext=pNew;                    /*原来的尾结点指向新结点*/
25                  pEnd=pNew;                           /*pEnd指向新结点*/
26          }
27          pNew=(struct Student*)malloc(sizeof(struct Student));/*再次分配结点内存空间*/
28          scanf("%s",&pNew->cName);
29          scanf("%d",&pNew->iNumber);
30      }
31      free(pNew);                                      /*释放没有用到的空间*/
32      return pHead;
33  }
```

从代码中可以看出：

（1）Create() 函数的功能是创建链表，在 Create 的外部可以看到一个整型的全局变量 iCount，这个变量的作用是表示链表中结点的数量。在 Create() 函数中，首先定义需要用到的指针变量，pHead 用来表示头指针，pEnd 用来指向原来的尾结点，pNew 指向新创建的结点。

（2）使用 malloc() 函数分配内存，先用 pEnd 和 pNew 两个指针都指向第一个分配的内存，然后显示提示信息，先输入一个学生的姓名，再输入学生的学号。使用 while 语句进行判断，如果学号为 0，则不执行循环语句。

（3）在 while 循环语句中，iCount++ 自增操作表示链表中结点的增加。接下来判断新加入的结点是否是第一次加入的结点，如果是第一次加入的，则执行 if 语句块中的代码，否则执行 else 语句块中的代码。

（4）在 if 语句块中，因为第一次加入结点时其中没有结点，所以新结点即为首结点，也为最后一个结点，并且要将新加入的结点的指针指向 NULL，即为 pHead 指向。else 语句实现的是链表中已经有结点存在时的操作。

（5）首先将新结点 pNew 的指针指向 NULL，然后将原来最后一个结点的指针指向新结点，最后将 pEnd 指针指向最后一个结点。这样一个结点创建完之后，要先分配内存，再向其中输入数据，通过 while 语句再次判断输入的数据是否符合结点的要求。当结点不符合要求时，调用 free 函数将不符合要求的结点空间进行释放。这样一个链表就通过动态分配内存空间的方式创建完成了。

注意   使用动态分配函数时，可以使用 free() 函数撤销，在程序结束后，撤销空间是一个好习惯。

11.5.3 输出链表

📹 视频讲解：资源包 \Video\11\11.5.3 输出链表 .mp4

链表已经被创建出来，构建数据结构就是为了使用它，以将保存的信息进行输出显示。接下来介绍如何将链表中的数据显示输出，代码如下：

```
01   void Print(struct Student* pHead)
02   {
03       struct Student *pTemp;                              /*循环所用的临时指针*/
04       int iIndex=1;                                       /*表示链表中结点的序号*/
05
06       printf("----the List has %d members:----\n",iCount);/*消息提示*/
07       printf("\n");                                       /*换行*/
08       pTemp=pHead;                                        /*指针得到首结点的地址*/
09
10       while(pTemp!=NULL)
11       {
12           printf("the NO%d member is:\n",iIndex);
13           printf("the name is: %s\n",pTemp->cName);       /*输出姓名*/
14           printf("the number is: %d\n",pTemp->iNumber);   /*输出学号*/
15           printf("\n");                                   /*输出换行*/
16           pTemp=pTemp->pNext;                             /*移动临时指针到下一个结点*/
17           iIndex++;                                       /*进行自增运算*/
18       }
19   }
```

结合创建链表和输出链表，运行程序，结果如图 11.18 所示。

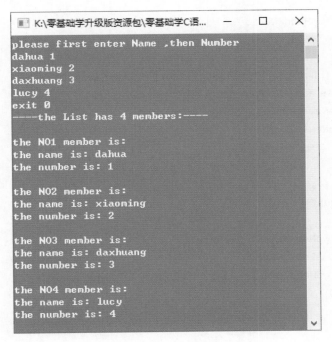

图 11.18　输出链表

　　Print() 函数用来将链表中的数据进行输出。在函数的参数中，pHead 表示一个链表的头结点。在函数中，先定义一个临时的指针 pTemp 用来进行循环操作；再定义一个整型变量，表示链表中的结点序号。最后用临时指针变量 pTemp 保存首结点的地址。

　　使用 while 语句将所有结点中保存的数据都显示输出。其中每输出一个结点的内容后，就移动

pTemp 指针变量指向下一个结点的地址。当为最后一个结点时，所拥有的指针指向 NULL，此时循环结束。

根据上面介绍的有关链表的创建与输出操作，将这些代码整合到一起，编写一个包含职工信息的链表结构，并且将链表中的信息进行输出。具体代码如下：

```
01  #include<stdio.h>
02  #include<stdlib.h>
03
04  struct Clerk
05  {
06      char cName[20];                              /*姓名*/
07      int iNumber;                                 /*工位号*/
08      struct Clerk* pNext;                         /*指向下一个结点的指针*/
09  };
10
11  int iCount;                                      /*全局变量表示链表长度*/
12
13  struct Clerk* Create()
14  {
15      struct Clerk* pHead=NULL;                    /*初始化链表头指针为空*/
16      struct Clerk* pEnd,*pNew;
17      iCount=0;                                    /*初始化链表长度*/
18      pEnd=pNew=(struct Clerk*)malloc(sizeof(struct Clerk));
19      printf("please first enter Name ,then Number\n");
20      scanf("%s",&pNew->cName);
21      scanf("%d",&pNew->iNumber);
22      while(pNew->iNumber!=0)
23      {
24          iCount++;
25          if(iCount==1)
26          {
27              pNew->pNext=pHead;                   /*使指向为空*/
28              pEnd=pNew;                           /*跟踪新加入的结点*/
29              pHead=pNew;                          /*头指针指向首结点*/
30          }
31          else
32          {
33              pNew->pNext=NULL;                    /*新结点的指针为空*/
34              pEnd->pNext=pNew;                    /*原来的尾结点指向新结点*/
```

```
35                    pEnd=pNew;                              /*pEnd指向新结点*/
36                }
37                pNew=(struct Clerk*)malloc(sizeof(struct Clerk));/*再次分配结点内存空间*/
38                scanf("%s",&pNew->cName);
39                scanf("%d",&pNew->iNumber);
40            }
41        free(pNew);                                      /*释放没有用到的空间*/
42        return pHead;
43    }
44
45    void Print(struct Clerk* pHead)
46    {
47        struct Clerk *pTemp;                             /*循环所用的临时指针*/
48        int iIndex=1;                                    /*表示链表中结点的序号*/
49
50        printf("----the List has %d members:----\n",iCount);/*消息提示*/
51        printf("\n");                                    /*换行*/
52        pTemp=pHead;                                     /*指针得到首结点的地址*/
53
54        while(pTemp!=NULL)
55        {
56            printf("the NO%d member is:\n",iIndex);
57            printf("the name is: %s\n",pTemp->cName);    /*输出姓名*/
58            printf("the number is: %d\n",pTemp->iNumber);/*输出工位号*/
59            printf("\n");                                /*输出换行*/
60            pTemp=pTemp->pNext;                          /*移动临时指针到下一个结点*/
61            iIndex++;                                    /*进行自增运算*/
62        }
63    }
64
65    int main()
66    {
67        struct Clerk * pHead;                            /*定义头结点*/
68        pHead=Create();                                  /*创建结点*/
69        Print(pHead);                                    /*输出链表*/
70        return 0;                                        /*程序结束*/
71    }
```

运行程序，显示效果如图 11.19 所示。

从该实例代码和运行结果可以看出：

在 main() 主函数中，首先定义一个头结点指针 pHead，然后调用 Create() 函数创建链表，并将链表的头结点返回给 pHead 指针变量。利用得到的头结点 pHead 作为 Print() 函数的参数。

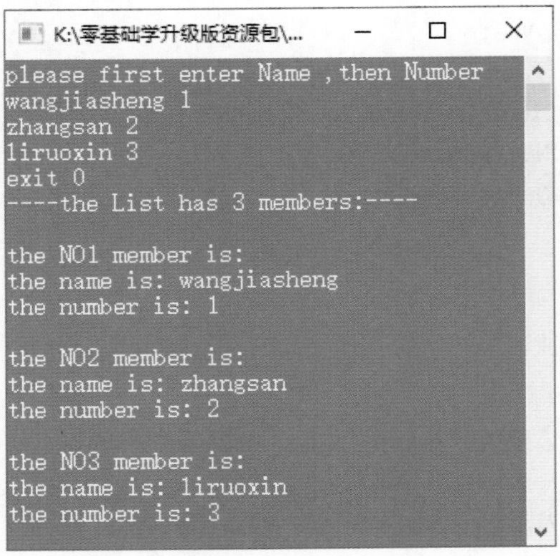

视频讲解

```
K:\零基础学升级版资源包\...         —    □    ×

please first enter Name ,then Number
wangjiasheng 1
zhangsan 2
liruoxin 3
exit 0
----the List has 3 members:----

the NO1 member is:
the name is: wangjiasheng
the number is: 1

the NO2 member is:
the name is: zhangsan
the number is: 2

the NO3 member is:
the name is: liruoxin
the number is: 3
```

图 11.19　显示职员链表信息

训练十

已知张敏的北京一日游观光地点包括：颐和园、长城和故宫。创建链表输出张敏的北京一日游观光地点。（**资源包 \Code\Try\11\10**）

11.6 小结

　　本章首先介绍了有关结构体的内容，编程人员可以通过结构体定义符合要求的结构类型。然后介绍了以数组方式定义结构体、指向结构体的指针，以及包含结构的结构情况。

　　学习完如何构建结构体后，接下来介绍一种常见的数据结构——链表。其中讲解了有关链表的创建过程，介绍了如何动态分配内存空间，以及链表的插入、删除、输出操作，这里还应用了之前学习的结构体的知识。

第**12**章

共用体与枚举类型

（ ▶ 视频讲解：25 分）

本章概览

　　本章致力于使读者了解共用体和枚举类型的概念，掌握如何定义共用体和枚举类型及其它们的使用方式。学会定义共用体数组、共用体指针和枚举类型，最后结合共用体和枚举类型的具体应用进行更深入的理解。

知识框架

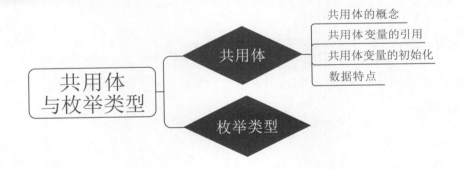

12.1 共用体

共用体看起来很像结构体，只不过关键字由 struct 变成了 union。共用体和结构体的区别在于：结构体定义了一个由多个数据成员组成的特殊类型，而共用体定义了一块为所有数据成员共享的内存。例如，有三个圆相互叠放，效果如图 12.1 所示，其中三个圆共同交汇的区域就可以理解为是这三个圆的共用体。

图 12.1　共享空间示意图

12.1.1 共用体的概念

视频讲解：资源包 \Video\12\12.1.1 共用体的概念 .mp4

共用体也被称为联合体，它使几种不同类型的变量存放到同一段内存单元中。所以共用体在同一时刻只能有一个值，它属于某一个数据成员。由于所有成员位于同一块内存，因此共用体的大小就等于最大成员的大小。

定义共用体的类型变量的一般形式为：

```
union 共用体名
{
    成员列表
}变量列表;
```

例如，定义一个共用体，包括的数据成员有整型、字符型和实型，代码如下：

```
01  union DataUnion
02  {
03      int iInt;
04      char cChar;
05      float fFloat;
06  }variable;                                        /*定义共用体变量*/
```

其中，variable 为定义的共用体变量，而 union DataUnion 是共用体类型。还可以像结构体那样将类型的声明和变量定义分开，代码如下：

```
union DataUnion variable;
```

注意

可以看到，共用体定义变量的方式与结构体定义变量的方式很相似，不过一定要注意的是，结构体变量的大小是其所包括的所有数据成员大小的总和，其中每个成员分别占有自己的内存单元；而共用体的大小为所包含数据成员中最大内存长度的大小。

12.1.2 共用体变量的引用

▶ 视频讲解：资源包 \Video\12\12.1.2 共用体变量的引用 .mp4

共用体变量定义完成后，就可以引用其中的成员数据。引用的一般形式为：

共用体变量.成员名；

例如，引用前面定义的 variable 变量中的成员数据，代码如下：

```
variable.iInt;
variable.cChar;
variable.fFloat;
```

注意　不能直接引用共用体变量，如"printf("%d",variable);"的写法是错误的。

实例 01　设计一个一次只能装一种水果的罐头瓶　　实例位置：资源包 \Code\SL\12\01
　　视频位置：资源包 \Video\12\

将罐头瓶设为一个共用体，这个罐头瓶可以装黄桃，可以装椰子，也可以装山楂。在本实例中定义共用体变量，通过定义的显示函数，引用共用体中的数据成员。具体代码如下：

```
01  #include "stdio.h"              /*包含头文件*/
02  #include<string.h>
03  /*声明桃结构体*/
04  struct peaches
05  {
06      char name[64];
07  };
08  /*声明椰子结构体*/
09  struct coconut
10  {
11      char name[64];
12  };
13  /*声明山楂结构体*/
14  struct hawthorn
15  {
16      char name[64];
17  };
18  /*声明罐头共用体*/
```

```
19  union tin
20  {
21      struct   peaches p;
22      struct   coconut c;
23      struct   hawthorn h;
24  };
25  int main()                                      /*main()主函数*/
26  {
27      union tin t;                                /*定义一个共用体*/
28      strcpy(t.p.name, "桃");                     /*将相应的名字复制给相应的变量*/
29      strcpy(t.c.name, "椰子");
30      strcpy(t.h.name, "山楂");
31
32      printf("这个罐头瓶装%s\n",t.p.name);         /*输出信息*/
33
34      return 0;                                   /*程序结束*/
35  }
```

运行程序，显示结果如图 12.2 所示。

图 12.2　罐头瓶装的水果种类运行结果

视频讲解

训练一

公司员工下班回家，可以坐出租车，也可以坐公交车，还可以坐地铁，设计一个交通工具的共用体，让员工进行选择。（资源包 \Code\Try\12\01）

12.1.3 共用体变量的初始化

视频讲解

📺 视频讲解：资源包 \Video\12\12.1.3 共用体变量的初始化 .mp4

在定义共用体变量时，可以同时对变量进行初始化操作。初始化的值放在一对大括号中。

注意

对共用体变量进行初始化时，只需要一个初始化值就足够了，其类型必须和共用体的第一个成员的类型一致。

实例 02　对共用体变量初始化，输出"现在是夏季"	实例位置：资源包 \Code\SL\12\02 视频位置：资源包 \Video\12\

在本实例中，定义"季节"的共用体，同时进行初始化操作，并将引用变量的值输出。具体代码如下：

```
01  #include "stdio.h"            /*包含头文件*/
```

```
02   #include <string.h>
03
04   struct sea                          /*声明季节的结构体*/
05   {
06       char name[64];
07   };
08   union season                        /*声明季节的共用体*/
09   {
10       struct sea p;
11   };
12   int main()                          /*main()主函数*/
13   {
14       union season s;                 /*定义共用体变量*/
15       strcpy(s.p.name, "夏季");
16       printf("现在是%s\n",s.p.name);   /*输出信息*/
17       return 0;                       /*程序结束*/
18   }
```

运行程序，显示结果如图 12.3 所示。

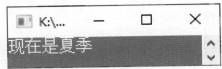

图 12.3　季节运行结果

如果共用体的第一个成员是一个结构体类型，则初始化值中可以包含多个用于初始化该结构的表达式。

说明

公司员工准备在美团网上订午餐，在米饭、面条、水饺 3 类店中进行选择，最终因为当天是冬至，决定吃饺子。编程模拟此场景。（资源包 \Code\Try\12\02）

训练二

12.1.4 共用体类型的数据特点

▶ 视频讲解：资源包 \Video\12\12.1.4 共用体类型的数据特点 .mp4

在使用共用体类型时，需要注意以下特点：

☑ 同一个内存段可以用来存放几种不同类型的成员，但是每一次只能存放其中一种，而不是同时存放所有的类型。也就是说，在共用体中，在一个成员起作用的同时，其他成员不起作用。

☑ 共用体变量中起作用的成员是最后一次存放的成员，在存入一个新的成员后，原有的成员就失去作用。

☑ 共用体变量的地址和它的各成员的地址是一样的。

☑ 不能对共用体变量名赋值，也不能引用变量名来得到一个值。

12.2 枚举类型

视频讲解：资源包 \Video\12\12.2 枚举类型 .mp4

利用关键字 enum 可以声明枚举类型，这也是一种数据类型。使用该类型可以定义枚举类型变量，一个枚举类型变量包含一组相关的标识符，其中每个标识符都对应一个整数值，称为枚举常量。例如，可以将如图 12.4 所示的果盘中各种水果的名称定义成一个枚举类型。

图 12.4　果盘可以定义成枚举类型

将果盘中水果名称定义成一个枚举类型变量，其中每个标识符都对应一个整数值，代码如下：

```
enum Fruits{Watermelon,Mango,Grape,Orange,Apple};
```

Fruits 就是定义的枚举类型变量，在括号中的第一个标识符对应数值 0，第二个对应 1，以此类推。

注意

每个标识符都必须是唯一的，而且不能采用关键字或当前作用域内的其他相同的标识符。

在定义枚举类型的变量时，可以为某个特定的标识符指定其对应的整型值，紧随其后的标识符对应的值依次加 1。例如：

```
enum Fruits{Watermelon=1,Mango,Grape,Orange,Apple};
```

其中，Watermelon 的值为 1，Mango 的值为 2，Grape 的值为 3，Orange 的值为 4，Apple 的值为 5。

实例 03　选择自己喜欢的颜色

实例位置：资源包 \Code\SL\12\03
视频位置：资源包 \Video\12\

在本实例中，通过定义枚举类型的变量 Color，根据输入的数据判断选择的是什么颜色。其中每个枚举常量在声明的作用域内都可以看作一个新的数据类型。具体代码如下：

```
01    #include<stdio.h>
02
03    enum Color{Red=1,Blue,Green} color;      /*定义枚举变量，并初始化*/
04    int main()
05    {
06        int icolor;                          /*定义整型变量*/
```

```
07          scanf("%d",&icolor);                           /*输入数据*/
08          switch(icolor)                                 /*判断icolor值*/
09          {
10                  case Red:                              /*枚举常量，Red表示1*/
11                          printf("the choice is Red\n");
12                          break;
13                  case Blue:                             /*枚举常量，Blue表示2*/
14                          printf("the choice is Blue\n");
15                          break;
16                  case Green:                            /*枚举常量，Green表示3*/
17                          printf("the choice is Green\n");
18                          break;
19                  default:
20                          printf("???\n");
21                          break;
22          }
23          return 0;
24  }
```

运行程序，显示结果如图 12.5 所示。

图 12.5　选择颜色运行结果

从该实例代码和运行结果可以看出：

在程序中定义的枚举变量在初始化时，为第一个枚举常量赋值为 1，这样将 Red 赋值为 1 后，枚举常量就会依次加 1。通过使用 switch 语句判断输入的数据与哪个标识符的值符合，然后执行 case 语句中的操作。

枚举变量的取值范围是固定的，只可以在枚举常量中选择。

定义枚举类型，代表一年中的四个季节，给"季节"枚举类型分别赋值，并用整型格式输出四个季节的值。（资源包 \Code\Try\12\03）

12.3 小结

本章讲解了有关共用体和枚举类型这两方面的内容，通过对本章的学习，读者可掌握共用体变量的引用、初始化，以及共用体类型的数据特点，掌握枚举类型的使用。

第13章

位运算

（ ▶ 视频讲解：35 分）

本章概览

　　C 语言可用来代替汇编语言完成大部分编程工作。也就是说，C 语言能支持汇编语言做大部分的运算，因此 C 语言完全支持按位运算，这也是 C 语言的一个特点，正是这个特点使 C 语言的应用更加广泛。

知识框架

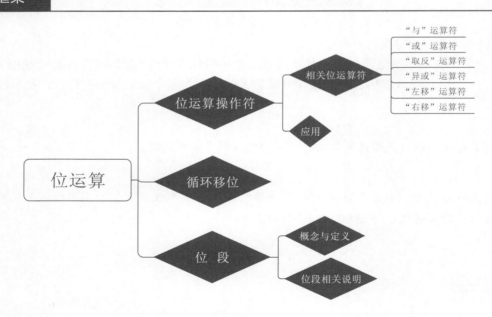

视频讲解

13.1 位与字节

视频讲解：资源包 \Video\13\13.1 位与字节 .mp4

在前面章节中介绍过数据在内存中是以二进制形式存放的，下面将具体介绍位与字节之间的关系。

位是计算机存储数据的最小单位。一个二进制位可以表示两种状态（0 和 1），多个二进制位组合起来便可表示多种信息。

一字节通常由 8 位二进制数组成，当然有的计算机系统由 16 位二进制数组成，本书中提到的一字节指的是由 8 位二进制数组成的。如图 13.1 所示，8 位占一字节，16 位占两字节。

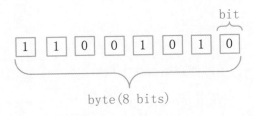

图 13.1 字节与位

因为本书中所使用的运行环境是 Visual C++ 6.0，所以如果定义一个基本的整型数据，它在内存中占 4 字节，也就是 32 位；如果定义一个字符型，则在内存中占一字节，也就是 8 位。不同的数据类型占用的字节数不同，因此占用的二进制位数也不同。

13.2 位运算操作符

C 语言既具有高级语言的特点，又具有低级语言的功能，C 语言和其他语言的区别是不仅完全支持按位运算，而且也能像汇编语言一样用来编写系统程序。前面讲过的都是以字节为基本单位进行运算的，本节将介绍如何进行位运算。位运算就是按位运算，也就是对字节或字中的实际位进行检测、设置或移位。如表 13.1 所示为 C 语言提供的位运算符。

表 13.1 位运算符

运 算 符	含 义
&	按位与
|	按位或
~	取反
^	按位异或
<<	左移
>>	右移

13.2.1 "与"运算符

视频讲解

视频讲解：资源包 \Video\13\13.2.1 "与"运算符 .mp4

"与"运算符 "&" 是双目运算符，功能是使参与运算的两个数各对应的二进制位相 "与"。只有对应的两个二进制位均为 1 时，结果才为 1，否则为 0，如表 13.2 所示。

表 13.2　"与"运算符

a	b	a&b
0	0	0
0	1	0
1	0	0
1	1	1

例如，89&38 的算式如下（为了方便观察，这里只给出每个数据的后 16 位）：

$$
\begin{array}{r}
\& \quad 0000000001011001 \quad \text{十进制数 89} \\
0000000000100110 \quad \text{十进制数 38} \\
\hline
0000000000000000 \quad \text{十进制数 0}
\end{array}
$$

通过上面的运算会发现，按位 "与" 的一个用途就是清零，要将原数中为 1 的位置改为 0，只需使与其进行 "与" 操作的数所对应的位置为 0，便可实现清零操作。

"与" 操作的另一个用途就是取特定位，可以通过 "与" 的方式取一个数中的某些指定位，如果取 22 的后 5 位，则要与后 5 位均是 1 的数相 "与"，同样，若要取后 4 位，就与后 4 位都是 1 的数相 "与" 即可。

实例 01　将两个人的年龄进行 "与" 运算

实例位置：资源包 \Code\SL\13\01
视频位置：资源包 \Video\13\

在本实例中，定义两个变量，分别代表两个人的年龄，将这两个变量进行 "与" 运算，具体代码如下：

```
01  #include<stdio.h>                              /*包含头文件*/
02  int main()                                     /*main()主函数*/
03  {
04      unsigned result;                           /*定义无符号变量*/
05      int age1, age2;                            /*定义变量*/
06      printf("please input age1:");              /*提示输入年龄1*/
07      scanf("%d",&age1);                         /*输入年龄1*/
08      printf("please input age2:");              /*提示输入年龄2*/
09      scanf("%d",&age2);                         /*输入年龄2*/
10      printf("age1=%d, age2=%d", &age1, &age2);  /*显示年龄*/
11      result = age1&age2;                        /*计算"与"运算的结果*/
12      printf("\n age1&age2=%u\n", result);       /*输出计算结果*/
13  }
```

程序运行结果如图 13.2 所示。

图 13.2 将两个人的年龄进行 "与" 运算

实例 01 的计算过程如下：

$$
\begin{array}{r}
& 0000000000011001 \quad \text{十进制数 25} \\
\& & 0000000000011101 \quad \text{十进制数 29} \\
\hline
& 0000000000011001 \quad \text{十进制数 25}
\end{array}
$$

训练一　0xFFFF1234 和什么数据经过 "与" 运算，结果仍为 0xFFFF1234 ？（资源包 \Code\Try\13\01）

13.2.2 "或" 运算符

▶ 视频讲解：资源包 \Video\13\13.2.2 "或" 运算符 .mp4

"或" 运算符 "|" 是双目运算符，功能是使参与运算的两个数各对应的二进制位相 "或"，只要对应的两个二进制位有一个为 1，结果位就为 1，如表 13.3 所示。

表 13.3 "或" 运算符

a	b	a|b
0	0	0
0	1	1
1	0	1
1	1	1

例如，17|31 的算式如下：

$$
\begin{array}{r}
& 0000000000010001 \quad \text{十进制数 17} \\
| & 0000000000011111 \quad \text{十进制数 31} \\
\hline
& 0000000000011111 \quad \text{十进制数 31}
\end{array}
$$

从上式可以发现，十进制数 17 的二进制数的后 5 位是 10001，而十进制数 31 对应的二进制数的后 5 位是 11111，将这两个数执行 "或" 运算之后得到的结果是 31，也就是将 17 的二进制数的后 5 位中是 0 的位变成了 1。因此，可以总结出这样一个规律，即要想使一个数的后 6 位全为 1，只需和数据 63 的二进制数按位 "或"；同理，若要使后 5 位全为 1，只需和数据 31 的二进制数按位 "或" 即可，其他以此类推。

如果要将一个二进制数的某几位设置为 1，只需将该数与一个这几位都是 1 的二进制数执行
"或"操作便可。

实例 02 将数字 0xEFCA 与本身进行"或"运算

实例位置：资源包 \Code\SL\13\02
视频位置：资源包 \Video\13\

在本实例中，定义一个变量，将其赋值为 0xEFCA，再与本身进行"或"运算，具体代码如下：

```
01   #include<stdio.h>                    /*包含头文件*/
02   int main()                           /*main()主函数*/
03   {
04       int a=0xEFCA,result;             /*定义变量*/
05       result = a|a;                    /*计算或运算的结果*/
06       printf("a|a=%X\n", result);      /*输出结果*/
07       return 0;                        /*程序结束*/
08   }
```

程序运行结果如图 13.3 所示。

图 13.3 0xEFCA 与本身进行"或"运算

实例 02 的计算过程如下：

```
    1110111111001010    十六进制数 0xEFCA
|   1110111111001010    十六进制数 0xEFCA
    _____
    1110111111001010    十六进制数 0xEFCA
```

将十六进制数字 0xEFCA 与 0 进行"或"运算，输出结果，并观察该结果与实例 02 的结果，
得出什么结论。（资源包 \Code\Try\13\02）

13.2.3 "取反"运算符

视频讲解：资源包 \Video\13\13.2.3 "取反"运算符 .mp4

"取反"运算符"~"为单目运算符，具有右结合性。其功能是对参与运算的数的各二进制位按位
求反，即将 0 变成 1，1 变成 0。如 ~86 是对 86 进行按位求反，算式如下：

```
      00000000000000000000000001010011
~
      11111111111111111111111110101100
```

264

在进行"取反"运算的过程中，切不可简单地认为一个数取反后的结果就是该数的相反数（即 ~25 的值是 -25），这是错误的。

实例位置：资源包 \Code\SL\13\03
视频位置：资源包 \Video\13\

实例 03　将自己的年龄取反后输出

在控制台输入自己的年龄，将输入的年龄进行取反，具体代码如下：

```
01  #include<stdio.h>              /*包含头文件*/
02  int main()                     /*main()主函数*/
03  {
04      unsigned result;           /*定义无符号变量*/
05      int a;                     /*定义变量*/
06      printf("please input a:"); /*提示输入一个数*/
07      scanf("%d",&a);            /*输入数据*/
08      printf("a=%d", a);         /*显示输入的数据*/
09      result = ~a;               /*对a取反*/
10      printf("\n~a=%o\n", result); /*显示结果*/
11  }
```

程序运行结果如图 13.4 所示。

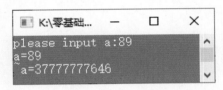

图 13.4　将自己的年龄进行取反运算结果

实例 03 的执行过程如下：

$$00000000000000000000000000010011$$
~
$$11111111111111111111111110101100$$
$$3\ 7\ 7\ 7\ 7\ 7\ 7\ 7\ 6\ 4\ 6$$

实例 03 最后是以八进制数的形式输出的。

在控制台上输入大写字母"A"，输出它的 ASCII 值及 ASCII 值取反的值。（资源包 \Code\Try\13\03）

13.2.4　"异或"运算符

视频讲解：资源包 \Video\13\13.2.4　"异或"运算符 .mp4

"异或"运算符"^"是双目运算符，其功能是使参与运算的两个数各对应的二进制位相"异或"，当对应的两个二进制位数相异时，结果为 1，否则结果为 0，如表 13.4 所示。

表 13.4　"异或"运算符

a	b	a^b
0	0	0
0	1	1
1	0	1
1	1	0

例如，107^127 的算式如下：

$$
\begin{array}{r}
\wedge \quad 0000000001101011 \\
0000000001111111 \\
\hline
0000000000010100
\end{array}
$$

从上面的算式可以看出，"异或"操作的一个主要用途就是能使特定的位翻转，如果要将 107 的后 7 位翻转，只需与一个后 7 位都是 1 的数进行"异或"操作即可。

"异或"操作的另一个主要用途，就是在不使用临时变量的情况下实现两个变量值的互换。

例如，x=9，y=4，将 x 和 y 的值互换可用如下方法实现：

```
x=x^y;
y=y^x;
x=x^y;
```

其具体运算过程如下：

$$
\begin{array}{r}
\wedge \quad 0000000000001001 \quad (x) \\
0000000000000100 \quad (y) \\
\hline
\wedge \quad 0000000000001101 \quad (x) \\
0000000000000100 \quad (y) \\
\hline
\wedge \quad 0000000000001001 \quad (y) \\
0000000000001101 \quad (x) \\
\hline
0000000000000100 \quad (x)
\end{array}
$$

实例 04　计算 a^b 的值　　　　　　实例位置：资源包 \Code\SL\13\04
　　　　　　　　　　　　　　　　　　视频位置：资源包 \Video\13\

在控制台上输入两个数，分别赋给变量 a 和 b，将 a 与 b 进行"异或"运算，具体代码如下：

```
01  #include<stdio.h>                          /*包含头文件*/
02  int main()                                 /*main()主函数*/
03  {
04      unsigned result;                       /*定义无符号数*/
05      int a, b;                              /*定义变量*/
06      printf("please input a:");             /*提示输入数据a*/
07      scanf("%d",&a);                        /*输入数据a*/
08      printf("please input b:");             /*提示输入数据b*/
09      scanf("%d",&b);                        /*输入数据b*/
10      printf("a=%d,b=%d", a, b);             /*显示数据a,b*/
11      result = a^b;                          /*求a与b"异或"的结果*/
12      printf("\na^b=%u\n", result);          /*输出结果*/
13  }
```

程序运行结果如图 13.5 所示。

图 13.5 a 与 b "异或" 运算结果

实例 04 的执行过程如下：

$$
\begin{array}{r}
\ 0000000000111000 \\
\wedge\ \ 0000000001001000 \\
\hline
0000000001110000
\end{array}
$$

"异或" 运算经常被用到一些比较简单的加密算法中。

用户创建完新账户后，服务器为保护用户隐私，使用 "异或" 运算对用户密码进行二次加密，计算公式为 "加密数据 = 原始密码 ^ 加密算子"。已知加密算子为整数 79，请问用户密码 459137 经过加密后的值是多少？（资源包 \Code\Try\13\04）

13.2.5 "左移" 运算符

📹 视频讲解：资源包 \Video\13\13.2.5 "左移" 运算符 .mp4

"左移" 运算符 "<<" 是双目运算符，其功能是把 "<<" 左边运算数的各二进制位全部左移若干位，由 "<<" 右边的数指定移动的位数，高位丢弃，低位补 0。

如 a<<2，即把 a 的各二进制位向左移动两位。假设 a=39，那么 a 在内存中的存放情况如图 13.6 所示。

图 13.6 39 在内存中的存储情况

若将 a 左移两位，则在内存中的存储情况如图 13.7 所示。a 左移两位后由原来的 39 变成了 156。

| 0 | 0 | 0 | 0 | 0 | 0 | 0 | 0 | 0 | 0 | 0 | 0 | 0 | 0 | 0 | 0 | 0 | 0 | 0 | 0 | 0 | 0 | 0 | 0 | 1 | 0 | 0 | 1 | 1 | 1 | 0 | 0 |

图 13.7　39 左移两位

说明

实际上，左移一位相当于该数乘以 2，将 a 左移两位，相当于 a 乘以 4，即 39 乘以 4，但这种情况只限于移出位不含 1 的情况。若将十进制数 64 左移两位，则移位后的结果将为 0（01000000->00000000），这是因为 64 在左移两位时将 1 移出了（注意这里的 64 是假设以一字节（即 8 位）存储的）。

实例 05　将 15 左移两位后，再将其结果左移三位　　实例位置：资源包 \Code\SL\13\05　　视频位置：资源包 \Video\13\

本实例首先将 15 左移两位，再将这个结果左移三位，输出结果。具体代码如下：

```
01   #include<stdio.h>                              /*包含头文件*/
02   int main()                                     /*main()主函数*/
03   {
04       int x=15;                                  /*定义变量*/
05       x=x<<2;                                    /*x左移两位*/
06       printf("the result1 is:%d\n",x);
07       x=x<<3;                                    /*x左移三位*/
08       printf("the result2 is:%d\n",x);           /*显示结果*/
09   }
```

程序运行结果如图 13.8 所示。

视频讲解

图 13.8　15 左移运算结果

实例 05 的执行过程如下：

15 在内存中的存储情况如图 13.9 所示。

| 0 | 0 | 0 | 0 | 0 | 0 | 0 | 0 | 0 | 0 | 0 | 0 | 0 | 0 | 0 | 0 | 0 | 0 | 0 | 0 | 0 | 0 | 0 | 0 | 0 | 0 | 0 | 0 | 1 | 1 | 1 | 1 |

图 13.9　15 在内存中的存储情况

15 左移两位后变为 60，其存储情况如图 13.10 所示。

| 0 | 0 | 0 | 0 | 0 | 0 | 0 | 0 | 0 | 0 | 0 | 0 | 0 | 0 | 0 | 0 | 0 | 0 | 0 | 0 | 0 | 0 | 0 | 0 | 0 | 0 | 1 | 1 | 1 | 1 | 0 | 0 |

图 13.10　15 左移两位

60 左移 3 位变成 480，其存储情况如图 13.11 所示。

| 0 | 0 | 0 | 0 | 0 | 0 | 0 | 0 | 0 | 0 | 0 | 0 | 0 | 0 | 0 | 0 | 0 | 0 | 0 | 0 | 0 | 0 | 0 | 1 | 1 | 1 | 1 | 0 | 0 | 0 | 0 | 0 |

图 13.11　60 左移三位

训练五　使用位移运算符和算术运算符，计算"1028 % 8"的结果。（资源包 \Code\Try\13\05）

13.2.6 "右移"运算符

视频讲解

▶ 视频讲解：资源包 \Video\13\13.2.6 "右移"运算符 .mp4

　　"右移"运算符">>"是双目运算符，其功能是把">>"左边的运算数的各二进制位全部右移若干位，">>"右边的数指定移动的位数。

　　例如，a>>2，即把 a 的各二进制位向右移动两位，假设 a=00000110，右移两位后为 00000001，a 由原来的 6 变成了 1。

说明

　　在对数进行右移操作时，对于有符号数需要注意符号位问题，当为正数时，最高位补 0；当为负数时，最高位是补 0 还是补 1 取决于编译系统的规定。移入 0 的称为"逻辑右移"，移入 1 的称为"算术右移"。

实例 06	将 30 和 -30 分别右移三位后，再将它们的结果分别右移两位	实例位置：资源包 \Code\SL\13\06 视频位置：资源包 \Video\13\

　　将 30 和 -30 分别右移三位，将所得结果分别输出，再将该结果分别右移两位，并输出右移后的结果，具体代码如下：

```
01  #include<stdio.h>                              /*包含头文件*/
02  int main()                                     /*main()主函数*/
03  {
04      int x=30,y=-30;                            /*定义变量*/
05      x=x>>3;                                    /*x右移三位*/
06      y=y>>3;                                    /*y右移三位*/
07      printf("the result1 is:%d,%d\n",x,y);      /*显示结果*/
08      x=x>>2;                                    /*x右移两位*/
09      y=y>>2;                                    /*y右移两位*/
10      printf("the result2 is:%d,%d\n",x,y);      /*显示结果*/
11  }
```

　　程序运行结果如图 13.12 所示。

视频讲解

图 13.12　30 与 -30 右移运算结果

　　实例 06 的执行过程如下：

　　30 在内存中的存储情况如图 13.13 所示。

0	0	0	0	0	0	0	0	0	0	0	0	0	0	0	0	0	0	0	0	0	0	0	0	0	0	0	1	1	1	1	0

图 13.13　30 在内存中的存储情况

　　30 右移三位变成 3，其存储情况如图 13.14 所示。

269

图 13.14　30 右移三位

-30 在内存中的存储情况如图 13.15 所示。

图 13.15　-30 在内存中的存储情况

-30 右移三位变成 -4，其存储情况如图 13.16 所示。

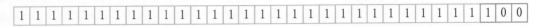

图 13.16　-30 右移三位

3 右移两位变成 0，而 -4 右移两位则变成 -1。

从上面的过程中可以发现，在 Visual C++ 6.0 中负数进行的右移实质上就是算术右移。

训练六

声明 long 类型的变量 a，其值为 1500630L，在控制台中输出 a>>64、a>>65 和 a>>1 的结果。（资源包 \Code\Try\13\06）

视频讲解

13.3 循环移位

视频讲解：资源包 \Video\13\13.3 循环移位 .mp4

前面讲过了向左移位和向右移位，这里将介绍循环移位的相关内容。什么是循环移位呢？循环移位就是将移出的低位放到该数的高位或者将移出的高位放到该数的低位。那么该如何实现这个过程呢？这里先介绍如何实现循环左移。

循环左移的过程如图 13.17 所示。

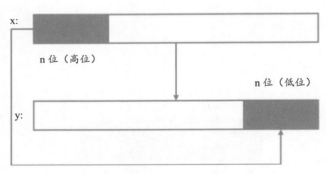

图 13.17　循环左移

实现循环左移的过程如下：

将 x 的左端 n 位先放到 z 中的低 n 位中，如图 13.17 所示，由以下语句实现：

```
z=x>>(32-n);
```

将 x 左移 n 位，其右面低 n 位补 0，由以下语句实现：

```
y=x<<n;
```

将 y 与 z 进行按位"或"运算,由以下语句实现:

```
y=y|z;
```

实例 07 实现循环左移

实例位置:资源包 \Code\SL\13\07
视频位置:资源包 \Video\13\

实现循环左移的具体要求如下:首先从键盘中输入一个八进制数,然后输入要移位的位数,最后将移位的结果显示在屏幕上,具体代码如下:

```
01   #include <stdio.h>                                    /*包含头文件*/
02   left(unsigned value, int n)                           /*自定义左移函数*/
03   {
04       unsigned z;
05       z = (value >> (32-n)) | (value << n);             /*循环左移的实现过程*/
06       return z;
07   }
08   int main()                                            /*main()主函数*/
09   {
10       unsigned a;                                       /*定义无符号型变量*/
11       int n;                                            /*定义变量*/
12       printf("please input a number:\n");               /*输出提示信息*/
13       scanf("%o", &a);                                  /*输入一个八进制数*/
14       printf("please input the number of displacement (>0) :\n");
15       scanf("%d", &n);                                  /*输入要移位的位数*/
16       printf("the result is %o\n", left(a, n));         /*将左移后的结果输出*/
17   }
```

程序运行结果如图 13.18 所示。

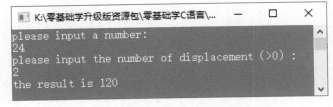

图 13.18 循环左移运算结果

循环右移的过程如图 13.19 所示。

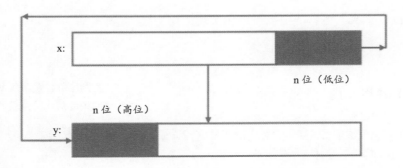

图 13.19　循环右移

将 x 的右端 n 位先放到 z 中的高 n 位中，如图 13.19 所示，由以下语句实现：

```
z=x<<(32-n);
```

将 x 右移 n 位，其左端高 n 位补 0，由以下语句实现：

```
y=x>>n;
```

将 y 与 z 进行按位或运算，由以下语句实现：

```
y=y|z;
```

训练七　某学校电子工程专业的同学做毕业设计，课题是：流水灯，4 个灯循环点亮，利用位运算编写程序输出灯亮时的值。（提示：1 表示亮，0 表示灭。）（资源包 \Code\Try\13\07）

实例 08　实现循环右移

实例位置：资源包 \Code\SL\13\08
视频位置：资源包 \Video\13\

实现循环右移的具体要求如下：首先从键盘输入一个八进制数，然后输入要移位的位数，最后将移位的结果显示在屏幕上。具体代码如下：

```
01  #include <stdio.h>                                    /*包含头文件*/
02  right(unsigned value, int n)                          /*自定义右移函数*/
03  {
04      unsigned z;
05      z = (value << (32-n)) | (value >> n);             /*循环右移的实现过程*/
06      return z;
07  }
08  int main()                                            /*main()主函数*/
09  {
10      unsigned a;                                        /*定义变量*/
11      int n;
12      printf("please input a number:\n");               /*输出提示信息*/
13      scanf("%o", &a);                                   /*输入一个八进制数*/
14      printf("please input the number of displacement (>0) :\n");
15      scanf("%d", &n);                                   /*输入要移位的位数*/
16      printf("the result is %o\n", right(a, n));         /*将右移后的结果输出*/
17  }
```

程序运行结果如图 13.20 所示。

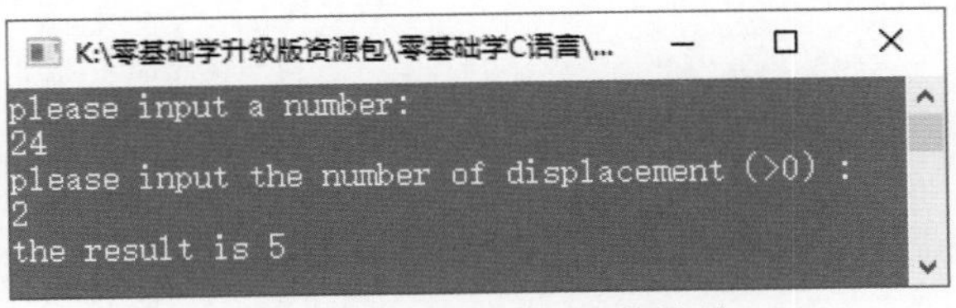

图 13.20　循环右移运算结果

训练八　在控制台中首先输入自己的身高，然后将该数循环右移三位并输出结果。（资源包 \Code\Try\13\08）

13.4 位段

13.4.1 位段的概念与定义

▶ 视频讲解：资源包 \Video\13\13.4.1 位段的概念与定义 .mp4

位段类型是一种特殊的结构类型，其所有成员的长度均是以二进制位为单位定义的，结构中的成员被称为位段。位段定义的一般形式为：

```
结构　结构名
{
    类型　变量名1:长度;
    类型　变量名2:长度;
    ……
    类型　变量名n:长度;
}
```

一个位段必须被说明是 int、unsigned 或 signed 中的一种。

例如，CPU 的状态寄存器按位段类型定义如下：

```
01  struct status
02  {
03      unsigned sign:1;          /*符号标志*/
04      unsigned zero:1;          /*零标志*/
05      unsigned carry:1;         /*进位标志*/
06      unsigned parity:1;        /*奇偶溢出标志*/
07      unsigned half_carry:1;    /*半进位标志*/
08      unsigned negative:1;      /*减标志*/
09  } flags;
```

显然，对 CPU 的状态寄存器而言，使用位段类型仅需一字节即可。

又如：

```
01  struct packed_data
02  {
```

```
03      unsigned a:2;
04      unsigned b:1;
05      unsigned c:1;
06      unsigned d:2;
07  }data;
```

可以发现，这里的 a、b、c、d 分别占 2 位、1 位、1 位、2 位，如图 13.21 所示。

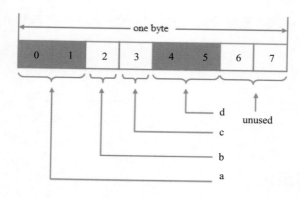

图 13.21　占位情况

13.4.2 位段相关说明

▶ 视频讲解：**资源包 \Video\13\13.4.2 位段相关说明 .mp4**

前面介绍了什么是位段，这里针对位段有以下几点说明。

（1）因为位段类型是一种结构类型，所以位段类型和位段变量的定义，以及对位段（即位段类型中的成员）的引用均与结构类型和结构变量相同。

（2）定义一个位段结构，代码如下：

```
01  struct attribute
02  {
03      unsigned font:1;
04      unsigned color:1;
05      unsigned size:1;
06      unsigned dir:1;
07  };
```

在上面定义的位段结构中，各个位段都只占用一个二进制位，如果某个位段需要表示多于两种的状态，也可将该位段设置为占用多个二进制位。如果字体有 4 种状态，则可将上面的位段结构改写成如下形式：

```
01  struct attribute
02  {
03      unsigned font:1;
04      unsigned color:1;
05      unsigned size:2;
06      unsigned dir:1;
07  };
```

（3）某一位段要从另一个字节开始存放，可写成如下形式：

```
01  struct status
02    {
03        unsigned a:1;
04        unsigned b:1;
05        unsigned c:1;
06        unsigned :0;
07        unsigned d:1;
08        unsigned e:1;
09        unsigned f:1
10    }flags;
```

原本 a、b、c、d、e、f 这 6 个位段是连续存储在一字节中的。由于加入了一个长度为 0 的无名位段，因此其后的 3 个位段从下一字节开始存储，一共占用两字节。

（4）可以使各个位段占满一字节，也可以不占满一字节。例如：

```
01  struct packed_data
02    {
03        unsigned a:2;
04        unsigned b:2;
05        unsigned c:1;
06        int i;
07    }data;
```

存储形式如图 13.22 所示。

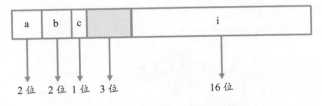

图 13.22　不占满一字节的情况

（5）一个位段必须存储在一个存储单元（通常为一字节）中，不能跨两个存储单元。如果本单元不够容纳某位段，则从下一个单元开始存储该位段。

（6）可以用"%d"、"%x"、"%u"和"%o"等格式字符，以整数形式输出位段。

（7）在数值表达式中引用位段时，系统自动将位段转换为整型数。

13.5 小结

位运算是 C 语言的一种特殊运算功能，它是以二进制位为单位进行运算的。本章主要介绍了与（&）、或（|）、取反（~）、异或（^）、左移（<<）、右移（>>）6 种位运算符，利用位运算可以完成汇编语言的某些功能，如置位、位清零、移位等。

位段在本质上也是结构类型，不过它的成员按二进制位分配内存，其定义、说明及使用的方式都与结构相同。利用位段可以实现数据的压缩，在节省存储空间的同时，也提高了程序的运行效率。

第14章

文件

（ ▶ 视频讲解：1 小时 13 分）

本章概览

　　文件是程序设计中的一个重要概念。在现代计算机的应用领域中，数据处理是一个重要方面，要实现数据处理，往往需要通过文件的形式来完成。本章就来介绍如何将数据写入文件和如何从文件中读出数据。

知识框架

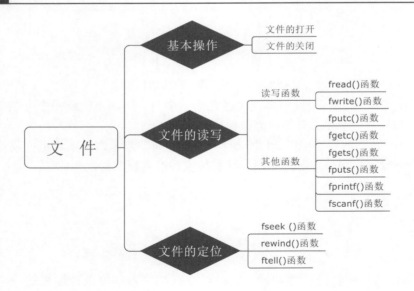

14.1 文件概述

📹 视频讲解：资源包 \Video\14\14.1 文件概述 .mp4

　　"文件"是指一组相关数据的有序集合。这个数据集合有一个名称，叫作文件名。如图 14.1 所示，保存这首《劝学》诗句的就是一个文件，图片的左上角就是这个文件的名称。

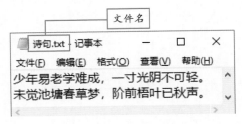

图 14.1　文件与文件名

　　通常情况下，使用计算机也就是在使用文件。在前面第 5 章的内容中介绍了输入和输出，即从标准输入设备（键盘）输入，由标准输出设备（显示器或打印机）输出。不仅如此，我们也常把磁盘作为信息载体，用于保存中间结果或最终数据。在使用一些自处理工具时，会打开一个文件将磁盘的信息输入内存中，通过关闭一个文件来实现将内存数据输出到磁盘。这时的输入和输出是针对文件系统的，因此文件系统也是输入和输出的对象。

　　所有的文件都通过流进行输入、输出操作。与文本流和二进制流对应，文件可以分为文本文件和二进制文件两大类。

　　☑　文本文件，也被称为 ASCII 文件。这种文件在保存时，每个字符对应一字节，用于存放对应的 ASCII 码。

　　☑　二进制文件，不保存 ASCII 码，而是按二进制的编码方式来保存文件内容。

　　文件可以从不同的角度进行具体分类。

　　☑　从用户的角度（或所依附的介质）看，文件可分为普通文件和设备文件两种。

　　➤　普通文件是指驻留在磁盘或其他外部介质上的一个有序数据集。

　　➤　设备文件是指与主机相连的各种外部设备，如显示器、打印机、键盘等。在操作系统中，把外部设备也看作一个文件来进行管理，把它们的输入、输出等同于对磁盘文件的读和写。

　　☑　按文件内容可分为源文件、目标文件、可执行文件、头文件和数据文件等。

　　在 C 语言中，文件操作都是由库函数来完成的。本章将介绍主要的文件操作函数。

14.2 文件基本操作

　　文件的基本操作包括文件的打开和关闭。除了标准的输入、输出文件，其他所有的文件都必须先打开，再使用，而使用后也必须关闭该文件。

14.2.1 文件指针

▶ 视频讲解：**资源包 \Video\14\14.2.1 文件指针 .mp4**

　　文件指针是一个指向文件有关信息的指针，这些信息包括文件名、状态和当前位置，它们保存在一个结构体变量中。在使用文件时需要在内存中为其分配空间，用来存放文件的基本信息。该结构体类型是由系统定义的，C 语言规定该类型为 FILE 型，其声明如下：

```
01  typedef struct
02  {
03      short level;
04      unsigned flags;
05      char fd;
06      unsigned char hold;
07      short bsize;
08      unsigned char *buffer;
09      unsigned ar *curp;
10      unsigned istemp;
11      short token;
12  }FILE;
```

　　从上面的结构中可以发现，使用 typedef 定义了一个 FILE 为该结构体类型，在编写程序时可直接使用上面定义的 FILE 类型来定义变量。注意，在定义变量时不必将结构体的内容全部给出，只需写成如下形式：

```
FILE *fp;
```

说明

　　fp 是一个指向 FILE 类型的指针变量。

14.2.2 文件的打开

▶ 视频讲解：**资源包 \Video\14\14.2.2 文件的打开 .mp4**

　　fopen() 函数用来打开一个文件，打开文件的操作就是创建一个流。fopen() 函数的原型在 stdio.h 中，其调用的一般形式为：

```
FILE *fp;
fp=fopen(文件名,使用文件方式);
```

　　其中，"文件名"是将要被打开文件的名称，"使用文件方式"是指对打开的文件要进行读还是写的操作。"使用文件方式"参数的值如表 14.1 所示。

表 14.1　"使用文件方式"参数的值

文件使用方式	含　义
r（只读）	打开一个文本文件，只允许读数据
w（只写）	打开或建立一个文本文件，只允许写数据

续表

文件使用方式	含 义
a（追加）	打开一个文本文件，并在文件末尾写数据
rb（只读）	打开一个二进制文件，只允许读数据
wb（只写）	打开或建立一个二进制文件，只允许写数据
ab（追加）	打开一个二进制文件，并在文件末尾写数据
r+（读写）	打开一个文本文件，允许读和写
w+（读写）	打开或建立一个文本文件，允许读和写
a+（读写）	打开一个文本文件，允许读，或在文件末追加数据
rb+（读写）	打开一个二进制文件，允许读和写
wb+（读写）	打开或建立一个二进制文件，允许读和写
ab+（读写）	打开一个二进制文件，允许读，或在文件末追加数据

如果要以只读方式打开文件名为 123 的文本文件，应写成如下形式：

```
FILE *fp;
fp=("123.txt","r");
```

如果使用 fopen() 函数打开文件成功，则返回一个有确定指向的 FILE 类型指针；若打开失败，则返回 NULL。通常打开文件失败的原因有以下几个方面：

☑ 指定的盘符或路径不存在。

☑ 文件名中含有无效字符。

☑ 以 r 模式打开一个不存在的文件。

视 频 讲 解

14.2.3 文件的关闭

▶ 视频讲解：资源包 \Video\14\14.2.3 文件的关闭 .mp4

文件在使用完毕后，应使用 fclose() 函数将其关闭。fclose() 函数和 fopen() 函数一样，原型也在 stdio.h 中，其调用的一般形式为：

```
fclose(文件指针);
```

例如：

```
fclose(fp);
```

fclose() 函数也返回一个值，当正常完成关闭文件操作时，fclose() 函数返回值为 0，否则返回 EOF。

说明

在程序结束之前应关闭所有文件，这样做的目的是防止因为没有关闭文件而造成数据流失。

14.3 文件的读写

打开文件后，即可对文件进行读出或写入操作。C 语言提供了丰富的文件操作函数，本节将对其进行详细介绍。

14.3.1 fputc() 函数

▶ 视频讲解：资源包 \Video\14\14.3.1 fputc() 函数 .mp4

fputc() 函数的一般形式如下：

```
ch=fputc(ch1,fp);
```

该函数的作用是把一个字符写到磁盘文件（fp 所指向的文件）中。其中 ch1 是要写入的字符，它可以是一个字符常量，也可以是一个字符变量。fp 是文件指针变量。如果函数写入成功，则返回值就是写入的字符；如果写入失败，则返回 EOF。

实例 01　编写程序实现向文件中写入内容	实例位置：资源包 \Code\SL\14\01 视频位置：资源包 \Video\14\

本实例实现向 E 盘中文件名为 exp01.txt 的文本文件中写入"forever…forever…"，以"#"结束输入。具体代码如下：

```
01  #include<stdio.h>
02  #include<stdlib.h>
03
04  int main()
05  {
06      FILE *fp;                          /*定义一个指向FILE类型结构体的指针变量*/
07      char ch;                           /*定义变量为字符型*/
08      if((fp = fopen("E:\\exp01.txt", "w")) == NULL)    /*以只写方式打开指定文件*/
09      {
10          printf("cannot open file\n");
11          exit(0);
12      }
13      ch = getchar();                    /*getchar()函数带回一个字符赋给ch*/
14      while(ch != '#')                   /*当输入"#"时结束循环*/
15      {
16          fputc(ch, fp);                 /*将读入的字符写到磁盘文件中*/
17          ch = getchar();                /*getchar()函数继续返回一个字符赋给ch*/
18      }
19      fclose(fp);                        /*关闭文件*/
20  }
```

当输入如图 14.2 所示的内容时，E 盘中的 exp01.txt 文件内容如图 14.3 所示。

图 14.2　写入文件的内容

图 14.3　文件中的内容

大学新生通常会上一门《创业指导》的课程，小芳也不例外，在课堂上老师要求每个人说一句关于创业的经典语录，于是小芳想起一句话"Together we create a team culture, rather than complaining about culture."。将此句写入任意一个文件中。（资源包 \Code\Try\15\01）

14.3.2 fgetc() 函数

▶ 视频讲解：资源包 \Video\14\14.3.2 fgetc() 函数 .mp4

fgetc() 函数的一般形式如下：

```
ch=fgetc(fp);
```

该函数的作用是从指定的文件（fp 指向的文件）读入一个字符赋给 ch。需要注意的是，该文件必须以读或读写的方式打开。当函数遇到文件结束符时，将返回一个文件结束标志 EOF。

实例 02　在屏幕中显示出文件内容	实例位置：资源包 \Code\SL\14\02 视频位置：资源包 \Video\14\

在 E 盘中创建一个文件名称为 love.txt 的文本文档，文件中的内容为"I love you forever!"，将文件内容显示输出。具体代码如下：

```c
01  #include<stdio.h>
02  int main()
03  {
04      FILE *fp;                        /*定义一个指向FILE类型结构体的指针变量*/
05      char ch;                         /*定义变量及数组为字符型*/
06      fp = fopen("e:\\love.txt", "r"); /*以只读方式打开指定文件*/
07      ch = fgetc(fp);                  /*fgetc()函数返回一个字符赋给ch*/
08      while(ch != EOF)                 /*当读入的字符值等于EOF时，结束循环*/
09      {
10          putchar(ch);                 /*将读入的字符输出在屏幕上*/
11          ch = fgetc(fp);              /*fgetc()函数继续返回一个字符赋给ch*/
12      }
13      printf("\n");
14      fclose(fp);                      /*关闭文件*/
15  }
```

运行程序，显示效果如图 14.4 所示。

图 14.4　读取文件内容

创建文件，文件内容为李白的《行路难》，将诗句输出在控制台上。（资源包 \Code\Try\14\02）

14.3.3 fputs() 函数

▶ 视频讲解：资源包 \Video\14\14.3.3 fputs() 函数 .mp4

fputs() 函数与 fputc() 函数类似，区别在于 fputc() 函数每次只向文件中写入一个字符，而 fputs() 函数每次向文件中写入一个字符串。

fputs() 函数的一般形式如下：

```
fputs(字符串,文件指针)
```

该函数的作用是向指定的文件写入一个字符串，其中字符串可以是字符串常量，也可以是字符数组名、指针或变量。

实例 03　向文件中写入 "gone with the wind"	实例位置：资源包 \Code\SL\14\03 视频位置：资源包 \Video\14\

本实例要求向指定的磁盘文件中写入 "gone with the wind"，具体代码如下：

```
01  #include<stdio.h>
02  #include<process.h>
03  int main()
04  {
05      FILE *fp;                                /*定义一个指向FILE类型结构体的指针变量*/
06      char filename[30],str[30];               /*定义两个字符型数组*/
07      printf("please input filename:\n");
08      scanf("%s",filename);                    /*输入文件名*/
09      if((fp=fopen(filename,"w"))==NULL)        /*判断文件是否打开失败*/
10      {
11          printf("can not open!\npress any key to continue:\n");
12          getchar();
13          exit(0);
14      }
15      printf("please input string:\n");        /*提示输入字符串*/
16      getchar();
17      gets(str);
18      fputs(str,fp);                           /*将字符串写入fp所指向的文件中*/
19      fclose(fp);                              /*关闭文件*/
20  }
```

程序运行界面如图 14.5 所示。写入文件中的内容如图 14.6 所示。

图 14.5　写入文件字符串

图 14.6　写入文件中的内容

某唱片公司为歌手录制 MV，需要将英文歌词录入文件中，例如，将《Nobody》歌词录入文件中。（资源包 \Code\Try\14\03）

训练三

282

14.3.4 fgets() 函数

📹 视频讲解：资源包 \Video\14\14.3.4 fgets() 函数 .mp4

fgets() 函数与 fgetc() 函数类似，区别在于 fgetc() 函数每次从文件中读出一个字符，而 fgets() 函数每次从文件中读出一个字符串。

fgets() 函数的一般形式如下：

```
fgets(字符数组名,n,文件指针);
```

该函数的作用是从指定的文件中读取一个字符串到字符数组中。n 表示所得到的字符串中字符的个数（包含 "\0"）。

实例 04　读取任意磁盘文件中的内容	实例位置：资源包 \Code\SL\14\04 视频位置：资源包 \Video\14\

在 F 盘中先创建一个名称为 144.txt 的文本文档，文档的内容为 "this is an example"，再运行程序读取这个文档。具体代码如下：

```c
01  #include<stdio.h>
02  #include<process.h>
03  int main()
04  {
05      FILE *fp;                           /*定义一个指向FILE类型结构体的指针变量*/
06      char filename[30],str[30];          /*定义两个字符型数组*/
07      printf("please input filename:\n");
08      scanf("%s",filename);               /*输入文件名*/
09      if((fp=fopen(filename,"r"))==NULL)   /*判断文件是否打开失败*/
10      {
11          printf("can not open!\npress any key to continue\n");
12          getchar();
13          exit(0);
14      }
15      fgets(str,sizeof(str),fp);           /*读取磁盘文件中的内容*/
16      printf("%s",str);
17      printf("\n");
18      fclose(fp);                          /*关闭文件*/
19  }
```

程序运行界面如图 14.7 所示。所要读取的磁盘文件中的内容如图 14.8 示。

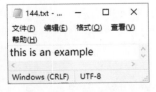

图 14.7　读取指定文件内容　　　图 14.8　文件中的内容

 读取本章训练三所创建的文件中的《Nobody》歌词。（资源包 \Code\Try\14\04）

训练四

14.3.5 fprintf() 函数

视频讲解：资源包 \Video\14\14.3.5 fprintf() 函数 .mp4

第 5 章讲过 printf() 和 scanf() 函数，两者都是格式化读写函数，下面要介绍的 fprintf() 和 fscanf() 函数与 printf() 和 scanf() 函数的作用相似，它们最大的区别就是读写的对象不同，fprintf() 和 fscanf() 函数读写的对象不是终端，而是磁盘文件。

fprintf() 函数的一般形式如下：

```
ch=fprintf(文件类型指针,格式字符串,输出列表);
```

例如：

```
fprintf(fp,"%d",i);
```

它的作用是将整型变量 i 的值以"%d"的格式输出到 fp 指向的文件中。

实例 05 将数字 88 以字符的形式写到磁盘文件中　　　　实例位置：资源包 \Code\SL\14\05
视频位置：资源包 \Video\14\

在本实例中，使用 fprintf() 函数将数字 88 以字符的形式写到 F 盘的 145.txt 文本文档中，具体代码如下：

```
01  #include<stdio.h>
02  #include<process.h>
03  int main()
04  {
05      FILE *fp;                              /*定义一个指向FILE类型结构体的指针变量*/
06      int i=88;
07      char filename[30];                     /*定义一个字符型数组*/
08      printf("please input filename:\n");
09      scanf("%s",filename);                  /*输入文件名*/
10      if((fp=fopen(filename,"w"))==NULL)     /*判断文件是否打开失败*/
11      {
12          printf("can not open!\npress any key to continue\n");
13          getchar();
14          exit(0);
15      }
16      fprintf(fp,"%c",i);                    /*将88以字符的形式写入fp所指的磁盘文件中*/
17      fclose(fp);                            /*关闭文件*/
18  }
```

程序运行界面如图 14.9 所示。将数字 88 以字符的形式写入磁盘文件中的结果如图 14.10 所示。

图 14.9 写入指定磁盘

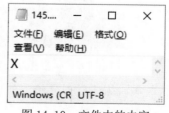

图 14.10 文件中的内容

训练五 输出 3 行巴斯卡三角形，效果如下。（资源包 \Code\Try\14\05）

```
    1
  1  1
1  2  1
```

14.3.6 fscanf() 函数

▶ 视频讲解：资源包 \Video\14\14.3.6 fscanf() 函数 .mp4

fscanf() 函数的一般形式如下：

> fscanf(文件类型指针,格式字符串,输入列表);

例如，读取 fp 所指向的文件中的 i 值，代码如下：

> fscanf(fp,"%d",&i);

实例 06 将文件中的 5 个字符以整数形式输出　　实例位置：资源包 \Code\SL\14\06
　　视频位置：资源包 \Video\14\

先在 F 盘中创建一个文件，名称为 146.txt 的文本文档，文件的内容为 "abcde"，运行程序，将文件中的 5 个字符以整数形式输出。具体代码如下：

```
01  #include<stdio.h>
02  #include<process.h>
03  int main()
04  {
05      FILE *fp;                               /*定义一个指向FILE类型结构体的指针变量*/
06      char i,j;
07      char filename[30];                      /*定义一个字符型数组*/
08      printf("please input filename:\n");
09      scanf("%s",filename);                   /*输入文件名*/
10      if((fp=fopen(filename,"r"))==NULL)      /*判断文件是否打开失败*/
11      {
12          printf("can not open!\npress any key to continue\n");
13          getchar();
14          exit(0);
15      }
16      for(i=0;i<5;i++)
17      {
18          fscanf(fp,"%c",&j);                 /*读取fp所指向文件的内容*/
19          printf("%d is:%5d\n",i+1,j);
20      }
21      fclose(fp);                             /*关闭文件*/
22  }
```

程序运行界面如图 14.11 所示。所读取的磁盘文件中的内容如图 14.12 所示。

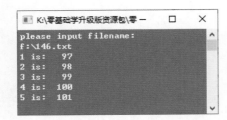
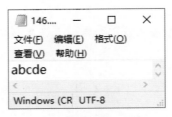

图 14.11　读取文件内容　　　　　　图 14.12　文件中的内容

训练六　期末考试后，老师需要审阅考试卷。编写程序将选择题的答案显示出来，例如：答案是 ACBDDCBADCBCAAB。（资源包 \Code\Try\14\06）

14.3.7 fread() 和 fwrite() 函数

🎬 视频讲解：资源包 \Video\14\14.3.7 fread() 和 fwrite() 函数 .mp4

　　在前面介绍的 fputc() 和 fgetc() 函数每次只能读写文件中的一个字符，但是在编写程序的过程中往往需要对整块数据进行读写，例如，对一个结构体类型变量值进行读写。下面就介绍实现整块读写功能的 fread() 和 fwrite() 函数。

　　fread() 函数的一般形式如下：

```
fread(buffer,size,count,fp);
```

　　该函数的作用是从 fp 所指向的文件中读入 count 次，每次读 size 字节，读入的信息存在 buffer 地址中。

　　fwrite() 函数的一般形式如下：

```
fwrite(buffer,size,count,fp);
```

　　该函数的作用是将 buffer 地址开始的信息输出 count 次，每次写 size 字节到 fp 所指向的文件中。

　　☑ buffer：一个指针。对 fwrite() 函数来说，是输出数据的地址（起始地址）；对 fread() 函数来说，是所要读入的数据存放的地址。

　　☑ size：要读写的字节数。

　　☑ count：要读写多少 size 字节的数据项。

　　☑ fp：文件型指针。

　　例如：

```
fread(a,2,3,fp);
```

　　其含义是从 fp 所指向的文件中每次读两字节输入数组 a 中，连续读 3 次。

```
fwrite(a,2,3,fp);
```

　　其含义是将 a 数组中的信息每次输出两字节到 fp 所指向的文件中，连续输出 3 次。

实例 07　将所录入的信息全部显示出来	实例位置：资源包 \Code\SL\14\07 视频位置：资源包 \Video\14\

　　实现将录入的通讯录信息保存到磁盘文件中，在录入完信息后，将全部信息显示出来，具体代码如下：

```
01  #include<stdio.h>
02  #include<process.h>
03  struct address_list                              /*定义结构体存储信息*/
04  {
05      char name[10];
06      char adr[20];
07      char tel[15];
08  } info[100];
09  void save(char *name, int n)                     /*自定义save函数*/
10  {
11      FILE *fp;                                    /*定义一个指向FILE类型结构体的指针变量*/
12      int i;
13      if((fp = fopen(name, "wb")) == NULL)         /*以只写方式打开指定文件*/
14      {
15          printf("cannot open file\n");
16          exit(0);
17      }
18      for(i = 0; i < n; i++)
19          /*将一组数据输出到fp所指向的文件中*/
20          if(fwrite(&info[i], sizeof(struct address_list), 1, fp) != 1)
21              printf("file write error\n");        /*如果写入文件不成功，则输出错误*/
22      fclose(fp);                                  /*关闭文件*/
23  }
24  void show(char *name, int n)                     /*自定义show函数*/
25  {
26      int i;
27      FILE *fp;                                     /*定义一个指向FILE类型结构体的指针变量*/
28      if((fp = fopen(name, "rb")) == NULL)          /*以只读方式打开指定文件*/
29      {
30          printf("cannot open file\n");
31          exit(0);
32      }
33      for(i = 0; i < n; i++)
34      {
35          /*从fp所指向的文件读入数据后存到score数组中*/
36          fread(&info[i], sizeof(struct address_list), 1, fp);
37          printf("%15s%20s%20s\n", info[i].name, info[i].adr,info[i].tel);
38      }
39      fclose(fp);                                   /*关闭文件*/
40  }
41  int main()
42  {
43      int i, n;                                     /*变量类型为整型*/
44      char filename[50];                            /*数组为字符型*/
45      printf("how many ?\n");
46      scanf("%d", &n);                              /*输入存入通讯录的信息*/
47      printf("please input filename:\n");
48      scanf("%s", filename);                        /*输入文件所在路径及名称*/
```

```
49      printf("please input name,address,telephone:\n");
50      for (i = 0; i < n; i++)                         /*输入信息*/
51      {
52          printf("NO%d", i + 1);
53          scanf("%s%s%s", info[i].name, info[i].adr, info[i].tel);
54          save(filename, n);                          /*调用函数save*/
55      }
56      show(filename, n);                              /*调用函数show*/
57  }
```

程序运行结果如图 14.13 所示。

图 14.13　显示录入信息

某企业春季招聘，经过 3 轮面试，人事经理筛选了 3 名实习生，输入实习生信息，并将信息显示出来。（资源包 \Code\Try\14\07）

14.4　文件的定位

在对文件进行操作时往往不需要从头开始，只需对其中指定的内容进行操作，这时就需要使用文件定位函数来实现对文件的随机读取。本节将介绍 3 种随机读写函数。

14.4.1　fseek() 函数

📹 视频讲解：资源包 \Video\14\14.4.1 fseek() 函数 .mp4

fseek() 函数的一般形式如下：

```
fseek(文件类型指针,位移量,起始点);
```

该函数的作用是移动文件内部位置指针。其中，"文件类型指针"指向被移动的文件；位移量表示移动的字节数，要求位移量是 long 型数据，以便在文件长度大于 64KB 时不会出错。当用常量表示位移量时，要求加后缀"L"；"起始点"表示从何处开始计算位移量，规定的起始点有文件首、文件当前位置和文件尾 3 种，其表示方法如表 14.2 所示。

表 14.2　起始点表示方法

起　始　点	表　示　符　号	数　字　表　示
文件首	SEEK—SET	0
文件当前位置	SEEK—CUR	1
文件尾	SEEK—END	2

例如：

```
fseek(fp,-20L,1);
```

表示将位置指针从当前位置向后退 20 字节。

说明　fseek() 函数一般用于二进制文件。在文本文件中由于要进行转换，计算的位置往往会出现错误。

文件的随机读写在移动位置指针之后进行，即可用前面介绍的任一种读写函数进行读写。

实例 08　根据出生日期得知员工哪天过生日　　实例位置：资源包 \Code\SL\14\08
　　　　　　　　　　　　　　　　　　　　　　　　视频位置：资源包 \Video\14\

输入员工的出生年月日"19900202"，显示该员工哪天过生日。具体代码如下：

```
01   #include<stdio.h>
02   #include<process.h>
03   int main()
04   {
05       FILE *fp;                                /*定义一个指向FILE类型结构体的指针变量*/
06       char filename[30],str[50];               /*定义两个字符型数组*/
07       printf("please input filename:\n");
08       scanf("%s",filename);                    /*输入文件名*/
09       if((fp=fopen(filename,"wb"))==NULL)      /*判断文件是否打开失败*/
10       {
11           printf("can not open!\npress any key to continue\n");
12           getchar();
13       exit(0);
14       }
15       printf("please input string:\n");
16       getchar();
17       gets(str);
18       fputs(str,fp);                           /*将字符串写入fp所指向的文件中*/
19       fclose(fp);
20       if((fp=fopen(filename,"rb"))==NULL)      /*判断文件是否打开失败*/
21       {
22           printf("can not open!\npress any key to continue\n");
23           getchar();
24           exit(0);
25       }
26       fseek(fp,4L,0);                          /*移动的位数*/
27       fgets(str,sizeof(str),fp);
```

```
28      putchar('\n');
29      puts(str);
30      fclose(fp);                              /*关闭文件*/
31   }
```

程序运行结果如图 14.14 所示。

图 14.14　显示出生日期

程序中有这样一句代码：

```
fseek(fp,4L,0);
```

此代码的含义是将文件指针指向距文件首 4 字节的位置，也就是指向字符串中的第 5 个字符。

 训练八　快递员为了能够及时送达快递，他们将收货人电话的后 4 位写到快递包裹上，例如：133****8900，只输出尾号：8900。编程模拟该操作。（资源包 \Code\Try\14\08）

14.4.2 rewind() 函数

▶ 视频讲解：资源包 \Video\14\14.4.2 rewind() 函数 .mp4

在 14.4.1 节中介绍了 fseek() 函数，这里将要介绍的 rewind() 函数也能起到定位文件指针的作用，从而达到随机读写文件的目的。rewind() 函数的一般形式如下：

```
void rewind(文件类型指针)
```

该函数的作用是使位置指针重新返回文件的开头，该函数没有返回值。

实例 09　重要的事重复说，输出两遍"我很帅"	实例位置：资源包 \Code\SL\14\09
	视频位置：资源包 \Video\14\

有句流行语：重要的事重复说。现在模拟一下场景，提前在 E 盘中创建一个名为 my10.txt 的文本文件，其内容为"我很帅"，然后编写程序，使用 rewind() 函数实现将文件内容"我很帅"输出两遍。具体代码如下：

```
01   #include<stdio.h>
02   #include<process.h>
03   int main()
04   {
05      FILE *fp;                                /*定义一个指向FILE类型结构体的指针变量*/
06      char ch,filename[50];
07      printf("please input filename:\n");
08      scanf("%s",filename);                    /*输入文件名*/
```

```
09      if((fp=fopen(filename,"r"))==NULL)   /*以只读方式打开该文件*/
10      {
11              printf("cannot open this file.\n");
12              exit(0);
13      }
14      ch = fgetc(fp);
15      while(ch != EOF)
16      {
17              putchar(ch);                   /*输出字符*/
18              ch = fgetc(fp);                /*获取fp指向文件中的字符*/
19      }
20      rewind(fp);                            /*指针指向文件开头*/
21      printf("\n");
22      ch = fgetc(fp);                        /*读出一个字符*/
23      while(ch != EOF)
24      {
25              putchar(ch);                   /*输出字符*/
26              ch = fgetc(fp);                /*读出一个字符*/
27      }
28      printf("\n");
29      fclose(fp);                            /*关闭文件*/
30  }
```

程序运行结果如图 14.15 所示。

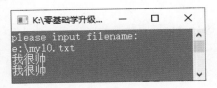

视频讲解

图 14.15　显示重复语句

从该实例代码和运行结果可以看出：

（1）在程序中通过以下 6 行语句输出了第一个"我很帅"。

```
01  ch = fgetc(fp);
02  while(ch != EOF)
03  {
04      putchar(ch);
05      ch = fgetc(fp);
06  }
```

（2）在输出第一个"我很帅"后，文件指针已经移动到了该文件的尾部，使用 rewind() 函数再次将文件指针移到文件的开始部分。因此，当再次执行上面的这 6 行语句时，就输出第二个"我很帅"。

训练九

给支付宝设置密码时，用户输入一次密码后，会提示再输入一次密码，编程模拟此场景。（资源包 \Code\Try\14\09）

14.4.3 ftell() 函数

视频讲解：资源包 \Video\14\14.4.3 ftell() 函数 .mp4

ftell() 函数的一般形式如下：

```
long ftell(文件类型指针)
```

该函数的作用是得到流式文件中的当前位置，用相对于文件开头的位移量来表示。当 ftell() 函数返回值为 -1L 时，表示出错。

实例 10　设置银行卡密码	实例位置：资源包 \Code\SL\14\10
	视频位置：资源包 \Video\14\

银行规定密码只能是 6 位，若设置 6 位，表示设置密码成功，否则设置失败。本实例需要先在 E 盘中创建一个名字为 my13.txt 的文本文档，其内容为 "124579"，实现功能的具体代码如下：

```
01  #include<stdio.h>
02  #include<process.h>
03  int main()
04  {
05      FILE *fp;                                    /*定义一个指向FILE类型结构体的指针变量*/
06      int n;
07      char ch,filename[50];
08      printf("please input filename:\n");
09      scanf("%s",filename);                        /*输入文件位置*/
10      if((fp=fopen(filename,"r"))==NULL)           /*判断是否能打开文件*/
11      {
12          printf("cannot open this file.\n");
13          exit(0);
14      }
15      ch = fgetc(fp);                              /*读出一个字符*/
16      while (ch != EOF)
17      {
18          putchar(ch);
19          ch = fgetc(fp);
20      }
21          n=ftell(fp);                             /*输出长度*/
22      if(6==n)                                      /*判断长度是否等于6*/
23          printf("\n设置密码成功\n");
24      else
25          printf("\n设置密码失败\n");
26      fclose(fp);                                  /*关闭文件*/
27      return 0;
28  }
```

程序运行结果如图 14.16 所示。

视频讲解

图 14.16 设置密码结果

 小学三年级英语考试时，用单词 happy 写句子。要求字母长度在 10 个以上，某同学写完将
其输入到文件中。编写程序输出字母长度是多少。（资源包 \Code\Try\14\10）

本节主要讲解了 fseek()、rewind() 及 ftell() 函数，在编写程序的过程中经常会使用到文件定位函数，
例如，下面将要介绍的实例 11，要实现将一个文件中的内容复制到另一个文件中时，就可以使用 fse
ek() 函数直接将文件指针指向文件尾，这样就可以将另一个文件中的内容逐个写到该文件中所有内容
的后面，从而实现复制操作。当然，文件的复制操作还有很多其他方法可以实现，这里使用 fseek() 函
数会使代码更简洁。

实例 11 将两个文件的内容输出到同一文件中

实例位置：资源包 \Code\SL\14\11
视频位置：资源包 \Video\14\

本实例先在 E 盘中创建两个名字为 my17.txt、my18.txt 的文本文档，两个文件内容分别为"一日
之计在于晨"和"一年之计在于春"。利用文件复制功能将两个文件的内容在一个文件中输出，具体代
码如下：

```
01  #include<stdio.h>
02  #include<process.h>
03  int main()
04  {
05      FILE *fp1,*fp2;                              /*定义一个指向FILE类型结构体的指针变量*/
06      char ch,filename1[30],filename2[30];        /*定义字符数组变量*/
07      printf("请输入文件1的名字: \n");
08      scanf("%s",filename1);                       /*输入文件1的名字*/
09      printf("请输入文件2的名字: \n");
10      scanf("%s",filename2);                       /*输入文件2的名字*/
11      if((fp1=fopen(filename1,"ab+"))==NULL)       /*判断文件1能否打开*/
12      {
13          printf("can not open,press any key to continue\n");
14          getchar();
15          exit(0);
16      }
17      if((fp2=fopen(filename2,"rb"))==NULL)        /*判断文件2能否打开*/
18      {
19          printf("can not open,press any key to continue\n");
20          getchar();
21          exit(0);
22      }
23      fseek(fp1,0L,2);
24      while((ch=fgetc(fp2))!=EOF)
25      {
26          fputc(ch,fp1);
```

```
27        }
28        fclose(fp1);                              /*关闭文件*/
29        fclose(fp2);
30  }
```

程序运行结果如图 14.17 所示。

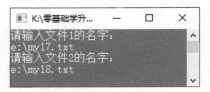

图 14.17　复制文件的文件名

未进行复制前两个文件中的内容分别如图 14.18 和图 14.19 所示。

图 14.18　文件 1 中的内容　　　　图 14.19　文件 2 中的内容

复制操作完成后文件 1 中的内容如图 14.20 所示。

图 14.20　执行复制操作后文件 1 中的内容

训练十一

淘宝客服为了快速回答买家的问题，会设置自动回复的内容，此时正有一位买家来咨询客服，客服将先前的回复信息复制给了买家。编程模拟此场景。（**资源包 \Code\Try\14\11**）

14.5 小结

本章主要介绍了对文件的一些基本操作，包括文件的打开、关闭、读写、定位等。文件按编码方式分为二进制文件和 ASCII 文件。C 语言用文件指针标识文件，文件在读写操作之前必须打开，读写结束后必须关闭。文件可以采用不同的方式打开，同时必须指定文件的类型。文件的读写也分为多种方式，本章提到了单个字符的读写、字符串的读写、成块读写，以及按指定的格式进行读写。文件内部的位置指针可指示当前的读写位置，同时也可以移动该指针，从而实现对文件的随机读写。

第15章
存储管理

（ ▶ 视频讲解：27分）

本章概览

　　程序在运行时，将需要的数据都组织存放在内存空间中，以备程序使用。在软件开发过程中，常常需要动态地分配和撤销内存空间。例如，对动态链表中的结点进行插入和删除，就要对内存进行管理。

　　本章致力于使读者了解内存的组织结构，了解堆和栈的区别，掌握使用动态管理内存的函数，了解内存在什么情况下会丢失。

知识框架

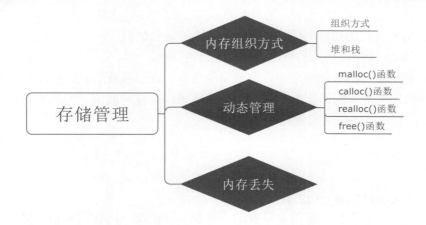

15.1 内存组织方式

程序存储的概念是所有数字计算机的基础，程序的机器语言指令和数据都存储在同一个逻辑内存空间里。

在讲述结构体一章中有关链表的内容时，曾提及动态分配内存的有关函数。下面将具体介绍内存是按照什么方式组织的。

15.1.1 内存的组织方式

> 视频讲解：资源包 \Video\15\15.1.1 内存的组织方式 .mp4

开发人员将程序编写完成之后，程序要先被装载到计算机的内核或者半导体内存中，再运行程序。内存模型示意图如图 15.1 所示。

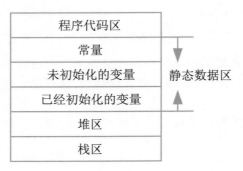

图 15.1　内存模型示意图

图 15.1 可总结为以下 4 个逻辑段。

☑ 可执行代码。

☑ 静态数据。可执行代码和静态数据存储在内存中固定的位置。

☑ 动态数据（堆）。程序请求动态分配的内存来自内存池。

☑ 栈。局部数据对象、函数的参数，以及调用函数和被调用函数的联系放在称为栈的内存池中。

以上 4 类根据操作平台和编译器的不同，堆和栈既可以是被同时运行的所有程序共享的操作系统资源，也可以是使用程序独占的局部资源。

15.1.2 堆与栈

> 视频讲解：资源包 \Video\15\15.1.2 堆与栈 .mp4

通过内存组织方式可以看到，堆用来存放动态分配内存空间，而栈用来存放局部数据对象、函数的参数，以及调用函数和被调用函数的联系，下面对二者进行详细说明。

1. 堆

在内存的全局存储空间中，用于程序动态分配和释放的内存块被称为自由存储空间，通常也被称为堆。

在 C 语言中，使用 malloc() 函数和 free() 函数来从堆中动态地分配内存和释放内存。

实例位置：资源包 \Code\SL\15\01
视频位置：资源包 \Video\15\

在本实例中，使用 malloc() 函数分配一个整型变量的内存空间，在使用完该空间后，使用 free() 函数进行释放。具体代码如下：

```
01  #include <stdlib.h>
02  #include<stdio.h>
03
04  int main()
05  {
06      char *pInt;                              /*定义指针*/
07      pInt=(char*)malloc(sizeof(char));        /*分配内存*/
08      *pInt=65;                                /*使用分配的内存*/
09      printf("the graph is:%c\n",*pInt);       /*输出显示图形*/
10      free(pInt);                              /*释放内存*/
11      return 0;
12  }
```

运行程序，显示效果如图 15.2 所示。

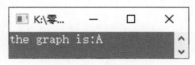

图 15.2　堆的应用

《英雄联盟》是非常好玩、刺激的游戏，想要下载这款游戏，需要足够的空间。模拟下载场景，编写程序显示占多大的内存空间。（提示：《英雄联盟》占 5GB 内存。）（资源包 \Code\Try\15\01）

2. 栈

程序不会像处理堆那样在栈中显式地分配内存。当程序调用函数和声明局部变量时，系统将自动分配内存。

栈是一个后进先出的压入弹出式的数据结构。在程序运行时，需要每次向栈中压入一个对象，然后栈指针向下移动一个位置。当系统从栈中弹出一个对象时，最晚进栈的对象将被弹出，然后栈指针向上移动一个位置。如果栈指针位于栈顶，则表示栈是空的；如果栈指针指向最下面的数据项的后一个位置，则表示栈为满的。其过程如图 15.3 所示。

程序员经常会利用栈这种数据结构来处理那些最适合用后进先出逻辑来描述的编程问题。这里讨论的栈在程序中都会存在，它不需要程序员编写代码去维护，而是运行时由系统自动处理。所谓运行时系统维护，实际上就是编译器所产生的程序代码。尽管在源代码中看不到它们，但程序员应该对此有所了解。这个特性和后进先出的特性是栈明显区别于堆的标志。例如，一个玻璃杯中装三个球，效果如图 15.4 所示，先放入的红色小球被压到玻璃杯的底端，当我们想要取出红色小球时，就要先取出蓝色小球和黄色小球，这就是生活中典型的"后进先出"的例子。

图 15.3　栈操作

图 15.4　玻璃杯装小球

实例 02　栈的使用

实例位置：资源包 \Code\SL\15\02
视频位置：资源包 \Video\15\

本实例定义函数 A 和函数 B，其中在函数 A 中再次调用函数 B。根据栈的原理移动栈中的指针，进而存储数据。具体代码如下：

```c
01  #include<stdio.h>
02
03  void DisplayB(char* string)                    /*函数B*/
04  {
05      printf("%s\n",string);
06  }
07
08  void DisplayA(char* string)                    /*函数A*/
09  {
10      char String[20]="LoveWorld!";
11      printf("%s\n",string);
12      DisplayB(String);                          /*调用函数B*/
13  }
14
15  int main()
16  {
17      char String[20]="LoveChina!";
18      DisplayA(String);                          /*将参数传入函数A中*/
19      return 0;
20  }
```

运行程序，显示效果如图 15.5 所示。

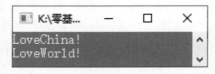

视频讲解

图 15.5　栈的应用

在本实例中栈的工作原理如下：

（1）当函数 A 调用函数 B 时，系统将会把函数 A 的所有实际参数和返回地址压入到栈中，栈指针将移到合适的位置来容纳这些数据。最后进栈的是函数 A 的返回地址。

（2）当函数 B 开始执行后，系统把函数 B 的自变量压入到栈中，并把栈指针再向下移，以保证有足够的空间来存储函数 B 声明的所有自变量。

（3）当函数 A 的实际参数压入栈后，函数 B 就在栈中以自变量的形式建立了形式参数。函数 B 内部的其他自变量也是存放在栈中的。由于这些进栈操作，栈指针已经移到所有的局部变量之下。但是函数 B 记录了刚开始执行时的初始栈指针，以这个指针为参考，用正偏移量或负偏移量来访问栈中的变量。

（4）当函数 B 正准备返回时，系统弹出栈中的所有自变量，这时栈指针移到了函数 B 刚开始执行时的位置。接着，函数 B 返回，系统从栈中弹出返回地址，函数 A 就可以继续执行了。

（5）当函数 A 继续执行时，系统还能从栈中弹出调用者的实际参数，于是栈指针又回到了调用发生前的位置。

编写一个函数，该函数可以接收用户输入的字符，并存储在内存中（由于不确定用户会输入几个字符，所以这些内存不可以用数组来表示，因为数组的大小是确定的），当用户输入字符 "q" 时，输出用户输入的所有字符，并退出程序。（资源包 \Code\Try\15\02）

15.2 动态管理

视频讲解

15.2.1 malloc() 函数

▶ 视频讲解：**资源包 \Video\15\15.2.1 malloc() 函数 .mp4**

malloc() 函数的原型如下：

```
void *malloc(unsigned int size);
```

在 stdlib.h 头文件中包含该函数，其作用是在内存中动态地分配一块 size 大小的内存空间。malloc() 函数会返回一个指针，该指针指向分配的内存空间，如果出现错误，则返回 NULL。

使用 malloc() 函数分配的内存空间在堆中，而不是在栈中。因此，在使用完这块内存之后一定要将其释放掉，释放内存空间使用的是 free() 函数（该函数在 15.2.4 节中将会介绍）。

注意

例如，使用 malloc() 函数分配一个整型内存空间，代码如下：

```
int *pInt;
pInt=(int*)malloc(sizeof(int));
```

首先定义指针 pInt，用来保存分配内存的地址。在使用 malloc() 函数分配内存空间时，需要指定具体的内存空间大小（size），这时调用 sizeof() 函数就可以得到指定类型的大小。malloc() 函数成功分配内存空间后会返回一个指针，因为分配的是一个 int 型空间，所以在返回指针时也应该是相对应的 int 型指针，这样就要进行强制类型转换。最后将函数返回的指针赋值给指针 pInt，就可以保存动态分配的整型空间地址了。

实例 03　编程输出有多少件衣服

实例位置：资源包 \Code\SL\15\03
视频位置：资源包 \Video\15\

某服装店进了 10240 件衣服，老板将库房整理出来存放这批衣服，以便这批衣服能顺利入库。本实例利用 malloc() 函数为这批衣服分配内存空间，并输出衣服的件数。具体代码如下：

```
01  #include<stdio.h>
02  #include<stdlib.h>
03
04  int main()
05  {
06      int* iIntMalloc=(int*)malloc(sizeof(int));      /*分配空间*/
07      *iIntMalloc=10240;                              /*使用该空间保存数据*/
08      printf("衣服有%d件\n",*iIntMalloc);             /*输出数据*/
09      return 0;
10  }
```

运行程序，显示效果如图 15.6 所示。

图 15.6　输出衣服件数

从该实例代码和运行结果可以看出：

在程序中使用 malloc() 函数分配了内存空间，通过指向该内存空间的指针，使用该空间保存数据，最后显示该数据，表示保存数据成功。

 某会馆可以容纳一万人。请编写程序，申请内存能够容纳的人数，并将人数输出。（资源包 \Code\Try\15\03）

15.2.2　calloc() 函数

视频讲解：资源包 \Video\15\15.2.2 calloc() 函数 .mp4

calloc() 函数的原型如下：

```
void *calloc(unsigned n, unsigned size);
```

使用该函数也要包含头文件 stdlib.h，其功能是在内存中动态分配 n 个长度为 size 的连续内存空间数组。calloc() 函数会返回一个指针，该指针指向动态分配的连续内存空间地址。当分配空间出现错误时，返回 NULL。

例如，使用该函数分配一个整型数组的内存空间，代码如下：

```
int* pArray;                              /*定义指针*/
pArray=(int*)calloc(3,sizeof(int));       /*分配内存数组*/
```

上面代码中的 pArray 为一个整型指针，使用 calloc() 函数分配内存数组，第一个参数表示分配数组中元素的个数，第二个参数表示元素的类型。最后将返回的指针赋给 pArray 指针变量，pArray 指向的就是该数组的首地址。

实例 04　申请内存，将 Mingrisoft 写入	实例位置：资源包 \Code\SL\15\04
	视频位置：资源包 \Video\15\

在本实例中，动态分配一个数组。使用 strcpy() 函数为字符数组赋值，再进行输出，验证分配的内存并正确保存数据。具体代码如下：

```
01  #include <stdlib.h>                          /*包含头文件*/
02  #include<stdio.h>
03  #include<string.h>
04
05  int main()                                   /*main()主函数*/
06  {
07      char* ch;                                /*定义指针*/
08      ch=(char*)calloc(30,sizeof(char));       /*分配变量*/
09      strcpy(ch,"Mingrisoft");                 /*将字符串复制*/
10      printf("%s\n",ch);                       /*输出字符串*/
11      free(ch);                                /*释放空间*/
12      return 0;                                /*程序结束*/
13  }
```

运行程序，显示效果如图 15.7 所示。

视频讲解

图 15.7　写入 Mingrisoft 的结果

训练四
利用 calloc() 函数申请内存，输出 10 个 0，看看能得出什么结果。（资源包 \Code\Try\15\04）

15.2.3 realloc() 函数

视频讲解

📹 视频讲解：资源包 \Video\15\15.2.3 realloc() 函数 .mp4

realloc() 函数的原型如下：

```
void *realloc(void *ptr,size_t size);
```

使用该函数时要包含头文件 stdlib.h，其功能是改变 ptr 指针指向的空间大小为 size 大小。设定的 size 大小可以是任意的，也就是说，既可以比原来的数值大，也可以比原来的数值小。返回值是一个指向新地址的指针，如果出现错误，则返回 NULL。

例如，改变一个分配的实型空间大小成为整型大小，代码如下：

```
fDouble=(double*)malloc(sizeof(double));
iInt=realloc(fDouble,sizeof(int));
```

其中，fDouble 是指向分配的实型空间，之后使用 realloc() 函数改变 fDouble 指向的空间的大小，其大小设置为整型，然后将改变后的内存空间的地址赋值给 iInt 整型指针。

实例 05 重新分配内存	实例位置：资源包 \Code\SL\15\05 视频位置：资源包 \Video\15\

在本实例中，定义了一个整型指针和实型指针，利用 realloc() 函数重新分配内存，具体代码如下：

```
01  #include<stdio.h>
02  #include <stdlib.h>
03  int main()
04  {
05      int *fDouble;                        /*定义整型指针*/
06      char *iInt;                          /*定义实型指针*/
07      fDouble=(int*)malloc(sizeof(int));   /*使用malloc()函数分配整型空间*/
08      printf("%d\n",sizeof(*fDouble));     /*输出空间的大小*/
09      iInt=realloc(fDouble,sizeof(char));  /*使用realloc()函数改变分配空间的大小*/
10      printf("%d\n",sizeof(*iInt));        /*输出空间的大小*/
11      return 0;                            /*程序结束*/
12  }
```

运行程序，显示效果如图 15.8 所示。

视 频 讲 解

图 15.8　使用 realloc() 函数分配空间

从该实例代码和运行结果可以看出：

在本实例中，首先使用 malloc() 函数分配了一个整型大小的内存空间，然后通过 sizeof() 函数输出内存空间的大小，最后使用 realloc() 函数得到新的内存空间的大小。输出新空间的大小，通过比较两者的数值可以看出，新空间与原来的空间大小不一样。

训练五　定义 char 型数据，分别用 malloc() 和 realloc() 函数为其分配空间并输出空间值。（资源包 \Code\Try\15\05）

15.2.4 free() 函数

视 频 讲 解

📹 视频讲解：资源包 \Video\15\15.2.4 free() 函数 .mp4

free() 函数的原型如下：

```
void free(void *ptr);
```

free() 函数的功能是释放由指针 ptr 指向的内存单元，使部分内存单元能被其他变量使用。ptr 是最近一次调用 calloc() 或 malloc() 函数时返回的值。free() 函数无返回值。

例如，释放一个分配整型变量的内存空间，代码如下：

```
free(pInt);
```

代码中的 **pInt** 为指向一个整型大小的内存空间，使用 free() 函数将其进行释放。

例如：下面的这段代码，将分配的内存进行释放，并且释放前输出一次内存中保存的数据，释放后再利用指针输出一次。观察两次的结果可以看出，调用 free() 函数之后内存被释放。

```
01  #include<stdio.h>
02  #include<stdlib.h>
03  int main()
04  {
05      int* pInt;                          /*整型指针*/
06      pInt=(int*)malloc(sizeof(pInt));    /*分配整型空间*/
07      *pInt=100;                          /*赋值*/
08      printf("%d\n",*pInt);               /*将值进行输出*/
09      free(pInt);                         /*释放该内存空间*/
10      printf("%d\n",*pInt);               /*将值进行输出*/
11      return 0;
12  }
```

运行程序，显示效果如图 15.9 所示。

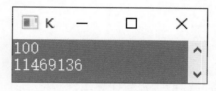

图 15.9　使用 free() 函数释放内存

从该代码和运行结果可以看出：

在程序中定义指针 pInt 用来指向动态分配的内存空间，使用新空间保存数据，之后利用指针进行输出。调用 free() 函数将其空间释放，当再输出时，因为保存数据的空间已经被释放，所以数据已经不存在了，输出的是 pInt 的地址值。

15.3 内存丢失

　视频讲解：资源包 \Video\15\15.3 内存丢失 .mp4

在使用 malloc() 等函数分配内存后，要对其使用 free() 函数进行释放。因为若不进行释放，就会造成内存泄漏，从而可能会导致系统崩溃。

因为 free() 函数的用处在于实时地执行回收内存的操作，如果程序很简单，当程序结束之前也不会使用过多的内存，不会降低系统的性能，那么就可以不使用 free() 函数去释放内存。当程序结束后，操作系统会完成释放的功能。

如果在开发大型程序时不使用 free() 函数释放内存，那么后果是很严重的。这是因为很可能在程序中要重复一万次分配 10MB 的内存，如果每次分配内存后都使用 free() 函数去释放用完的内存空间，那么这个程序只需要使用 10MB 内存就可以运行。但是如果不使用 free() 函数，那么程序就要使用

100GB 的内存。其中包括绝大部分的虚拟内存，而由于虚拟内存的操作需要读写磁盘，这样就会极大地影响到系统的性能，系统因此可能崩溃。

因此，在程序中使用 malloc() 函数分配内存后，都对应地需要一个 free() 函数进行释放，这是一个良好的编程习惯。

但是有时常常会有将内存丢失的情况，例如：

```
pOld=(int*)malloc(sizeof(int));
pNew=(int*)malloc(sizeof(int));
```

这两行代码分别表示创建了一块内存，并且将内存的地址传给了指针 pOld 和 pNew，此时指针 pOld 和 pNew 分别指向两块内存。如果进行如下这样的操作：

```
pOld=pNew;
```

pOld 指针就指向了 pNew 指向的内存地址，这时再进行释放内存的操作，代码如下：

```
free(pOld);
```

此时释放 pOld 所指向的内存空间是 pNew 指向的，于是这块空间被释放了。但是 pOld 原来指向的那块内存空间还没有被释放，因为没有指针指向这块内存，所以这块内存就会丢失。

15.4 小结

本章主要对前文提及的内存分配问题进行整体介绍。通过学习内存的组织方式，可以在编写程序时知道这些空间都是如何进行分配的。

之后讲解有关堆和栈的概念，其中栈式数据结构的主要特性是后进入栈的元素先出，即后进先出。

动态管理包括 malloc()、calloc()、realloc() 和 free() 共 4 个函数，其中 free() 函数是用来释放内存空间的。

本章最后介绍了有关内存丢失的问题，其中要求在编写程序时使用 malloc() 函数分配内存，同时要对应写出一个 free() 函数释放内存。

第**16**章

学生成绩管理系统

（ ▶ 视频讲解：23分）

通过对前面章节的学习，读者应该对 C 语言的基本概念和知识点有一定的了解，本章就是在前面学习的基础上设计一个学生成绩管理系统来对前面学过的知识加以巩固。该项目将综合应用前面学过的内容，并详细介绍该程序的开发过程。

学生成绩管理系统的主要界面预览效果如图 16.1、图 16.2、图 16.3 和图 16.4 所示。

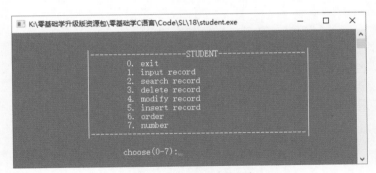

图 16.1 功能选择界面

图 16.2 学生成绩信息录入界面

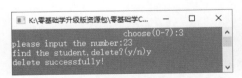

图 16.3 删除学生成绩信息界面

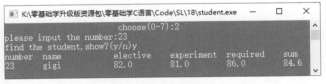

图 16.4 查询界面

扫码继续阅读本章后面的内容。

扫 码 阅 读

附录

Visual C++ 6.0 开发环境的使用

（ ▶ 视频讲解：41 分）

　　Visual C++ 6.0 是一个功能强大的可视化软件开发工具，它将程序的代码编辑、程序编译、链接和调试等功能集于一体，在 Windows 7 及之前的操作系统中，Visual C++ 6.0 的使用非常广泛，但现在 Windows 11 操作系统已经不再支持 Visual C++ 6.0（Visual C++ 6.0 在 Windows 10 操作系统中也经常会出现兼容性问题）。因此，这里将 Visual C++ 6.0 开发环境的下载、安装及使用以附录形式提供给大家，如果您使用的是 Windows 7 及之前的操作系统，可以进行参考。

　　扫码继续阅读附录的内容。